Heiner Kübler und Carl A. Siebel
Mittelstand ist eine Haltung

Heiner Kübler und Carl A. Siebel

MITTELSTAND IST EINE HALTUNG

Die stillen Treiber der deutschen Wirtschaft

Econ

MIX
Papier aus verantwortungsvollen Quellen
FSC® C014496
www.fsc.org

Econ ist ein Verlag
der Ullstein Buchverlage GmbH

ISBN: 978-3-430-20220-6

2. Auflage 2017

Redaktion: Ute Kathmann

Gesetzt aus der Dante
Satz: Pinkuin Satz und Datentechnik, Berlin
Druck und Bindearbeiten: GGP Media GmbH, Pößneck
Printed in Germany

Inhalt

Einleitung 7

1. Der deutsche Mittelstand – auf den Spuren eines Welterfolgs 9

2. 14 Beispiele aus dem deutschen industriellen Mittelstand 23
   - 2.1 Ein Unternehmensschiff vor dem Eisberg 27
   - 2.2 Der heilsame Schock 38
   - 2.3 Raus aus der Commodity-Falle 50
   - 2.4 Der Beirat versagt 60
   - 2.5 Zwanzig Gesellschafter 67
   - 2.6 Die Selbstorganisierer 76
   - 2.7 Die Verwöhnten 85
   - 2.8 Der getriebene Spritzgießer 98
   - 2.9 Die Segmentierer 107
   - 2.10 Ein US-Konzern übernimmt 119
   - 2.11 Die Mannschaft 126
   - 2.12 Die Gefahr von innen 138
   - 2.13 Der Blockierte 148
   - 2.14 Der Vorbildhafte 155

3. Der Meisterbrief: Das Profil der Welt-Meister 167
   1. Die Vision 169
   2. Die Strategie 170
   3. Die Führung 182
   4. Die Innovation 187
   5. Die Nachfolgeregelung 189

4. Die Aptar-Story 193

5. Herausforderungen für den deutschen industriellen Mittelstand 235

6. Unsere zehn wichtigsten Erfolgsfaktoren 247

Dank 251

Anhang 253
Zwölf Gründe für den Erfolgsweg des deutschen industriellen Mittelstands 253
Vier Erfolgsregionen des Mittelstands 267
Drei Werkzeuge, die in Strategieprozessen wichtig sind 270
Glossar 278
Bildnachweis 280

Einleitung

Der Mittelstand ist ein Phänomen. Alle reden davon, doch keiner weiß genau, wer oder was das eigentlich ist und was das deutsche Mittelstandsmodell im Rest der Welt so begehrt macht.

Dass der »German Mittelstand« zum Exportschlager wurde, dürfte vor allem jenen mittleren Industrieunternehmen zu verdanken sein, die sich oft im Schatten der weithin sichtbaren Großindustrie bewegen. Die Rede ist von einigen tausend Industrieunternehmen des Maschinenbaus, der Antriebstechnik, der Medizintechnik, der elektrotechnischen Industrie, der Verpackungsindustrie, der optischen Industrie und vor allem – übergreifend betrachtet – der Zulieferindustrie. Kurzum geht es in diesem Buch um den industriellen Mittelstand.

Dieser Teil der Wirtschaft bleibt oft unsichtbar. Dabei sind viele dieser »verborgenen« Unternehmen sehr erfolgreich: Fast mühelos scheinen sie sich der fortschreitenden Globalisierung, den rasanten technologischen Veränderungen und den so unterschiedlichen staatlichen Rahmenbedingungen anzupassen. Dennoch orientieren sich Wirtschaft und Politik vielfach an den DAX-Konzernen. Zu Unrecht!

Der erfolgreiche mittelständische Unternehmer richtet sein Werk langfristig aus, er treibt Innovationen voran und trägt das Geschäftsrisiko. Er weiß, dass die Mitarbeiter sein Unternehmen ausmachen. Weiche Faktoren wie Führungsvorbild, Vertrauen, Berechenbarkeit und Offenheit kennzeichnen den German Mittelstand mehr als bloße wirtschaftliche Zahlen. Diese weichen Faktoren sichern langfristig gesehen das Überleben seiner Unternehmen.

Der Mittelstand praktiziert seit Jahrzehnten, wenn nicht Jahrhunderten, Prinzipien, die heute – ganz modern – neuen Erfolg versprechen. Nachhaltigkeit ist hierfür ein Beispiel. Nachhaltiges

Wirtschaften ist im Mittelstand nichts Neues, es ist Teil seiner Haltung, da ein bewusster Umgang mit Ressourcen essentiell ist.

Der überwiegende Teil dieser Firmen sind Familienunternehmen. Eigentum und Leitung des Unternehmens liegen hier oft in einer Hand. Die Führungskontinuität ist sehr hoch, und die meisten Führungen können auf langfristige Erfolge zurückschauen. Ständiges Weiterdenken kennzeichnet die Führungsarbeit, was oft auch mit schlaflosen Nächten verbunden ist.

Im ersten Teil dieses Buchs grenzen wir die Welt des Mittelstands von der medial so dominanten Konzernwelt ab und benennen vier Thesen zum industriellen Mittelstand. Im zweiten Teil beschreiben wir anhand von 14 anonymisierten Fallbeispielen aus der deutschen industriellen Mittelstandspraxis, wie sich die Unternehmen für die Zukunft fit machen, wie sie Fehlentwicklungen erkennen und angehen und wie sie sich strategisch ausrichten. Dies sind Erfolgs-, aber auch Misserfolgsgeschichten. Im dritten Teil arbeiten wir die Erfolgsgründe der vielen deutschen mittelständischen Weltmarktführer, der »Meister«, heraus. Was steht in ihren »Meisterbriefen«? Der vierte Teil erzählt als Realbeispiel, wie aus mehreren europäischen und amerikanischen mittleren Unternehmen ein Weltmarktführer aufgebaut wurde – geprägt durch eine mittelständische Haltung. Zum Schluss werfen wir einen Blick auf die künftigen Herausforderungen des industriellen Mittelstands und benennen zehn Erfolgsfaktoren guter mittelständischer Führung.

Der deutsche industrielle Mittelstand zwischen Tradition und Innovation hat viele Stärken. Er ist der stille Treiber der deutschen Wirtschaft. Seine Haltung ist der Kern seines Erfolgs.

1. Der deutsche Mittelstand – auf den Spuren eines Welterfolgs

»Wenn wir Mittelstand nur vom Materiellen her begreifen, […] dann ist dem Mittelstandsbegriff […] eine sehr gefährliche Deutung gegeben. Der Mittelstand kann materiell in seiner Bedeutung nicht voll ausgewogen werden, sondern er ist […] viel stärker ausgeprägt durch eine Gesinnung und eine Haltung im gesellschaftswirtschaftlichen und politischen Prozess.«[1]
Ludwig Erhard

Mittelstand ist eine Haltung!

»*Haben die denn keine Werte?*«, wundert sich der neue Vertriebsleiter eines Mittelständlers nach einer Verhandlungsrunde mit einem internationalen Kfz-Konzern. Er fragt nicht nach Geld, Aktien oder Wertpapieren, auch nicht nach Immobilien, Werkshallen oder Produktionsanlagen. Er fragt nach inneren Werten, nach Vertrauen, Respekt, Sitte und Anstand. Denn obgleich in Konzernen flächendeckend Broschüren und Plakate mit den Schlagworten »Unternehmensphilosophie« und »Firmenkultur« prangen, gilt im Alltag eine ganz andere Regel: Geld regiert die Welt. Der Bonus dominiert das Verhalten. Im industriellen Mittelstand kursieren viele Geschichten über die Konzerne. Sie mögen manchmal überzeichnet sein, verdeutlichen aber doch eine Erfahrung: Es gibt einen massiven kulturellen Unterschied zwischen Mittelstand und Konzernwelt.

---

1 »Mittelstandspolitik«. In Rüstow, Alexander (u. a.): *Der mittelständische Unternehmer in der Sozialen Marktwirtschaft. Vierte Arbeitstagung der Aktionsgemeinschaft Soziale Marktwirtschaft e. V.*, Martin Hoch Verlag, 1956, S. 54.

Die beiden Welten sind nicht nur sehr unterschiedlich, sondern prallen vielerorts aufeinander. Gelegentlich lernen sie voneinander, aber vor allem müssen sie miteinander arbeiten – was allerdings nicht immer positiv für beide Seiten ist. Denn sehr oft sind die Mittelständler der Haltung und »Kultur« der Konzerne ausgeliefert, zum Beispiel,

- wenn junge Einkäufer eines Konzerns mit allen Tricks Zulieferanten gegeneinander ausspielen. Dabei kennen die Einkäufer oft nicht einmal die zu verhandelnden Teile, sondern nur noch die Artikelnummern und die Preisdifferenzen, die ihren Bonus bestimmen werden. Die Einkäufer werden spätestens alle drei Jahre ausgetauscht, damit sich keine Beziehungen zu den Lieferanten bilden können. Oder sie müssen wechseln, da sie durch ihren Verhandlungsstil im Markt verbrannt sind;
- wenn ein branchenbekannt autoritärer Führungsstil in einem Großunternehmen schließlich zu extrem teuren Rechtsstreitigkeiten führt und völlig unbeteiligte Zulieferanten »deshalb« und »selbstverständlich« die Preise senken sollen, um den Konzern zu unterstützen; wenn also Mittelständler die Fehler der Großunternehmen ausbügeln müssen und als Dank dafür von den Einkäufern »professionell« unter Druck gesetzt werden;
- wenn Zulieferanten bewusst mit schlechten Aufträgen zugemüllt werden (es aber auch aus Kapazitätsdruck zulassen) und deshalb wenige Jahre später in die Insolvenz gehen. Wir selbst haben Konzernmanager kennengelernt, die eine solche Konzernstrategie umsetzen mussten und die sich Jahre später beim Schildern ihres damaligen Verhaltens durchaus schuldbewusst zeigten;
- wenn Vertriebsmitarbeiter eines industriellen Mittelständlers, die zu Hause nach menschlichen Werten geführt werden, in Verkaufsverhandlungen von Konzern-Einkäufern beschimpft werden und sich deren Entwicklungskollegen für das Verhalten »ihrer« Einkäufer nur noch schämen.

Es wird kaum jemand bestreiten, dass Großunternehmen nach Zahlen und nicht nach menschlichen Werten gelenkt werden. Vertrauen wird gepredigt, Misstrauen gelebt. Wenn in einem europäisch agierenden Konzern beim Jahresprofit, der den Aktionären versprochen wurde, noch zehn Millionen Euro fehlen, so wird diese Millionenzahl in eine »Köpfezahl« umgerechnet. Nur um die Bilanzoptik zu halten, müssen die zuletzt eingestellten Mitarbeiter das Unternehmen kurzfristig verlassen. Leistung, Potential, Soziales, Zukunft des Unternehmens – das alles spielt im Zweifel keine Rolle. Allein der Aktionär zählt.

Dem erfahrenen Beobachter der deutschen Industrie zeigen sich zahlreiche Unterschiede zwischen der Welt des Mittelstands und der Welt der Großunternehmen und Konzerne. In einer Gegenüberstellung lässt sich der wesentliche Haltungsunterschied zwischen diesen beiden Welten am besten herausschälen.

Die Welt des Mittelstands	**Die Welt der Konzerne**
Die langfristige Entwicklung des Lebenswerks steht im Vordergrund.	Die Aktionäre fordern in jedem Quartal Profit. Kurzfristiges Quartalsdenken ist die Folge.
Die Inhaber riskieren ihr eigenes Geld.	Die Manager riskieren das Geld anderer.
Langfristige Stabilität in der Geschäftsführung und im Führungsteam.	Häufiger Wechsel im Top-Management, sehr starke Orientierung an Mehrjahresverträgen.
Der menschliche Umgang miteinander und das Gestalten der Betriebsgemeinschaft sind wichtig.	Menschen sind Figuren, man verfügt über sie.
Es ist wenig Zeit für Intrigen, für die Absicherung des eigenen Jobs. Die Leistungsträger sind durch die Sacharbeit voll gefordert.	Die Intrigenarbeit und die Absicherung der eigenen Position können einen wesentlichen Teil der Arbeitszeit ausmachen.

Innovationen in Produkt und Prozess und damit ins Wachstum haben eine sehr hohe Priorität.	Kostensenkungen stehen oft an erster, Innovationen erst an zweiter Stelle.
Hohe Flexibilität und Kundenorientierung sind überlebenswichtig.	Oft gibt es Verkrustungstendenzen. Man beschäftigt sich mit sich selbst.
Die Einbindung des Unternehmens in das lokale und regionale Umfeld ist wichtig.	Man ist international. Ein weltweites Gefühl lässt regionale oder gar lokale Überlegungen als sekundär erleben.
Berater werden nur sehr selektiv genutzt – um Spezialwissen zu erhalten oder sich moderieren zu lassen.	Berater werden oft gerufen, um das Vorgehen der Vorstände (und damit deren Positionen) abzusichern – trotz der oft geringen Erfolge solcher Beratereinsätze.
Zentrale Einheiten sind auf das wirklich notwendige Minimum begrenzt. Möglichst viel soll vor Ort entschieden werden.	Zentrale Einheiten haben sehr viel Macht. Sie müssen sich ausdehnen, um ihre Existenzberechtigung nachzuweisen, was eine systembedingte Gefahr großer Organisationen darstellt.
Betriebsräte begleiten das Unternehmen kritisch-konstruktiv und sind wenig fremdgesteuert.	Die Macht der Gewerkschaften ist groß. Auf Kosten der Kunden wird gestreikt. Besitzstände werden gewahrt.
Der Mensch steht im Vordergrund. Man orientiert sich an menschlichen Werten wie Offenheit, Zuverlässigkeit, Ehrlichkeit.	Es ist eine starke Orientierung an finanziellen Größen vorhanden: Der Shareholder-Value und der Gewinn stehen im Vordergrund.

Zugegeben, in der Analyse greifen wir vor allem auf unsere langjährige Erfahrung und nicht auf ausgeklügelte wissenschaftliche Expertise zurück. Man mag uns auch die zur Verdeutlichung etwas überspitzt formulierten Sätze vorhalten.

Nicht jeder industrielle Mittelständler verfährt nach der von uns skizzierten Ideallinie. Und, ja, es stimmt auch, dass nicht jeder Konzern der von uns skizzierten Negativlinie folgt. Und doch wird die große Mehrheit der Industriekenner der knappen Darstellung zustimmen.

Natürlich gibt es mittelständische Unternehmen, die autoritär geführt werden, in denen überforderte Söhne oder Töchter versuchen, die Firma auf Kurs zu halten, in denen sich Familienstämme bekriegen, in denen unternehmensfern aus dem Hintergrund agiert wird und in denen Familienmitglieder zu viel Geld aus dem Unternehmen ziehen. Und trotzdem richtet sich die Mehrheit der industriellen Mittelständler nach unserer Erfahrung an der beschriebenen Ideallinie aus. Und von den Problemen und von den Abweichungen von dieser Ideallinie erzählen wir in konkreten Beispielen zur Genüge in diesem Buch. Denn genau darum geht es: die Ideallinie des Mittelstands zu finden und zu halten.

Natürlich gibt es auch viele Großfirmen, die sich sehr um die Mitarbeiter kümmern, mit exzellenten Traineeprogrammen junge Menschen gewinnen und dabei weltweite Erfahrungsgewinne in jungen Jahren anbieten. Es gibt Großfirmen, in denen menschliche Werte eine Rolle spielen. Trotzdem gelten unseres Erachtens die obigen Aussagen für den Großteil der Konzernwelt. Und wir wünschen uns sehr, dass sich Mitarbeiter der Konzerne von der mittelständischen Haltung inspirieren lassen.

Doch in der Praxis wissen wir alle um die Kulturunterschiede zwischen Mittelstand und Konzernen. In Großunternehmen jammern nicht nur Mitarbeiter am Fuße der Hierarchie-Pyramide über die oft sinnentleerte und durch eine endlose Zahl von Besprechungen gekennzeichnete Arbeit. Selbst Vorstände beklagen sich, dass ihnen zwischen all den Selbstdarstellungs- und Machtspielchen, zwischen Präsentations-Blendwerken und taktischen Vorgehensweisen der Sinn für das eigentliche Unternehmen zum Teil abhandengekommen sei. Es mag auch im industriellen Mittelstand viel und oft gejammert werden, doch sind es hier weniger die fehlenden Werte, die beklagt werden, sondern die Beschränkungen dieser Unternehmen, also fehlende Aufstiegsmöglichkeiten, regionale Restriktionen oder ganz banale zwischenmenschliche Konflikte mit Kollegen und Vorgesetzten.

Weil jeder um diese Unterschiede weiß, sind industrielle Mittelständler bei der Einstellung von Geschäftsführern oder Bereichsleitern, die nur einen Konzernhintergrund vorweisen können, besonders achtsam: Die langjährige Prägung lässt sich oft nicht mehr ändern. Einmal Konzerndenke, immer Konzerndenke! Deswegen kann man junge Menschen nur dazu auffordern, nicht den verlockenden Startprogrammen der Großindustrie zu folgen, sondern ihren Berufsweg im industriellen Mittelstand zu starten. Allerdings gelten Mitarbeiter, die einmal die wertschätzende Kultur des Mittelstands kennengelernt haben, für die Machtspielchen der Konzernwelt als eher ungeeignet.

Zusammenfassend kann man sagen, dass sich der deutsche industrielle Mittelstand über seine **Haltung** definiert, die sich auf vier Kernaussagen verdichten lässt:

- langfristiges Denken und Handeln im Sinne des Lebenswerks
- vorsichtiger Umgang mit Geld
- die Mitarbeiter machen das Unternehmen aus
- Vertrauenskultur als Basis für langfristigen Erfolg.

Der Kern des industriellen Mittelstands sind die mittleren Unternehmen

Neben den oben aufgeführten »weichen« Facetten des Mittelstands gibt es selbstverständlich auch noch die harten Kriterien, mit denen der Mittelstand üblicherweise beschrieben wird. Doch während sich in der aus Erfahrung gespeisten Beschreibung des Mittelstands schnell Einigkeit erzielen lässt, kommt die Expertenwelt gerade anhand der scheinbar klaren Messgrößen (wie Umsatz oder Mitarbeiterzahl) zu unterschiedlichen Definitionen.

So umfasst der deutsche Mittelstand irgendwie alles – den traditionellen Handwerksbetrieb, das kleinere Familienunternehmen, den hochspezialisierten Technologieproduzenten, das kreative Start-up und nicht zuletzt auch die Freien Berufe vom Rechtsanwalt bis zum Wirtschaftsprüferbüro. Am Ende werden etwa 3,2 Millionen steuerpflichtige Unternehmen im verarbeitenden Gewerbe, im Handel, in der Land- und Forstwirtschaft, im Bergbau, in der Energie- und Wasserversorgung, im Baugewerbe, im Gastgewerbe und in vielen anderen Branchen als homogene Masse zusammengefasst. Sie alle gehören in irgendeiner Weise zum Mittelstand.

In dieser großen Masse des deutschen Mittelstands sticht jedoch eine Gruppe besonders heraus: das verarbeitende Gewerbe, sprich der industrielle Mittelstand. Dabei geht es um Firmen, die sich oft im Schatten der weithin sichtbaren Großindustrie bewegen. Aufgabe des industriellen Mittelstands ist es, Produkte zu entwickeln, herzustellen und zu verkaufen. Zu den Industriesektoren dieses Mittelstands gehören zum Beispiel der Maschinenbau, die Antriebstechnik, die Medizintechnik, die elektrotechnische Industrie, die Verpackungsindustrie, die optische Industrie und die Zulieferindustrie.

Um sich der Anzahl dieser industriellen Mittelständler vorsichtig zu nähern, kann man die Umsatzsteuerstatistik heranziehen. Hier werden die Industrieunternehmen nach Umsatzklassen erfasst. Sie lassen sich unterscheiden in Großunternehmen mit über einer Milliarde Euro Umsatz, mittlere Unternehmen mit über 25 Millionen Euro und Kleinunternehmen mit über einer Million Euro Umsatz. Zudem gibt es sehr viele Kleinstunternehmen mit weniger als einer Million Euro Jahresumsatz.

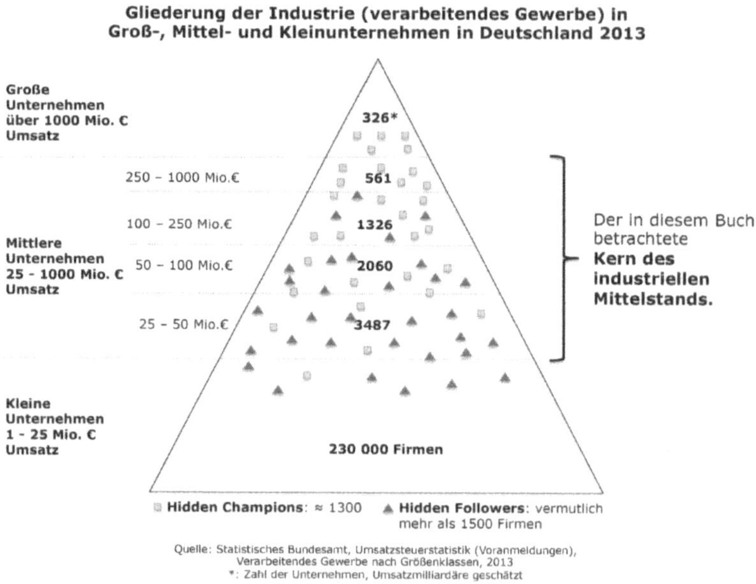

Die Gliederung der verarbeitenden Industrie nach Umsatzklassen

Die Gruppe der mittleren Unternehmen umfasst etwa 7400 Firmen. Unternehmen dieser Größenordnung haben unserer Erfahrung nach sehr ähnliche Interessen und Probleme, sie sind in ähnlicher Weise entstanden und gewachsen und stehen aktuell vor vergleichbaren Herausforderungen. In der Praxis empfinden sie sich unseres Erachtens als eine Gruppe, weswegen wir sie in dieser Gesamtheit auch als solche sehen. Wenn wir in diesem Buch also vom Mittelstand sprechen, dann sind diese industriellen Unternehmen mittlerer Größenordnung gemeint, die wir für den Kern des industriellen Mittelstands halten. Sie erwirtschaften etwa ein Drittel des Bruttoinlandsprodukts und beschäftigen auch etwa ein Drittel der Arbeitnehmer in der Wirtschaft. Sie sind die stillen Treiber der deutschen Wirtschaft.

In diesem Kern des industriellen Mittelstands gibt es eine besondere Gruppe von Unternehmen. Die Rede ist von den Firmen, die im Stillen agieren und von dort aus mehr oder weniger unbemerkt Welterfolge feiern. Der Wirtschaftsexperte Hermann Simon hat dafür vor einigen Jahren den Begriff **Hidden Champions** geprägt und definiert die heimlichen Gewinner über drei Kriterien:

- *»Top-3-Unternehmen auf dem Weltmarkt oder Nr. 1 auf einem Kontinent*
- *Umsatz unter 5 Milliarden Euro*
- *Geringer Bekanntheitsgrad in der Öffentlichkeit«*[2]

Im Umsatz liegen diese Unternehmen zum Teil über den aufgezeigten Umsatzgrenzen der Statistik. Aber sehr viele dieser Firmen sind in ihrer Haltung Mittelständler geblieben.

Dieser etablierten Gruppe möchten wir die von uns als **Hidden Followers** bezeichneten deutschen Unternehmen an die Seite stellen. Dies sind Unternehmen, die

- in ihren Märkten zu den TOP-5-Unternehmen in Deutschland gehören,
- auf dem Weg in die weltweiten Märkte sind,
- meist weniger als 250 Millionen Euro Jahresumsatz erzielen,
- der Allgemeinheit unbekannt sind und
- die heutigen Hidden Champions herausfordern oder in neuen Marktsegmenten auf dem Weg zum Hidden Champion sind.

Wir vermuten, dass es in Deutschland mehr als 1500 solcher Hidden Followers gibt. Die Hidden Champions und Hidden Followers machen dann zusammen mehr als 2800 Firmen aus. Vor allem sie sind gemeint, wenn Menschen in aller Welt vom »German Mittelstand« sprechen.

---

2 Simon, H.: *Hidden Champions – Aufbruch nach Globalia*, Campus, 2012, S. 83.

Der deutsche industrielle Mittelstand ist weltweit einzigartig

Der deutsche Mittelstand ist ein Exportschlager. Der Begriff Mittelstand wird gar nicht erst übersetzt, sondern international als Lehnwort gebraucht. Tatsächlich ist der deutsche Mittelstand eine Besonderheit, denn in allen anderen Ländern der Welt spricht man von kleinen und mittleren Unternehmen (KMU).

Wenn man über den deutschen Mittelstand spricht, ist schnell von herausragenden Leistungen, klugen Köpfen und eindrucksvollen Strategien die Rede. Fast ist es, als würde man über die Fußballnationalmannschaft reden: Stolz schwingt mit, alle wollen dazugehören, und jeder kann mitreden. Und so verwundert es kaum, dass im selben Atemzug oft ein zweites Wort genannt wird: »Weltmeister«. Wie die deutschen Kicker und Kickerinnen – viermal holten die einen, zweimal die anderen den Titel – sind auch die deutschen Mittelständler stolz auf ihre Welterfolge.

Doch die bekanntesten Namen der deutschen Wirtschaft sind nicht etwa diese mittelständischen Unternehmen, sondern Großkonzerne. Siemens, Daimler, BMW, Volkswagen, Thyssen und BASF sind Namen, die man auch am entlegensten Ort der Welt kennt. Mit dem German Mittelstand arbeiten sie eng zusammen. Die Stärke der Konzerne gründet in sehr hohem Maße auf den Zulieferunternehmen des industriellen Mittelstands, die sie flexibel, kundennah und innovativ versorgen.

Vor allem die Hidden Champions genießen in der Industrie Weltruhm und rücken damit die deutsche Wirtschaft ins Rampenlicht der Weltwirtschaft. Denn obgleich sie in sehr vielen Ländern vorhanden sind, kommen sie überwiegend aus dem deutschsprachigen Raum. Dies zeigt die folgende Graphik in aller Deutlichkeit:

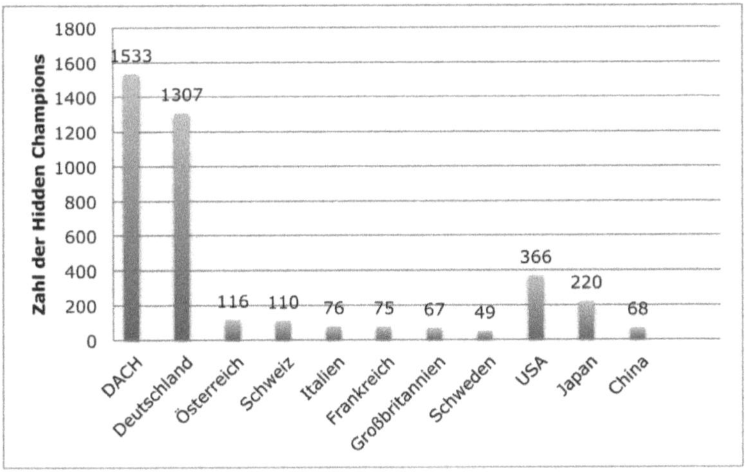

Die meisten Hidden Champions kommen aus dem deutschsprachigen Raum

Auffallend viele der unbekannten Weltmarktführer sind im deutschsprachigen Raum zu finden. Während es nach der Datenbank von Professor Hermann Simon in Italien nur 76, in Frankreich 75 und in Großbritannien 67 Hidden Champions gibt, zählte er in Deutschland ganze 1307 Unternehmen, die die Attribute eines Hidden Champions aufzeigen. Die meisten dieser Firmen sind in Nordrhein-Westfalen, Baden-Württemberg und Bayern beheimatet.

Solche Zahlen zeigen, dass die Hidden Champions ein typisches Merkmal des deutschsprachigen Raums sind. Es zeigt die besondere Industriestruktur in diesem Sprachraum, die weltweit einzigartig ist.

Der Mittelstand spielt in den großen Wirtschaftsnationen wie den USA, China und Japan keine große Rolle. Diese Länder liegen – wie übrigens auch Frankreich – in puncto Mittelstand zwar zurück, können aber eine größere Zahl an Konzernen vorweisen als Deutschland.

Die Stärken des deutschen industriellen Mittelstands sind nahezu unbekannt

In unserer verhältnismäßig kurzen bundesrepublikanischen Geschichte haben wir uns viel vom »großen Bruder« aus Übersee abgeschaut. Nicht nur das demokratische Basiswissen kommt aus den USA, sondern auch die gängigen Managementmethoden basieren auf Erkenntnissen der nordamerikanischen Wirtschaft. Die hierzulande gängige Managementliteratur – oftmals einfach nur Übersetzungen aus dem Englischen oder Amerikanischen – wird dadurch einseitig durch den angelsächsischen Raum bestimmt. Sie erzählt die Erfolgsgeheimnisse amerikanischer Unternehmen und predigt die Methoden der US-Firmen. Die Praktiken der Konzerne eignen sich aber nur begrenzt für den Mittelstand. Professor Simon bringt es auf den Punkt:

»Mehr denn je bin ich davon überzeugt, dass dauerhaft herausragende Führung und Strategie eher bei den Hidden Champions als bei Großunternehmen zu finden sind. Nach wie vor konzentrieren sich Managementforschung, -lehre und -literatur auf große bekannte Firmen.«[3]

Dabei hat der erfolgreiche deutsche Mittelstand seine eigenen pragmatischen Methoden zu führen, innovativ und kundennah zu sein und sich strategisch auszurichten. Und diese Strategien sind – wie die Hidden Champions zeigen – von Erfolg gekrönt. Doch in der Managementliteratur lernen wir oft von Apple, Google und Microsoft, obwohl deren äußere Rahmenbedingungen und die inneren Ansprüche dieser Unternehmen völlig andere sind als diejenigen des deutschen Mittelstands. Mit anderen Worten: Vor lauter US-Orientierung übersehen wir oftmals die beeindruckenden Erfolge und Methoden deutscher Mittelständler.

3 Simon, H.: *Hidden Champions*, Campus, 2007, S. 13.

Absolventen unserer Hochschulen gehen vor allem in die Großunternehmen, weil diese sie schon frühzeitig gekonnt umgarnen und ihre Arbeitgeber-Marke sehr gut platzieren. Die Studenten wissen nur wenig über die Unternehmen des industriellen Mittelstands und ihre pragmatischen Managementmethoden. Doch mehr und mehr Mittelstandsunternehmen gestalten ihre Arbeitgeber-Marke an den Universitäten und Fachhochschulen aktiv. Das Problem, gute Mitarbeiter zu gewinnen, drückt einfach zu sehr.

Auch die Öffentlichkeit kennt die mittelständischen industriellen Unternehmen nur in Ausnahmefällen. Das Unternehmerbild wird weitgehend von den Konzernen geprägt. In der Politik ist der industrielle Mittelstand nur schwach vertreten, und es ist auch keine politische Gesamtlinie erkennbar, die ihm einen wirklich guten Rahmen gibt. Der Mittelstand spielt nur eine untergeordnete Rolle.

Die Medien zeichnen zudem häufig ein negatives, völlig verzerrtes und realitätsfernes Bild des Unternehmers, der nur auf Geld aus ist. In den Medien bestimmen die Wirtschaftsskandale, die feindlichen Übernahmen, die Rechtsprozesse in der Großindustrie und die Strafzahlungen der Banken in Milliardenhöhe die Titelzeilen. Angestellte Manager in Großkonzernen prägen das Bild, nicht die Unternehmer des Mittelstands. Das Laute besiegt das Stille. Die Arbeit der stillen Treiber ist medial betrachtet nicht interessant, obgleich der industrielle Mittelstand das Rückgrat der deutschen Wirtschaft ist. Er ist der wahre Motor unserer Volkswirtschaft, der leise und zuverlässig vor sich hin surrt.

Mit diesem Buch wollen wir dieses unbekannte Wesen – den deutschen industriellen Mittelstand – aus unserer Sicht als Insider bekannter machen. Wir schreiben über Unternehmen, die, langfristig und auch über Börsencrashs und Weltwirtschaftskrisen hinweg, stabile und dauerhaft wachsende Geschäfte machen. Fachleute sprechen in diesem Zusammenhang von »chinesischem Wachstum« vieler dieser Unternehmen mit einem Zuwachs von mehr als 7 Prozent pro Jahr. In diesen Firmen stecken nicht nur viele Gemeinsamkeiten, sondern auch spezifische Fähigkeiten und Eigenschaften, ja Tugenden, die es zu betrachten und zu bewahren lohnt!

Die folgenden 14 anonymisierten Beispiele und das detailliert beschriebene Modell der Aptargroup zeigen, wie diese industriellen mittelständischen Unternehmen leben, wie sie Erfolg haben und wie sie Misserfolg verkraften – oder auch nicht. Es ist eine ehrliche, stichprobenartige Bestandsaufnahme, mit der wir alle Mittelständler ermutigen wollen, offenen Auges auf die eigenen Stärken zu schauen und die vielfältigen Erfahrungen aus Erfolgen und Niederlagen selbstbewusst an andere weiterzugeben. Es wäre schade, wenn wir angesichts der scheinbaren Überlegenheit globaler Konzerne nicht erkennen, wie stark wir wirklich sind.

2. 14 Beispiele aus dem deutschen industriellen Mittelstand

Die folgenden 14 Beispiele aus dem Maschinenraum des deutschen Mittelstands zeigen, wie sich die Unternehmen für die Zukunft fit machen, wie sie Fehlentwicklungen erkennen und angehen und wie sie sich strategisch ausrichten. Dies sind Erfolgs-, aber auch Misserfolgsgeschichten, anhand derer veranschaulicht wird, wie hart in den Unternehmen gearbeitet werden muss, um sie zukunftsfähig zu halten. Erfolg fällt nicht in den Schoß, sondern muss immer wieder erarbeitet werden.

Die Beispiele sind anonymisiert und so verfremdet dargestellt, dass sich daraus kein Realunternehmen ableiten lässt. Kein Beispiel hat in der Realität so stattgefunden. Aber die Beispiele sind realitätsnah gemixt – gespeist aus mehr als 30 Jahren Mittelstandserfahrung. Diese Anonymisierung haben wir gewählt, damit wir den jeweiligen Fall realitätsnah beschreiben können, ohne Betriebsgeheimnisse preiszugeben.

Die Beispiele folgen einem logischen Raster und enthalten jeweils Fakten, Ausgangsposition, strategische Fragen, Erkenntnis, Visionskern, Strategie und Umsetzung. Dies sind die Fälle mit ihren Themenwörtern im Überblick:

1 SIGMELD **Ein Unternehmensschiff vor dem Eisberg**
Die Digitalisierung stellt ein verwöhntes Unternehmen plötzlich vor die Existenzfrage.

- Verwöhnkultur
- Szenarioschock
- Radikaler Wandel
- Segmentierung
- Vertriebskanäle
- Innovationsprozess

2 CHEMLE — **Der heilsame Schock**

Wie ein Kunde überraschend hart und damit zum Retter der Gesellschaft wird.

- Großkundenabhängigkeit
- Schonungslose Analyse
- Verstehen der Geschäftsarten
- Kraft zur Eigenmarke

3 F-SCHAUM — **Raus aus der Commodity-Falle**

Dank Innovationen und neuer Anwendungsfelder wandelt sich ein Standard- zum Spezialanbieter für attraktive Nischenmärkte.

- Commodities vs. Specialities
- Vater vs. Sohn
- Einbeziehen des Führungsteams
- Glaubwürdigkeit

4 TIEFKUN — **Der Beirat versagt**

Wenn die Gesellschafter plötzlich zum stärksten Gegner des eigenen Unternehmens werden.

- Egoistische Gesellschafter
- Kurzfristiges Denken
- Verlust der Leistungsträger

5 DÜBFIX — **Zwanzig Gesellschafter**

Krise gemeistert und dann verkauft.

- Erfolgreiche Sanierung
- Moderation von vielen Gesellschaftern
- Schmerzhafter Unternehmensverkauf

6 SCHRAMU — **Die Selbstorganisierer**

Eine Führungsstruktur wider das Lehrbuch.

- Eine »unmöglich« flache Führungsstruktur
- Vertrauen in die Mannschaft

- Eigenverantwortung eines jeden in der Mannschaft

7 KABLIN **Die Verwöhnten**

Wie Erfolg verkrustet und ein Bruderzwist existentiell wird.

- Erfolgreiche Fremdgeschäftsführer
- Entkrusten eines Verwöhn-Unternehmens
- Bruderzwist in der Nachfolge
- Innovation und Business Development

8 SPRIGU **Der getriebene Spritzgießer**

Durch die Reduzierung der Zahl der Kunden und durch konsequent neues Denken gewinnt ein schlingerndes Unternehmen Sicherheit.

- Vom Lohnfertiger zum Problemlöser
- Neue ABCD-Kundenstruktur
- Angebot von Problemlösungen, Dienstleistungen einschließend

9 PACKBLIS **Die Segmentierer**

Die Kunst, den Markt zu verstehen und über den Kunden hinaus zu denken.

- Vom Reagieren zum Agieren
- Klare Anwendungsfelder für weltweite Großkunden
- Wachstumsmatrix, Innovation und Business Development

10 ANKOG **Ein US-Konzern übernimmt**

Wer ein Unternehmen kauft, muss seine Kultur verstehen.

- Verkauf des Unternehmens
- Kulturelle Ignoranz

- Ignoranz dem Markt gegenüber
- Bornierte Zahlenorientierung
- Kein Zuhören

11 DREHFRA **Die Mannschaft**

Durch konsequente Führungs- und Ordnungsarbeit eine Mannschaft formen.

- Schleichendes Gift
- Konsequente Führungsarbeit
- Konsequente Ordnungsarbeit
- Fokussierung auf wenige Ziele und Projekte

12 UMTEC **Die Gefahr von innen**

Die harte Arbeit wider die Arroganz.

- Aufbrechen einer Erfolgsarroganz
- Weltweites Netzwerk der Zusammenarbeit und der Systeme (Gedanke der Kybernetik)
- Wachstumsmatrix und Baukasten

13 REINKOM **Der Blockierte**

Einen Vater-Sohn-Konflikt erkennen und lösen.

- Vater-Sohn-Blockade
- Psychologische Unterstützung
- Loslassen des Seniors, Aufblühen des Juniors

14 KEGRAD **Der Vorbildhafte**

Vom deutschsprachigen Markt nach China und in die USA.

- Offene Kultur und Bodenständigkeit
- Langfristiges Denken
- Baukasten und Innovation
- Ausrichten auf Geschäftsarten
- Fokussierung im Auslandsgeschäft

2.1 Ein Unternehmensschiff vor dem Eisberg

Die Digitalisierung stellt ein verwöhntes Unternehmen plötzlich vor die Existenzfrage.

Das Unternehmen SIGMELD

»Es war ein fürchterliches Szenario, das uns alle betroffen gemacht hat.«
Der Entwicklungsleiter des Unternehmens

Themen

- Verwöhnkultur
- Szenarioschock
- Radikaler Wandel
- Segmentierung
- Vertriebskanäle
- Innovationsprozess

Fakten

• Produkte:	Signalmelder für Rauch, Wind und Feuchtigkeit in der Gebäudetechnik, Höhenmesser
• Kunden:	Elektro-Großhandel, Fachhandwerker, Industriekunden
• Umsatz:	80 Millionen Euro; Trend: stagnierend
• Tätigkeitsgebiet:	DACH, Italien, Streu-Export
• Mitarbeiter:	500
• Ebit:	5 %; Trend: leicht abnehmend
• Eigenkapitalquote:	55 %
• Inhaber:	3 Familien
• Geschäftsführung:	2 Fremd-Geschäftsführer

Ausgangssituation

Die SIGMELD GmbH stellt Rauch-, Feuchte- und Windmelder sowie Höhenmesser her und beliefert seit 30 Jahren überwiegend den deutschen Elektro-Großhandel. Das macht das Geschäftsleben relativ bequem. Die Elektro-Fachhandwerker sind in der Regel marken- und produkttreu. Wenn ihnen ein Produkt vertraut ist, bleiben sie dabei.

Hier war nur wenig Innovation gefragt, weshalb es auch nur wenige Investitionen und ergo wenig Risiko gab. Auch finanziell bestanden in den letzten Jahrzehnten geringe Risiken. Der Großhandel bezahlt zuverlässig, und so ließ sich der Umsatz jedes Jahr im Durchschnitt um 3 bis 5 Prozent steigern.

Schon vor einigen Jahren startete man den breitflächigen Einstieg ins Exportgeschäft. Inzwischen lieferte SIGMELD Waren in 30 Länder weltweit bis nach Indonesien – dort mit einem Jahresumsatz von rund 100 000 Euro. Doch der Deckungsbeitrag war knapp bemessen; die Transportkosten verschlangen bei solchen Aufträgen die Rendite. Es fehlte an Prioritäten, und eins wurde schnell klar: 30 Länder waren zu viel. Man drohte, sich zu verzetteln.

In Italien allerdings konnte die SIGMELD eine gute Marktposition aufbauen. Es entstand dort eine agile italienische Vertriebsmannschaft, die durch Schnelligkeit und Zuverlässigkeit eine solide Marktposition etablieren konnte.

Hier wie dort zeichnete sich zunehmend wachsende Konkurrenz durch die Digitalisierung – auch der Gebäudetechnik – ab. Als Teil der sogenannten Industrie 4.0 lautete das Stichwort *Smart Home*. Das Eigenheim wird vernetzt. Was bislang nur im Neubau eine Rolle spielte, wird nunmehr auch bei der Verbesserung und Sanierung von Bestandsimmobilien relevant. Wo früher mühsam Schlitze in den Putz geklopft und Drähte gezogen werden mussten, werden heute zunehmend Daten per Funk übertragen – bei sinkenden Kosten. Investiert wird zum

Beispiel in elektronische Elemente, die direkt im technischen Gerät platziert sind. Beleuchtung beispielsweise braucht keine Verschaltung mehr im großen Keller-Schaltkasten, sondern funktioniert über ein Empfangselement und eine Steuerung etwa übers Handy. Die technische Umwälzung kommt nicht von den Gebäudeautomatisierern, sondern aus dem Consumerbereich und ist entsprechend preiswert. Der Endanwender soll künftig über seine Smartphone-App genauestens wissen, wie es seinem Smart Home geht, wie der Ladezustand der Batterien für die Gartenbeleuchtung ist oder ob die Waschmaschine zum richtigen Zeitpunkt, nämlich bei günstigen Energiepreisen, ihre Arbeit beginnt (*Internet of Things, IoT*). Selbst der Höhenmesser wird durch die GPS-Information in der Smartphone-App ersetzt.

Die Gebäudeautomatisierer standen zunehmend unter Innovationsdruck. Und so entschloss sich auch SIGMELD vor einigen Jahren, mit Unterstützung einer Beratungsfirma ihren Innovationsprozess völlig neu aufzubauen. Dadurch entstand ein komplizierter Ablauf, Stage-Gate-Prozess genannt. Dabei wurde jede neue Produktidee hinsichtlich Markt, Wettbewerb, Technik und Betriebswirtschaft geprüft. Nur was sich entsprechend den Stop-or-go-Kriterien lohnte, wurde weiterverfolgt.

Was in innovationserprobten Unternehmen funktionieren mag, führte in der konservativen Unternehmenskultur der SIGMELD zur deutlichen Reduzierung der Innovationskraft. Die vielen Checklisten und vernetzten Abhängigkeiten eines bürokratisierten Ablaufs erstickten die Kreativität. Statt sich Neuerungen zu überlegen, versteckten sich die Mitarbeiter hinter formalen Vorgängen. Jeder hakte seine Aufgabenliste schnellstmöglich ab und warf den Vorgang dann über den Zaun in die nächste Abteilung.

Der Innovationsprozess verlangsamte sich, Entwicklung und Marketing agierten marktfern, und der Output der 50 Entwickler und Konstrukteure blieb erschreckend gering. Die Produkte, die vor 15, 20 Jahren mal innovativ gewesen und bei den Fachhandwerkern nach wie vor sehr beliebt waren, wurden immer wieder »optimiert« und dadurch immer komplizierter und teurer – ein klassischer Fall von *Overengineering*. Maßgeblich blieben bei all dem die deutschen Notwendigkeiten, wohingegen länderspezifische Einflüsse nur vereinzelt aufgegriffen wurden. So war das Produktprogramm inzwischen veraltet und die Innovationskraft fast auf null gesunken.

Statt sich gut gerüstet der Digitalisierung im Markt zu stellen, stand SIGMELD nun fast völlig unvorbereitet vor dem sich immer gewaltiger aufbauenden Umbruch namens Smart Home. Doch solange man die dunklen Wolken nicht beachtete, schien innerbetrieblich die Sonne. Die Mitarbeiter pflegten alte liebgewordene Rituale, Sonnabendarbeit – im Mittelstand durchaus üblich – gab es nicht, Besprechungen am Freitagnachmittag waren selbst bei den Mitgliedern des Führungsteams verpönt.

Führungskräfte, Geschäftsführung und die Mitglieder des Beirats sahen nicht oder konnten nicht sehen, welche Bedrohung durch die Digitalisierung auf das Unternehmen zukam. Kritische Stimmen einzelner Führungskräfte, ganze Produktgruppen könnten schon in fünf Jahren entfallen, wurden als Panikmache belächelt. Gehandelt wurde getreu dem Motto »Was drei Jahrzehnte gutgegangen ist, wird auch in Zukunft Bestand haben«. Solange die Eigenkapitalquote über 50 und die Rendite noch bei 5 Prozent lag, war die Welt in Ordnung.

Dass die Zahlen leicht sanken, wurde zwar wahrgenommen, aber sie sanken eben nur leicht. Genau dieser gefährlich schleichende Trend im Markt drohte zum Todesstachel im Fleisch von SIGMELD zu werden. Das Unternehmen lebte von seiner Substanz, und die war gut – noch.

Drei neue Mitglieder im Beirat stellten diese Wohlfühl-Atmosphäre immer dringlicher in Frage. Sie ahnten, dass das Unternehmensschiff auf einen Eisberg zutrieb und vor dem Eisberg das Ruder herumgerissen werden musste. Ihre bohrenden Fragen führten dazu, dass man sich der möglichen Gefahr dann doch stellte und sich zumindest gedanklich damit auseinandersetzen wollte.

Strategische Fragen
Wie kann ein möglicher starker Umsatzeinbruch vermieden werden?
Wie kann sich das Unternehmen auf einen vermutlich schon bald komplett veränderten Markt (Smart Home) einstellen?

Erkenntnis

Die Revolution im Kopf brauchte nur wenige Stunden und nicht mehr als eine Flipchart-Seite. Bei einem Strategie-Workshop hatte die gesamte Führungsmannschaft über die Frage nachgedacht, wie ein Smart Home in zehn Jahren aussehen könnte. Das Szenario wurde mit ein »paar Strichen« aufgemalt. Ein harmloses Bildchen versammelte in sich die komplette Herausforderung. Was manche geahnt, aber nie zu sagen gewagt hatten, war jetzt für alle sichtbar auf dem Flipchart aufgezeichnet.

Die Betroffenheit im Führungskreis konnte kaum größer sein. Zum ersten Mal erkannte das gesamte Führungsteam, dass sich der künftige Umsatz nicht lediglich etwas reduzieren würde, sondern dass wesentliche Teile wegbrechen könnten. Die Firma war in der vierten technischen Revolution angekommen.

Solch eine Prozessphase ist Gold wert und für alle bewegend. Die Rolle des Moderators beschränkt sich dabei darauf, diesen Öffnungsprozess zu ermöglichen. Die Erkenntnis gewinnt man dann aus dem Vorgehen selbst. Es gibt keine versteckte Agenda, sondern Offenheit und Klarheit. Wenn alle zur gleichen Zeit dasselbe sehen, wird aus einer zunächst nicht wahrgenommenen Bedrohung eine reale Herausforderung. Durch den gemeinsamen Erkenntnisprozess wächst das Team zusammen.

Diese gemeinsame, offene Szenarioarbeit in der Klausur rüttelte das Führungsteam auf. Niemand leugnete mehr den Eisberg.

Visionskern (beschreibt den Hauptgedanken der erarbeiteten Vision des Unternehmens)
SIGMELD profiliert sich als Spezialist für ausgewählte Anwendungsfelder in der Gebäudetechnik.

Strategie und Umsetzung

Nunmehr war der Fokus auf die Zukunft ausgerichtet. Das Unternehmen musste radikal auf bestimmte Spezialanwendungen in der künftigen digitalen Signaltechnik umgesteuert werden. Dazu würde es sehr viel Software-Knowhow brauchen mit extremen Anforderungen an die Software-Sicherheit. Auch würde man für die verschiedenen Länder unterschiedliche Produkte entwickeln müssen. Kern der neuen Strategie war es, bestimmte Anwendungsprofile im künftigen Smart Home vorauszusehen, um sich dann in diesen Anwendungsbereichen oder -feldern zu spezialisieren. Anhand einer Matrix listete man die unterschiedlichen Anwendungsfelder in den jeweiligen Ländern auf, um die möglichen Achsen des zukünftigen Wachstums zu erarbeiten. Der Innovationsprozess wurde entrümpelt, und alte Vorgehensweisen wurden wiederentdeckt. Der Fokus lag auf wenigen Innovationsprojekten, die Entwickler gingen wieder mit raus zum Kunden in die Anwendung hinein, es folgten eine Vereinfachung des Stage-Gate-Prozesses und die Streichung von unnötigen Checklisten. Der langjährige Geschäftsführer und der erst seit zwei Jahren im Unternehmen tätige zweite Geschäftsführer setzten sich an die Spitze des Umsteuerns.

Die Umstellung verlangte Mut und ging an die Reserven. Um neue Innovationskraft aufbauen zu können, musste die Firma in Vorleistungen gehen. Zum Glück gab es für den radikalen Wandel genügend finanzielle Reserven. Doch kurzfristig würde die

Rendite sinken – vielleicht sogar bis an die Nulllinie. Erst in vier bis fünf Jahren würde man wieder Geld verdienen, dann aber wieder mit langfristiger Perspektive. Die Strategie war nicht ohne Risiko. Aber nichts zu tun, wäre noch riskanter gewesen. Das erkannte auch der Beirat und stimmte zu. Er stand voll hinter der neuen Richtung und war sehr froh, dass die Geschäftsführung die neue Strategie vorschlug: SIGMELD würde den neuen Weg gehen!

Der erste Aha-Effekt auf Führungsebene musste nun im gesamten Betrieb zum tiefen Umdenken führen. Die Bereichsleiter, eine Ebene unter der Geschäftsführung, waren schnell überzeugt und hochmotiviert, in die neue Richtung zu gehen. Sie wussten, es ging um die Existenz ihrer Firma. Schwieriger war es jedoch, bei den Führungskräften im Mittelbau das starke Bereichsdenken aufzubrechen und ein Bewusstsein für die Lage des Unternehmens zu schaffen. Liebgewordene Sicherheiten und alte Gewohnheiten mussten begraben werden, ohne die Mitarbeiter zu verunsichern oder gar Panik auszulösen. Offene und tiefe Gespräche schufen auch hier ein Klima des Vertrauens und der Zuversicht. Das erste Entsetzen wandelte sich in Erleichterung, dass nichts mehr verschwiegen oder verdrängt werden musste. Die Lage war klar, aber keineswegs hoffnungslos. Im Gegenteil: Jetzt packten alle an.

Es galt, die bewährte Rolle als Partner des Elektro-Großhandels beizubehalten und auszubauen. Der Großhandel selbst musste sich ebenfalls auf den geänderten Markt einstellen und sich internationalisieren. Auf diesem Weg benötigte er eine zuverlässige Begleitung und starke Partner. Einer dieser Partner blieb schließlich SIGMELD.

Hinzu käme der Aufbau eines eigenen Vertriebskanals über das Internet. Dies stellte einen Spagat dar, denn während man einerseits den Elektro-Großhandel bediente, ging man andererseits direkt an den Endverbraucher heran. Das war delikat. Deswegen verzichtete man zunächst auf den neuen Vertriebskanal

Internet im deutschen Sprachgebiet und konzentrierte sich auf ausgewählte ausländische Fokusländer, um erste Erfahrungen zu gewinnen. Erfolgreiche Erfahrungen könnte man dann später im deutschen Sprachraum nutzen.

Zugleich wurde das Exportgeschäft stark konzentriert: Nur fünf der 30 Exportländer wurden zu Fokusländern erklärt, mit Strategien belegt und mit hoher Priorität bedient. Die anderen 25 Länder wurden zu taktischen Märkten erklärt und damit passiv bedient. Die Deckungsbeitragsrechnung wurde umgestaltet, so dass selbst Vertriebskosten einbezogen wurden. Auf diese Weise war nunmehr sichtbar, wo genau wie viel Geld verloren oder gewonnen wurde.

Parallel wagte SIGMELD einen zweiten Spagat. Während man nämlich auf der einen Seite als Lieferant in zurückhaltender Weise große *OEM*-Kunden (Gerätehersteller, die als *Original Equipment Manufacturer* auftreten) im *Business-to-Business*-Geschäft, kurz *B2B*, bediente, baute man auf der anderen Seite gezielt eigene Anwendungsfelder direkt für Endkunden auf (*B2C: Business-to-Consumer*). Aber auch dieser Widerspruch ließ sich über geschickte Länderprioritäten und Produkt-Feinjustierungen auflösen.

Strategisch setzte SIGMELD auf drei Kern-Anwendungsfelder im Smart-Home-Bereich, in denen es für ein Unternehmen mittlerer Größenordnung möglich war, sich zu spezialisieren und Neuentwicklungen durchzusetzen. Dafür wurde die Funktion des *Business Developments*, des »Trüffelns«, neu eingeführt, und glücklicherweise fand sich unter den Mitarbeitern einer, der das hohe Anforderungsprofil dieser Funktion (zuhören, Tendenzen und Vernetzungen erkennen, das Wesentliche hinter den Kulissen sehen und dies präsentieren können, etc.) erfüllte. Ohne Zeitverlust konnte man hier loslegen – mit Erfolg.

Ergebnis

Wie erwartet ging in den ersten zwei Jahren die Rendite bedingt durch die Vorleistungen weiter zurück und sank auf unter 3 Prozent. Doch schneller als erwartet war der Wendepunkt erreicht. Schon nach zwei weiteren Jahren stieg die Rendite wieder an, so dass sie nach vier Jahren bei 7 Prozent lag. Vor allem aber stand SIGMELD nun als ein innovatives Unternehmen da, das sich mit seiner Innovationsstrategie und der daraus abgeleiteten Innovations-Roadmap klar in ausgewählten Anwendungsfeldern positioniert hatte. SIGMELD hatte jetzt wieder eine Zukunftsperspektive.

Erfolgsfaktoren

Die entscheidenden Erfolgsfaktoren für die Neuausrichtung des Unternehmens waren

- die Haltungs- und Denkänderung im Beirat, in der Geschäftsführung und bei den Führungskräften (vom Verwöhntsein zum radikalen Wandel),
- der neue Fokus im Export (tiefe Internationalisierung),
- der neu aufgesetzte Innovationsprozess,
- die Einführung des Business Development,
- der Spagat zwischen dem direkten Internetvertrieb und dem Vertrieb über den Großhandel sowie
- der Spagat zwischen dem direkten Internetvertrieb und der Belieferung der OEMs.

Kernbild (In einem Bild fixiert das Führungsteam die Kerngedanken des Vorgehens. Diese Bilder sind nie perfekt, aber prägen sich ein.)

Der Markt ist durch das Internet und durch die Entwicklung zum Smart Home im Umbruch.

Die alten Produkte werden nicht mehr ausreichend nachgefragt werden. SIGMELD ist schockiert, aber die Führung und die Mannschaft schaffen die radikale Wende. SIGMELD findet drei Felder der Gebäudetechnik und kann sich auf Fokusländer ausrichten. Das Zusammenspiel der Vertriebskanäle, Elektro-Großhandel, OEMs und Internet wird eingeübt.

Die Business-Development-Arbeit trägt Früchte. Neue Produkte entstehen. Das Vorbild der Geschäftsführung in diesem schwierigen Wendemanöver ist entscheidend.

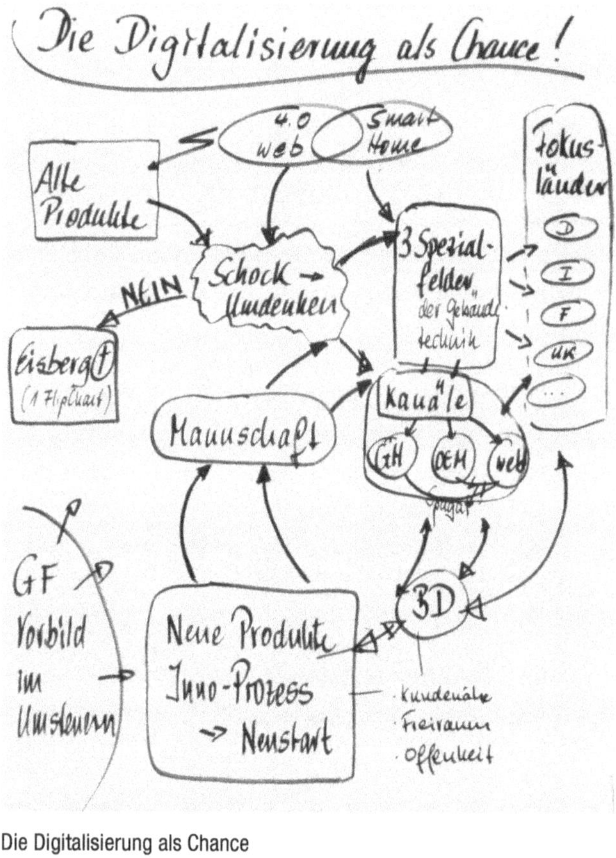

Die Digitalisierung als Chance

Was man daraus lernen kann

- Der Geschäftsführer selbst sollte der oberste Sensor sein, um (gefährlich schleichende) Trendveränderungen oder gar Umbrüche zu erkennen.
- Nutzen Sie die Technik der Szenarienerstellung. Sie kann Augen öffnen.
- Sehen Sie den Markt nicht als ein Gemenge an, sondern erkennen Sie die verschiedenen Anwendungsfelder / Marktsegmente / Spiele, in denen man sich differenzieren kann, um die langfristige Position des Unternehmens Schritt für Schritt auszubauen.
- Konzentrieren Sie sich auf wenige Kernländer, um die Kraft zu haben, dort die Wettbewerbsposition beharrlich und langfristig auszubauen.
- Richten Sie den gesamten Innovationsprozess marktnah aus: von der Idee bis hin zum ersten Umsatz. Vermeiden Sie zu detaillierte Abläufe. Vor allem in der ersten Phase der Findung und Bewertung von Markt-Produkt-Konzepten sollten Sie nicht zu methodenbehaftet vorgehen.
- Überbrücken Sie Gegensätze. Dies ist schwierig und deshalb meist ein Wettbewerbsvorteil, da viele andere Unternehmen dies nicht können (Spagat).

2.2 Der heilsame Schock

Wie ein Kunde überraschend hart und damit zum Retter der Gesellschaft wird.

Das Unternehmen CHEMLE

»Ich hätte vorher nie gedacht, dass ein Schock so heilsam sein könnte.«
Der geschäftsführende Gesellschafter

Themen

- Großkundenabhängigkeit
- Schonungslose Analyse
- Verstehen der Geschäftsarten
- Kraft zur Eigenmarke

Fakten

• Produkte:	Rühr- und Knetgeräte
• Kunden:	Konzerne der Chemie- und Lebensmittelindustrie
• Umsatz:	70 Millionen Euro; Trend: stetig wachsend
• Tätigkeitsgebiet:	weltweit
• Mitarbeiter:	390
• Ebit:	12 %; Trend: stabil
• Eigenkapitalquote:	70 %
• Inhaber:	1 Familie
• Geschäftsführung:	1 Familien-Gesellschafter

Ausgangssituation

CHEMLE produziert Rühr- und Knetgeräte für die chemische und die Lebensmittelindustrie, und zwar ursprünglich auf drei verschiedene Weisen.

Da war zunächst das klassische Produktgeschäft: CHEMLE-Rührgeräte wurden als eigene Marke produziert und mit einem weltweiten Netzwerk aus kleinen Vertriebs- und Serviceniederlassungen vertrieben. Alle Produkte waren zertifiziert und genossen bei den Kunden ein gutes Image. Dieses Endproduktgeschäft wurde durch das Unternehmen selbst getrieben. Dabei kamen ihm seine Marktkenntnisse zugute, die jahrelange Präsenz im Markt sowie die Erfahrung, wie solch ein Produktprogramm richtig zu gestalten ist in Bezug auf Breite, Tiefe, Erweiterung und Bereinigung. Im jährlich aktualisierten Katalog wurde das Programm mit all seinen Optionen dargestellt.

Dazu kam das OEM-Geschäft, bei dem andere Gerätehersteller als *Original Equipment Manufacturer* auftraten, die Herstellung der meisten Komponenten aber bei CHEMLE erfolgte. Die Komponenten wurden vom OEM integriert und mit seiner spezifischen »Schale« versehen. Der OEM vertrieb die Ware unter seinem Label und organisierte Marketing und Vertrieb unter seinem Namen (so genanntes Private-Label-Geschäft). Er trieb das Geschäft. Deshalb musste CHEMLE durch intensive Beziehungspflege den Kontakt halten und kurze Reaktionszeiten und guten Service bieten. Aus Sicht der Anwender standen die Private-Label-Produkte der OEMs zwar im Wettbewerb mit den Original-Produkten der Marke CHEMLE, was die OEMs aufgrund der geringen Umsätze von CHEMLE aber nicht weiter störte.

Das dritte Geschäftsfeld war das Lösungsgeschäft. Hier verkaufte CHEMLE an einen amerikanischen Großkunden spezielle Geräte für Rühraufgaben. Angetrieben durch die Probleme und Anforderungen des Großkunden musste CHEMLE vor allem durch technische Lösungskompetenz überzeugen. Wichtig waren aber auch kurze Antwortzeiten und ein hervorragender Service.

Das Gesamtgeschäft setzte sich zu unterschiedlichen Teilen aus diesen drei Geschäftsmodellen zusammen. Etwa 20 Prozent des Umsatzes kamen aus dem eigenen Markengeschäft, das seit Jahren vor sich hin dümpelte. Im Außendienst lag der Pro-Kopf-Umsatz zum Teil unter 500 000 Euro pro Jahr, obgleich man sich trotz der geringen Umsatzgröße ein beachtliches Vertriebsnetz mit zehn Niederlassungen weltweit leistete. Auch der Aufwand für die Minimalpflege des Programms war vergleichsweise hoch. Und der Produktzertifizierungsprozess auf internationaler Ebene war für die über 310 Produkte ebenfalls extrem aufwendig. Das Controlling konnte die Zahlen nicht detailliert genug darstellen, weil die Geschäftsfelder an vielen Stellen ineinandergriffen und dabei die verschiedenen Kostenstellen nicht getrennt erfasst wurden. Aber auch ohne konkrete Zahlen war allen Verantwortlichen klar, dass sich dieser Geschäftsteil allein genommen nicht rechnete.

Doch der Verlustbeitrag wurde durch den Profit mit dem einen US-Großkunden gedeckt. Solange die Gesamtbilanz stimmte, fehlte der Anlass, das Eigenmarkengeschäft ernsthaft in Frage zu stellen. Es war gesetzt, und zwar vom Unternehmer selbst. Das Geschäft hatte Flair, war international und brachte als Marke eine gewisse Reputation. Es gab Stimmen im Unternehmen, die den Imagewert der Eigenmarke für einen wesentlichen Baustein im Geschäftsverhältnis mit dem amerikanischen Großkunden hielten. Auch das war jedoch nur ein gefühlter Wert, der sich nicht objektiv belegen ließ.

Der Großkunde brachte CHEMLE über all die Jahre eine Rendite von über 20 Prozent – selbst in den Krisenjahren 2008 und 2009 – und hatte einen Umsatzanteil von etwas über 50 Prozent. Für CHEMLE war dieser Kunde somit existentiell. Alle wussten das. Wenn der Großkunde rief, wurden im Unternehmen sofort alle Hebel in Bewegung gesetzt. Alles andere hatte dann nur zweite Priorität.

Die Fähigkeiten zwischen den Deutschen und den Amerikanern waren klar verteilt: Erstere beherrschten die Mechanik und die Kunststoffverarbeitung und boten eine exzellente Qualität und viel Innovation; Letztere waren Experten im Marketing und in der Software, waren rechtlich hervorragend aufgestellt und hatten mit über sieben Milliarden Dollar Umsatz eine weltweite Präsenz. Zudem hatten die Amerikaner mit ihren Hightech-Rühranlagen für die Chemie eine weltweit dominante Stellung.

Das OEM-Geschäft nährte sich traditionell aus dem Standardprogramm der Eigenmarken-Geräte, schließlich waren es im Kern dieselben Module, die hier verbaut wurden. Die OEMs störten sich nicht an der Konkurrenz, da die CHEMLE-Markenumsätze zu gering waren, um gegenüber den OEMs als Wettbewerber ins Gewicht zu fallen. Das OEM-Geschäft war ohne großen Aufwand zweistellig profitabel, bekam aber im Hause wenig Anerkennung. Im Unterschied zum »Hätschelkind Eigenmarke« und zum anspruchsvollen Großkunden wurde auf diesen stillen fleißigen Noname-Bereich wenig Augenmerk gerichtet. Es lief ja auch so.

Und dann kam es, wie es kommen musste.

Obgleich die Beziehung zwischen CHEMLE und dem amerikanischen Großkunden seit zehn Jahren Höhen und Tiefen überstanden hatte, geriet die Zusammenarbeit in Gefahr, als der langjährige US-CEO in den Ruhestand ging. Der neue CEO kam aus der US-Automotive-Industrie und galt als harter Hund. Und er stellte die Beziehung zu allen A-Lieferanten und so auch zu CHEMLE in Frage.

Hatten sich bislang die Treffen auf Geschäftsführer-Ebene stets fair und wechselseitig zugewandt gestaltet, herrschte nun ein völlig neuer Ton. Plötzlich wurde, angeordnet vom neuen CEO, die Preisrunde in scharfer Gangart verhandelt. Die Forderung lautete, dass CHEMLE seine Preise für den Großkunden um 30 Prozent reduzieren sollte – das war kein Scherz, das war bitterer Ernst! Denn auch das Management des US-Konzerns stand unter Druck. Die Aktionäre hatten sich an die hohe Profitabilität der vergangenen Jahre gewöhnt und wollten nun trotz weltweit enger gewordener Märkte dieselbe Dividende erwirtschaftet sehen. So waren selbst die amerikanischen Verhandlungsführer, die fast alle seit Jahren mit den Deutschen zusammengearbeitet hatten, peinlich berührt, mussten jedoch auf ihren Verhandlungspositionen bestehen.

Was für ein Schock! Ein Preisnachlass von 30 Prozent würde für CHEMLE einen Verzicht auf jeden Gewinn bedeuten.

An zwei Verhandlungstagen in Atlanta versuchten die Deutschen, sich irgendwie aus der drohenden Niederlage herauszulavieren. Aber die Amerikaner blieben hart und erreichten eine Preisreduzierung um 25 Prozent. Es war ein bitterer und stiller Rückflug nach Deutschland. Das sichere Auftreten, die Profittünche und die Selbstgefälligkeit waren schlagartig verschwunden. Die Preisreduzierung löste im ganzen Unternehmen Angst aus, denn allen war bewusst, was das bedeutete.

Strategische Fragen
Was ist zu tun?
Welche strategischen Möglichkeiten gibt es, den Niedergang des Großkundengeschäfts zu verhindern oder zu kompensieren?
Wie kann die Firma gerettet werden?

Erkenntnis

Nur mühsam erwachte die Geschäftsleitung aus der Schockstarre. Bei nüchterner Betrachtung kam dann langsam die Erkenntnis, in welch fataler Weise die drei gewachsenen Geschäftsbereiche miteinander verstrickt waren.

Produkte aus A, dem nicht lukrativen Eigenmarkengeschäft, konnten in B, dem lukrativen OEM-Kundengeschäft, vermarktet werden. Ideen aus B konnten ins Programm A hineinwandern. Finanziert wurde das Ganze aber durch C, das Großkundengeschäft, was wiederum durch A und B in Bezug auf Reputation und Technikkompetenz befeuert wurde. Jetzt aber war klar, dass es nicht so war, wie man immer gedacht hatte!

Vor allem hatte das Geschäft C die Geschäfte A und B behindert – und aktuell war es für C vollkommen ohne Bedeutung, ob es A und B überhaupt gab. Jetzt, wo für CHEMLE der Ertrag im Bereich C schlagartig in sich zusammenbrach, war plötzlich das missachtete Geschäftsfeld B der einzig relevante Ertragsbringer, während man für A nur draufzahlte und C sich gerade noch selber trug. Die Frage war, wie lange das noch so funktionieren würde.

Das größte Problem in dieser Phase war, dass man keine klaren Zahlen hatte. Obwohl die Geschäftsarten so unterschiedlich waren, lief alles über die gleichen Geschäftsprozesse. Die Firma hatte mit dem Großkundengeschäft gelebt und geatmet. Die Beigeschäfte Eigenmarken und OEM hatten darunter massiv gelitten. Das wusste auch jeder Mitarbeiter. Wer in einem dieser beiden anderen Bereiche arbeitete, kümmerte sich nur halbherzig um seine Aufgaben, denn man wusste: *»Hat ja sowieso nur zweite Priorität!«* Nur im Eigenmarkengeschäft kam gelegentlich Dynamik auf, wenn einmal etwas Besonderes für eine Vertriebsniederlassung gemacht werden musste. Hier entstanden ab und zu Neuerungen. Hier setzte die Firma immer mal wieder im Rühren und Kneten von Massen Maßstäbe und besaß nach wie vor mehrere Patente.

Aus diesen Neuerungen nährte sich das Selbstbewusstsein der Ingenieure, nicht aus dem Umsatz. Natürlich wussten alle um die wirtschaftliche Abhängigkeit von dem amerikanischen Großkunden, aber man wog sich in Sicherheit, indem man sich sagte: *»Der hängt ja auch von uns ab.«* Doch das war ein Irrtum!

Jetzt musste jeder umdenken, und wie so manche andere Mittelständler musste man auch bei CHEMLE erkennen, dass ein Großkunde Alternativlieferanten findet, ein Zulieferer jedoch keinen großen Alternativkunden, der die Lücke zeitnah schließen kann!

Visionskern
CHEMLE wird in seinem Anwendungsbereich der führende Zulieferant in der Rührtechnologie für die Chemie- und Lebensmittelindustrie weltweit.

Strategie und Umsetzung

Es wurde ein Veränderungsprozess eingeleitet, wie ihn die Firma noch nie gesehen hatte. Er sollte transparent gestaltet werden, mit klaren Maßnahmen, die alle betrafen, nicht nur die Werker. Der Betriebsrat wurde voll in den Prozess einbezogen und zog konstruktiv-kritisch mit.

Zuallererst wurde gespart. Dafür wurde unter Koordination des Bereichsleiters Administration ein Maßnahmenplan mit schnellen Kosteneinsparungen aufgestellt. Das war für alle eine schwierige, eine erstmalige Übung, aber man hielt zusammen. In der Krise arbeiteten auf einmal alle über die Bereichsgrenzen hinweg schnell, gut und reibungslos zusammen. Die alten Zöpfe fielen reihenweise. Vom 14. Gehalt über das üppige Marketing bis hin zu unnötigen Schulungen wurden knapp 50 Sachkosten-Positionen gefunden und gestrichen. Es gab keine *Nice-to-have*-Projekte mehr in der IT, im Marketing oder im Personalwesen. Von den ehemals 38 Organisationsprojekten blieben ganze sieben übrig.

Es war, als hätten alle auf diesen Startschuss gewartet. Auf einmal konnte man sich innerhalb von zwei Monaten auf die wirklichen Prioritäten im Innovationsprozess einigen: Von 28 Innovationsprojekten konnten 18 folgenfrei gestrichen werden, fünf wurden auf Eis gelegt, und fünf bekamen die oberste Priorität.

Alle im Führungsteam waren erschrocken über die Beliebigkeit, mit der sie all die Jahre gedacht und gehandelt hatten. Jetzt wurde aufgeräumt und zum ersten Mal seit langer Zeit wieder geschlossen nach vorne gedacht. Die alte Vision, die in den Gründerjahren den Grundstein für den späteren Erfolg gelegt hatte, wurde wieder zum Leben erweckt.

In dieser Weise mental neu ausgerichtet, ging es dann ans erste Tabu: das Markengeschäft!

Was vorher angeblich nicht möglich gewesen war, konnte das Controlling nun plötzlich doch und legte die Zahlen auf den Tisch. Sie belegten, dass dieser Geschäftsbereich in den letzten fünf Jahren im Durchschnitt jedes Jahr etwa 2,5 Millionen Euro Verlust gemacht hatte. Für den geschäftsführenden Gesellschafter war diese Zahl sehr schmerzhaft, aber er hatte verstanden, dass er die Realität nicht länger leugnen durfte. Es fiel ihm schwer, sein Markengeschäft zu opfern, aber er tat es trotzdem, was ein starkes Signal an alle war. Der Chef ging voran. Und die Offenheit und Klarheit, mit der er dies tat, war eine große Motivation für die gesamte Belegschaft.

Die Aufgabe dieses Geschäftsfeldes bedeutete aber auch, dass das Unternehmen das erste Mal in seiner Geschichte Mitarbeiter entlassen musste. Denn obgleich man kurz die Hoffnung trug, das Markengeschäft verkaufen zu können, gab es keinen Käufer dafür. Das Unternehmen hatte nie genug Kraft gehabt, die eigene Marke im Weltmarkt durchzubringen. Zu übermächtig waren die Wettbewerber, zu stark deren Marken. Die Abwicklung erstreckte sich über mehr als zwei Jahre, auch weil der gesamte Prozess gegenüber den Mitarbeitern so fair als möglich durchgeführt wurde.

Über die beiden verbliebenen Geschäftsfelder flammte die alte Diskussion nun wieder auf: Sollte und konnte man das OEM-Geschäft vom Großkundengeschäft trennen? Durch den Wegfall des verlustreichen Markengeschäfts war die wesentliche Entlastung des Unternehmens bereits vollzogen. Könnte man mit den beiden anderen Bereichen deswegen nicht einfach weitermachen wie bisher? Die Dinge aus Bequemlichkeit einfach so zu belassen, war verführerisch. Doch es siegte der Wille zur Veränderung. »*Wenn, dann jetzt, und wenn, dann richtig*«, lautete die Devise. Man würde nun konsequent zwei Bereiche schaffen, für jede Geschäftsart einen, und zwar jeweils mit sehr unterschiedlichen Geschäftsprozessen.

Die neue Aufteilung wurde in zwei Klausuren konzipiert, und der Umsetzungsplan wurde mit allen neuen Zuordnungen fixiert. Vertrieb, Anwendungstechnik, Fertigung und Montage konnten getrennt werden. Die Entwicklung blieb zusammen, um die Produktlogik sicherzustellen und den Baukasten nicht zu gefährden. Nach nur einem halben Jahr stand die neue Organisation, und der schnelle Aufräum-Erfolg ließ im Unternehmen eine echte Aufbruchsstimmung aufkommen.

Nachdem im ersten Einspar-Durchgang nur die niedrig hängenden Früchte geerntet worden waren, machten sich die Mitarbeiter des Großkundengeschäftes nunmehr grundsätzlich an die Optimierung der Prozesse. Der gesamte Wertstrom wurde konsequent auf den Kundennutzen ausgerichtet. Dabei wurden auch das Produkt und seine Produktionsweise selbst hinterfragt. Und es geschah Erstaunliches! Durch leichte Veränderungen in der Konstruktion konnte die Gleichteileverwendung massiv gesteigert werden, wodurch die Fertigungs- und Durchlaufzeiten sowie die Qualitätsrisiken in der Endmontage deutlich sanken.

Die Kalkulation der Amerikaner war wegweisend. Man wollte so schlank produzieren, dass die durch die Preisreduzierung gesenkte Marge eben doch nicht komplett aufgefressen würde. Es gelang. Durch die neuen Prozesse und die Veränderungen am Produkt konnten die Kosten derart gesenkt werden, dass am Ende ein Ebit des Bereichs von über 8 Prozent erreichbar war.

Zugleich hatten alle ihre Lektion gelernt. Selbst wenn man

für den amerikanischen Großkunden wieder profitabel arbeiten konnte, so wollte man doch nicht ein zweites Mal eine Verhandlung in völliger Abhängigkeit führen müssen. CHEMLE brauchte also weitere Großkunden.

Der Schlüssel hierzu fand sich in der Produktentwicklung für die Lebensmittelindustrie. Innerhalb von drei Jahren konnte man zwei weitere Großkunden gewinnen, und mit drei weiteren begannen Verkaufsgespräche. Plötzlich war man wieder auf Wachstumskurs.

Auch im OEM-Geschäft blieb kein Stein auf dem anderen. Auch hier wurden die Prozesse artgerecht gestrafft und eine Struktur geschaffen, die von allen Mitarbeitern begrüßt wurde. Reduzierte Doppelarbeit, verringerte Leerlaufzeiten, erhöhte Produktivität, gesteigerte Qualität – das alles freut auch die Mitarbeiter, die ihre Arbeit nun mit größerer Zufriedenheit erledigten.

Zudem startete endlich auch eine konsequente Vertriebsarbeit, bei der die technischen Stärken und die Innovationskraft der CHEMLE-Ingenieure herausgestellt und verschiedene Markenhersteller von der hohen Qualität der CHEMLE-Komponenten überzeugt wurden. Schon nach zwei Jahren hatte man auf dem Weltmarkt drei neue Kunden, so dass sich auch hier das Geschäftsrisiko auf mehrere OEM-Kunden aufteilte. Auch dieser Bereich war klar auf Wachstumskurs.

Ergebnis

In der Rückschau konnte das Familienunternehmen CHEMLE den amerikanischen Geschäftspartnern nur dankbar sein. Ohne die knallharte Preisforderung wäre das Unternehmen im Tiefschlaf versunken und vielleicht zu spät aufgewacht. So aber war der amerikanische Kurswechsel ein notwendiger Schock, um das Unternehmen aufzuwecken.

CHEMLE erfand sich neu. Die neue, verkleinerte Struktur nach Geschäftsarten war hilfreich, um das Unternehmen wieder auf Wachstumskurs zu bringen. Nach vier Jahren war es im Ertrag gut zweistellig. Die »Delle«, die vor allem auch aufgrund der Vorleistungen und der Umbaukosten in der zwei Jahre andauernden Verlustphase entstanden war, war überwunden. Wäre das Unternehmen nicht im Besitz des Gründers gewesen, sondern von kurzfristig interessierten Shareholdern, hätte CHEMLE den Umschwung vermutlich nicht geschafft. So reichten die Reserven, um das langfristige Denken des Inhabers mit einem wirtschaftlichen Unternehmenserfolg zu belohnen.

Erfolgsfaktoren

Die entscheidenden Erfolgsfaktoren für die Neuausrichtung des Unternehmens waren

- die offene Zusammenarbeit in der Krise,
- die schonungslose Analyse ohne Suche nach Schuldigen, sondern mit dem Blick nach vorne,
- das schnelle Handeln,
- die Fokussierung auf zwei Geschäftsarten,
- die Aufteilung der Organisation nach den Geschäftsarten und
- die Reduzierung der Großkundenabhängigkeit.

Kernbild

CHEMLE agiert in drei Geschäftsarten, die jeweils ihr eigenes Anforderungsprofil haben. Im Kern ist das Unternehmen aber von einem US-Großkunden abhängig. Als dieser CHEMLE mit einer Preisreduzierung von letztlich 25 Prozent konfrontiert, wacht die Führung auf. Alle Ausgaben kommen auf den Prüfstand, und das defizitäre Eigenproduktgeschäft wird beendet.

Das Unternehmen wird in zwei Bereiche gegliedert: das OEM- und das Lösungsgeschäft. Jedes Geschäft kann nun artgerecht bearbeitet werden. Die Entwicklung bedient dabei beide Bereiche.

Beide Märkte werden nun systematisch bearbeitet. Neue Kunden werden gewonnen, und so kann die Großkundenabhängigkeit drastisch reduziert werden.

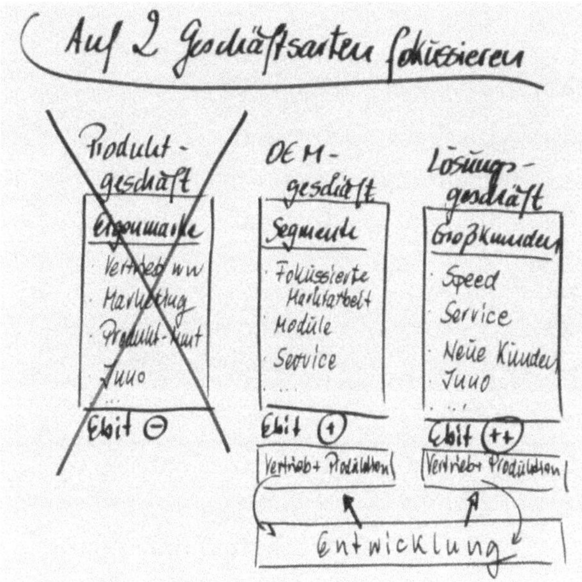

Sich auf zwei Geschäftsarten fokussieren

Was man daraus lernen kann

- Nehmen Sie sich die Zeit, die Geschäftsarten in ihren Unterschieden wirklich zu verstehen, und passen Sie die Struktur des Unternehmens darauf an.
- Kein Kunde sollte mehr als 20 Prozent Ihres Umsatzes ausmachen.
- Denken Sie nicht, dass Ihr Großkunde von Ihnen abhängt, er findet baldige Alternativen, Sie nicht.
- Glauben Sie nicht, dass gute persönliche Beziehungen die Kräfte des Marktes langfristig ignorieren können.

2.3 Raus aus der Commodity-Falle

Dank Innovationen und neuer Anwendungsfelder wandelt sich ein Standard- zum Spezialanbieter für attraktive Nischenmärkte.

Das Unternehmen F-SCHAUM

«Endlich eine Perspektive!«
Ein Mitglied des Führungsteams

Themen

- Commodities vs. Specialities
- Vater vs. Sohn
- Einbeziehen des Führungsteams
- Glaubwürdigkeit

Fakten

• Produkte:	Schaumverpackungen und technische Schaumformteile
• Kunden:	Hersteller von Lebensmitteln, von Arzneimitteln und – bei technischen Teilen – die Industrie generell
• Umsatz:	30 Millionen Euro; Trend: leicht wachsend
• Tätigkeitsgebiet:	Westeuropa
• Mitarbeiter:	200
• Ebit:	3 %; Trend: leicht abnehmend
• Eigenkapitalquote:	19 %
• Inhaber:	1 Familie
• Geschäftsführung:	Vater und Sohn

Ausgangssituation

Die F-SCHAUM GmbH produziert seit Jahrzehnten Standardverpackungen aus Schaumformteilen für den Transport von Lebens- und Arzneimitteln. Diese Verpackungen sind immer gleichartig aufgebaut. Es gibt Standardgrößen – und eben auch Standardpreise in einem sogenannten »Commodity-Markt«. Eine Differenzierung ist kaum möglich, die Preistransparenz ist hoch. Der Preis und die Liefergeschwindigkeit sind die Entscheidungskriterien für den Kunden. Daraus folgen ein steigender Preis- und Margendruck und eine Abwärtsspirale im preisgetriebenen Wettbewerb.

Der Commodity-Markt wird von einigen wenigen sehr großen und weltweit agierenden Wettbewerbern beherrscht – es handelt sich hier also um ein Oligopol. Zum Glück der kleinen Wettbewerber sorgte der wachsende europäische Markt in den vergangenen Jahrzehnten dafür, dass deren Umsätze und auch der Umsatz von F-SCHAUM wachsen konnten. Dass ab und zu der Weltgranulatpreis (aus dem Granulat wird der Schaum hergestellt) für Erschütterungen sorgte, war das einzige Problem. Ansonsten war das Spiel klar – klar und perspektivlos. Der Kampf der Kleinen gegen die Großen, die beim Einkauf des Kunststoffgranulats große Einkaufspreisvorteile haben, war nicht zu gewinnen.

Im Commodity-Markt rechnet sich das Geschäft nur mit großen Absatzmengen. So gab es für F-SCHAUM scheinbar nur eine Strategie. Man musste um jeden Preis die Volumina steigern, und zwar bei einer mageren Rendite von weniger als 3 Prozent. Großen Spielraum für Investitionen gibt es bei solchen Ergebnissen nicht; auch keinen wirklichen Verhandlungsspielraum nach unten. Trotzdem wurden immer wieder neue Aufträge über den Preis hereingeholt.

Obwohl bei solchen »Spielen« die Personalkosten besonders unter Druck geraten, zeigte die F-SCHAUM-Belegschaft enormes Engagement. Die Bereichsleiter standen treu zum Unternehmen. Die Führungskräfte motivierten ihre Mitarbeiter. Doch trotz der hohen Einsatzbereitschaft über die Jahre hinweg und der sehr guten Leistungen im harten Wettbewerb änderte sich wenig an der Grundsituation. F-SCHAUM überlebte, aber an mehr war nicht zu denken. Eher an weniger. Dauerhaft schwebte das Damoklesschwert des Scheiterns über den Köpfen der Mitarbeiter. Die Eigenkapitalquote lag nur noch bei 19 Prozent. Die Existenzfrage stand unausgesprochen im Raum.

Dieser mühsame Überlebenskampf nagte am Selbstbild der Mannschaft. Die Arbeit war eine Abwehrschlacht gegen das drohende Aus. Man stand stets mit dem Rücken zur Wand. Jedes Engagement diente der Selbstverteidigung. Eine Vorwärtsbewegung war nicht möglich, Spielraum zur Entfaltung war nirgends zu gewinnen. Es fehlte der Erfolg. Und auch eine Perspektive fürs Unternehmen gab es nicht.

Solch ein jahrelanger Commodity-Kampf prägt. Der Seniorchef kannte nichts anderes. Sein Markt- und Wettbewerbsbild bestand aus diesem nie enden wollenden Preiskampf gegen die Oligopolisten. Er war darin gefangen und stand ohne Alternative vor einer dauerhaften perspektivlosen Abwärtsspirale. Und er hatte auch die Sorge, dass sein Sohn dem hochriskanten Geschäft als Nachfolger im Wettbewerb gegen die großen Konkurrenten bei der hohen Abhängigkeit von den Granulatpreisen und der schwachen Rendite nicht standhalten würde. Doch nun stand unweigerlich der Generationswechsel an.

Strategische Fragen

Wie kann der Generationenübergang gelingen?
Wie kann sich F-SCHAUM aus der Commodity-Falle herausarbeiten?
Worauf können die Kräfte fokussiert werden?
Wie kann der Junior die Mannschaft gewinnen?

Erkenntnis

Die erste Auseinandersetzung, die es zu bestehen galt, war die Nachfolgefrage. Erst wenn der Juniorchef wirklich das Kommando allein in der Hand hielte, würde das Unternehmen aus den festgefahrenen Geschäftswegen ausbrechen können. Es gab über mehrere Monate hinweg tiefgehende und schwierige Gespräche zwischen Vater und Sohn. Mit seiner beharrlichen Art gelang es dem Sohn, dem Vater sein klares Bild von der Lage des Unternehmens zu vermitteln. Seine Mutter, die ein feines Gespür für die Situation hatte, unterstützte ihn dabei, wo sie nur konnte. Erste Gedanken einer neuen Strategie konnte der Junior dem Vater erfolgreich näherbringen.

Schließlich glückte es ihm, seinen Vater davon zu überzeugen, sich aus dem Unternehmen zurückzuziehen. Dies war sicherlich dessen schwierigste Entscheidung seit vielen Jahren, aber der Seniorchef traf sie schließlich und überließ dem Sohn das Feld. Die Führungskräfte bekamen diesen inneren Entscheidungskampf mit. Sie alle hatten großen Respekt vor der Rückzugsentscheidung des »Alten« nach all den Jahren des harten Commodity-Kampfes.

Damit bekam der Sohn die Chance, die Weichen neu zu stellen. Jetzt war ein Strategiewechsel überhaupt erst möglich. Der Weg für ein neues Denken war geöffnet. Die Köpfe der Führungskräfte waren frei für neue Ideen. Und plötzlich geriet ein fest verinnerlichter Glaubenssatz ins Wanken: Eine Schaumverpackung ist eine Schaumverpackung – mehr nicht!

Visionskern
Europaweiter Marktführer in ausgewählten Anwendungsfeldern für hochwertige Schaumverpackungen und technische Schaumformteile.

Strategie und Umsetzung

Es gibt mehr als 14 Faktoren, durch die sich Schaumverpackungen auszeichnen: Schutz des zu verpackenden Gutes, Bedruckbarkeit der Verpackung, Feuchteschutz, Schutz vor elektromagnetischen Strahlen, Wärmeschutz und so weiter. Der Preis und die Liefergeschwindigkeit waren damit nur zwei Kriterien unter vielen, wenn man das Produkt neu dachte. Dieser Gedanke wurde zur Schlüsselidee der neuen Strategie.

Innovation und kontinuierliche Erneuerung sind von wesentlicher Bedeutung für den Weg aus der Commodity-Falle. Wem es gelingt, in einer Produkt-Monokultur mit Innovationen aufzuwarten, kann sich als Spezialanbieter neue attraktive Nischenmärkte schaffen, in denen er größere Preis- und damit auch Renditespielräume hat.

Die Herausforderung lautete,

- eine hohe Sensibilität für Marktbedürfnisse
- mit einem ständigen Suchen nach einem Mehrwert für den Kunden (Qualitätssteigerung, Individualität) zu verbinden,
- einzigartige Produktmerkmale zu entwickeln,
- mit Patenten abzusichern und
- das Produktportfolio ständig zu ergänzen, zu verbessern und zu bereinigen.

Wohl vorbereitet durch Auftrags- und Kundenbewertungen wurde der Ausstieg aus dem herkömmlichen Standardgeschäft vorsichtig eingeleitet. Das Spezialgeschäft konnte in acht Anwendungsfelder aufgeteilt werden.

Neben den Verpackungsprodukten konnten auch Ideen für neue technische Schaumformteile kreiert werden. Schaumteile konnten als leichte Hightech-Formteile schwerere Metallteile ersetzen.

Ausgesprochen hilfreich war dabei die langjährige Erfahrung des Vertriebsleiters, dessen gesamter Bereich im Verbund mit den

Entwicklern dabei mitwirkte, die neu definierten Anwendungsfelder zu analysieren, Szenarien über diese Anwendungsfelder zu erstellen und daraus Strategien und konkrete Maßnahmen abzuleiten. Bei einer zügigen, aber ausreichend gründlichen Analyse wurde gemeinsam bewertet, welche Anwendungsfelder besonders interessant und welche ohne große Erfolgschance waren. So waren die ersten Prioritäten schnell gesetzt. Vier neue Patente konnten entwickelt werden – für drei Anwendungsfelder. Das war ein klarer Vorsprung gegenüber den großen Wettbewerbern, die sich auf den Massenmarkt konzentrierten. Mögliche Alleinstellungen in ausgewählten Anwendungsfeldern waren greifbar und konnten angegangen werden.

Die Kreativität wurde belohnt. Mit frischer Energie konnten schon im ersten Jahr zwei Aufträge akquiriert werden – glücklicherweise in den richtigen Anwendungsfeldern. Der Umbau vom Commodity- zum Speciality-Anbieter war eingeleitet. Nach einem Jahr war der Umsatzrückgang aufgehalten, aber der Ebit lag immer noch bei nur 2 Prozent.

Die Ausrichtung auf die Anwendungsfelder hatte eine umfassende Neuausrichtung des Unternehmens zur Folge:

- Die Außendienstmitarbeiter wurden nach den Anwendungsfelder-Prioritäten gesteuert.
- Das Marketing wurde auf diese Felder ausgerichtet.
- Der Innovationsprozess wurde ebenfalls auf die Anwendungsfelder ausgerichtet. Die neuen Patente waren ein erstes Ergebnis.
- Die Controlling-Analysen wurden nun auch nach Anwendungsfeldern durchgeführt und zwar bei sehr aussagekräftigen Ertragszahlen in diesen Feldern.
- Eine besondere Herausforderung war die Umstellung der Fertigung: Große Anstrengungen waren im Umbau vom Dauerläuferbetrieb auf eine flexiblere Fertigung nötig; dies schloss Fertigungssteuerung und Disposition mit ein.

Da vor allem die technischen Formteile hohe Deckungsbeiträge möglich machten, waren auch die Chancen, ins Ausland zu liefern, größer. Die Transportkosten hatten nicht mehr die hohe Bedeutung wie im Standardgeschäft.

In der Summe lag bei der Ausrichtung auf Spezialitäten die größte Herausforderung in der Erhöhung der Qualität im ganzen Unternehmen: Qualität der Prozesse, der Produkte, der Planung und Disposition, der Marktbetrachtung, der Marktbearbeitung, die Qualität der ersten Problemlösungsgespräche beim Kunden – und damit die Qualifikation der gesamten Mannschaft.

Diese neue Art der Kundengespräche konnte im Endeffekt nur von zwei Mitarbeitern des Unternehmens durchgeführt werden – und die beiden schafften es, genügend hochwertiges Volumen hereinzuholen.

Ein wunderbarer Nebeneffekt oder vielleicht sogar das wesentliche Element für den gelungenen Strategiewechsel war die Veränderung der Unternehmenskultur. Denn die Belegschaft, die schon unter den schwierigen Bedingungen der Vergangenheit geradezu unerschütterlichen Zusammenhalt und Engagement gezeigt hatte, wuchs in der neuen Situation noch einmal über sich hinaus. Die Mitarbeiter entwickelten in kürzester Zeit ein kluges Gespür für die neue Vision, ließen sich für die neue Perspektive des Unternehmens begeistern und zogen in einer Weise mit, wie es selbst der Senior in den Jahrzehnten zuvor nie gesehen hatte. Die Hoffnung auf eine gesicherte Zukunft weckte neue Kräfte. Die offene Informationspolitik durch den Junior und sein kleines Führungsteam schufen Zuversicht und Mut. In regelmäßigen Abständen von etwa zwei Monaten wurde das gesamte Unternehmen in systematischer Art und Weise über den Veränderungsprozess informiert. Alle Mitarbeiter wurden aufgefordert, sich aktiv zu beteiligen. Anfangs kamen die Fragen nur zögerlich, aber dann wurde der Austausch immer lebendiger, so dass eine sehr offene Atmosphäre entstand, die auf das ganze Unternehmen ausstrahlte.

Diese Glaubwürdigkeit war der Schlüssel zum Erfolg. Ein Führungsteam kann ein Unternehmen alleine nicht drehen, aber alle zusammen können es. Der Strategiewechsel gelang. F-SCHAUM baute sich in wenigen Jahren eine Position als Spezialist in Sonderschaumverpackungen auf, zum Beispiel für medizinische Produkte und im Bereich der hochwertigen technischen Schaumformteile.

Ergebnis

Nach vier Jahren war der Abbau des Commodity-Umsatzes bis auf einen taktischen Rest von 15 Prozent Umsatzanteil gelungen. Der Umsatz konnte von 30 Millionen Euro im ersten Jahr auf 36 Millionen im dritten Jahr und dann auf fast 50 Millionen Euro im sechsten Jahr nach dem Strategiewechsel gesteigert werden. Wichtiger aber war, dass die Rendite nach drei Jahren stabil bei 6 Prozent lag und nach weiteren drei Jahren fast zweistellig war.

Von noch größerer Bedeutung war aber die Tatsache, dass die Krise alle zu einem Team geformt hat. Der Junior hat es mit seinem Team und seiner Mannschaft geschafft, dem Unternehmen eine langfristige und sichere Perspektive zu geben.

Erfolgsfaktoren

Die entscheidenden Erfolgsfaktoren für die Neuausrichtung des Unternehmens waren

- die Leistung des Vaters im Aufbau des Unternehmens und seine innere Kraft für die Ausstiegsentscheidung,
- der Weg von den Commodities hin zu den Spezialitäten,
- die Ausrichtung auf wenige Anwendungsfelder und damit die Fokussierung in Markt und Kunden,
- die herausragenden Problemlösungen bis hin zu Innovationen für die ausgewählten Anwendungsfelder,

- die Qualitätsoffensive im Unternehmen,
- die Glaubwürdigkeit des Juniors und seines Führungsteams sowie
- das volle Einbeziehen der Mannschaft.

Kernbild

Schritt für Schritt weitet F-SCHAUM den Umsatz in Problemlösungen, in den Specialities, aus und verlässt so den preisgetriebenen Massenmarkt, den Markt der Commodities.
Das bedeutet eine Qualitätsoffensive im ganzen Unternehmen: Marktbearbeitung, Produkte, Prozesse, Entwicklung, Fertigung etc. Patentgeschützte Innovationen sind dabei eine Basis für die Neuausrichtung von F-SCHAUM.

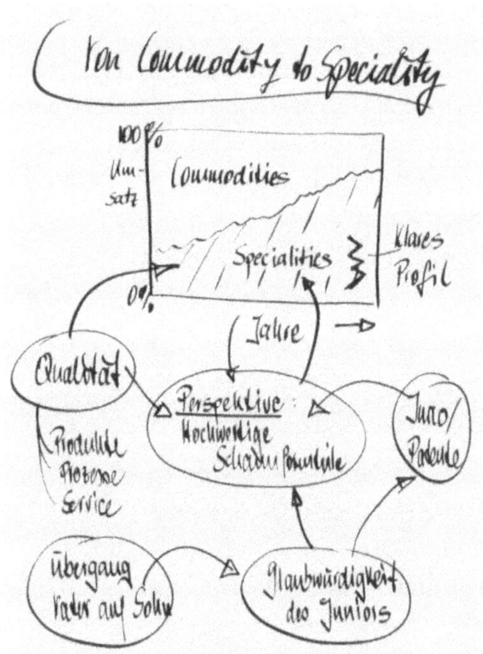

Von Commodity to Speciality

Entscheidend war die gute Übergabe der Führung vom Vater auf den Sohn, der es versteht, das ganze Unternehmen für die neue Perspektive (hochwertige Schaumteile) zu begeistern.

Was man daraus lernen kann

- Achten Sie auf den Generationswechsel. Die klare Antwort auf die Nachfolgefrage gibt der Mannschaft, den Kunden und den Banken das notwendige Vertrauen.
- Vermeiden Sie Commodity-Märkte, in denen man sich nur noch über den Preis und kurze Lieferzeiten gegenüber dem Wettbewerb differenzieren kann.
- Erkennen Sie die künftigen Anwendungsfelder, und richten Sie die Innovationskraft auf diese Felder aus.
- Beziehen Sie möglichst alle Führungskräfte und viele Mitarbeiter in den Veränderungsprozess ein. Sorgen Sie für eine einfache und klare Kommunikation.

2.4 Der Beirat versagt

Wenn die Gesellschafter plötzlich zum stärksten Gegner des eigenen Unternehmens werden.

Das Unternehmen TIEFKUN

»Das tut richtig weh. Aber ich kann nichts mehr machen.«
Der Geschäftsführer

Themen

- Egoistische Gesellschafter
- Kurzfristiges Denken
- Verlust der Leistungsträger

Fakten

- Produkte: Lohnfertigung von Kunststoff-Tiefziehteilen
- Kunden: Ebene-2- und Ebene-3-Zulieferanten der Kfz-Industrie
- Umsatz: 21 Millionen Euro; Trend: stagnierend
- Tätigkeitsgebiet: Hessen
- Mitarbeiter: 140
- Ebit: 2–3 %; Trend: leicht abnehmend
- Eigenkapitalquote: noch 26 %; Trend: stetig abnehmend
- Inhaber: 2 Familienstämme
- Geschäftsführung: 1 Fremd-Geschäftsführer

Ausgangssituation

Die Firma TIEFKUN GmbH & Co. KG konnte auf eine lange Tradition in der Kunststoff-Umformung zurückblicken und verfügte über ein sehr gutes Tiefzieh-Knowhow von Kunststoffen. Die Produktpalette – große Tiefziehkomponenten – war alt und wenig dynamisch, aber die Kundschaft aus der Kfz-Industrie hielt dem Unternehmen die Treue. Die Kundenbeziehungen waren sehr stabil, allerdings beruhte der Erfolg des Unternehmens im Wesentlichen auf zwei Kunden, die zwei Drittel des Umsatzes ausmachten.

Ein Wettbewerbsvorteil war es, schneller und kostengünstiger zu arbeiten als die Konkurrenz. TIEFKUN war einer der wenigen Lohnfertiger in Hessen in diesem speziellen Produktspektrum. Doch der Markt wandelte sich, die Ansprüche an Liefertempo und Kostensenkung wuchsen, und die permanente Preisspirale drohte dem Betrieb die Luft abzuschnüren.

Der Geschäftsführer sah, dass das Unternehmen neu ausgerichtet werden musste, und brauchte dafür den Rückhalt der Gesellschafter, also der beiden Familienstämme. Die hatten, um die Geschäftsführung voll zu kontrollieren, im Beirat das Sagen. Der Beirat bestand – wie bei kleineren Firmen üblich – aus drei Personen.

Dem ersten Beiratsmitglied gehörte als Gründererbe die Hälfte des Unternehmens. Er hatte sich sein Leben lang finanziell für das Werk interessiert, war mit eigenen beruflichen Ambitionen gescheitert und deswegen auf den monatlichen Geldbetrag aus der Firma angewiesen.

Sein Cousin, der auch mit 50 Prozent am Unternehmen beteiligt war, vertrat den zweiten Stamm. Er war Dr.-Ingenieur, der früher als Spezialist für Geräuschfragen bei einem großen Elektrogeräte-Hersteller tätig war. In seinem Spezialgebiet war er bundesweit hoch anerkannt. Er war jedoch weit entfernt von den Fragen der Führung und der Betriebswirtschaft.

Der Dritte im Bunde sollte als Nicht-Gesellschafter für Neutralität sorgen und war der langjährige Steuerberater des Unternehmens. In dieser Funktion kannte er die Bilanz von TIEFKUN sehr gut, hatte aber auch ein gutes Gespür für die Produktion und die internen Abläufe.

Strategische Fragen
Wie kommt man aus der Falle des Lohnfertigers heraus?
Kann man die Gesellschafter auf dem Weg der Neuerung mitnehmen?

Erkenntnis

Für den Geschäftsführer bedeutete diese Konstellation eine große Last. Einerseits wurde er permanent durch die Beiratsmitglieder gegängelt und aufgefordert, bessere Ergebnisse zu erwirtschaften; andererseits hörten sie ihm nicht zu, wenn er neue Ideen präsentierte. Sie verstanden das Geschäft nicht. Ihre Investitionsbereitschaft war noch geringer als ihr Mut zu Innovationsprojekten. Anstatt Fragen stellte man lieber Forderungen. Die Interessen der beiden Gesellschafter-Beiratsmitglieder galten nicht dem Werk. Dem Geschäftsführer waren dadurch die Hände gebunden. Wenn sich nichts änderte, würde das Unternehmen scheitern – und er mit ihm, es sei denn, er würde das sinkende Schiff rechtzeitig verlassen.

Die Belegschaft des Unternehmens durchschaute dieses lähmende Spiel schon lange, konnte aber nichts bewirken. Doch das Misstrauen gegenüber der Führungsriege war da. Frust und Sorge um den Betrieb belasteten das Miteinander. Immer wieder kam es zu leichten Querelen, aber nach außen standen die Leistungsträger noch zum Unternehmen.

Doch die Uhr tickte. Über kurz oder lang musste der Beirat motiviert werden, sich einer Restrukturierung des Unternehmens nicht länger in den Weg zu stellen, sondern im Gegenteil die Neuausrichtung zu fördern und in die Veränderung zu investieren. Nichts war auf Dauer riskanter als das Nichtstun. Der Geschäftsführer war sich dessen bewusst. Es galt, auch den Beirat davon zu überzeugen.

Visionskern
TIEFKUN wird Partner im Tiefziehen für ausgewählte Kunden in Hessen.

Strategie und Nicht-Umsetzung

Der Geschäftsführer ging den steinigen Weg von unten nach oben. Statt auf ein positives Signal des Beirats zu warten, rief er seine Mitarbeiter zu internen Klausuren zusammen. In diesen intensiven Workshops konnte gemeinsam ein viel versprechendes Konzept ausgearbeitet werden, wie sich das Unternehmen auf bessere Produkte und lukrativere Kunden ausrichten könnte. Auch neue Marktsegmente wurden erkannt, in denen das spezielle Knowhow im Tiefziehen genutzt werden sollte. Man würde im Markt fast eine Alleinstellungsposition aufbauen können, falls man preiswerte Lösungen für große Teile entwickelte.

Zudem begann er einen Reorganisationsprozess, bei dem es ihm gelang, ohne große Investitionen mehrere Arbeitsprozesse in der Fertigung deutlich zu verbessern. Auch durch eine Produktbereinigung schaffte er weitere Rationalisierungen.

Schnell war erkennbar, dass TIEFKUN mit einem solchen Konzept das magere Ebit-Niveau verlassen könnte, wenn man entsprechend entschlossen in die Umsetzung ginge.

Der Schulterschluss zwischen Geschäftsführer und Belegschaft gelang, die Mitarbeiter standen voll hinter dem Konzept. Zusammengefasst auf acht Seiten, knapp, überschaubar und klar, wurde die Strategie dem Beirat präsentiert. Würde der Beirat sich überzeugen lassen?

Es ging um Investitionen von insgesamt etwa 2 Millionen

Euro, was gut 10 Prozent eines Jahresumsatzes entsprach. Das war kein Pappenstiel, aber auch nicht unmöglich. Die Mitarbeiter waren von der Neuausrichtung so überzeugt, dass sie sich bereit erklärten, auf die nächste Lohnrunde zu verzichten. Wenn auch die Gesellschafter bereit wären zu verzichten, würde man sicher auch die Banken für den Wandel gewinnen können. Der Preis, den die Gesellschafter hätten zahlen müssen, wäre der Verzicht auf Entnahmen für etwa drei Jahre gewesen.

Die Präsentation gegenüber dem Beirat blieb jedoch ohne Erfolg. Der eine Gesellschafter konnte oder wollte nicht verstehen, wohin die Reorganisation führen würde und wie sie funktionierte. Der zweite Gesellschafter verstand das Konzept, sah aber keine Möglichkeit, mehr als ein Drittel des erforderlichen Betrags aufzubringen. Damit würde ein Neuanfang des Unternehmens jedoch unmöglich sein. Der Steuerberater als Dritter im Bunde stand voll hinter dem Konzept und versuchte mit hohem Engagement, seine Beiratskollegen davon zu überzeugen.

Es begann ein mühsames Hin und Her zwischen Beirat und Geschäftsführer. Kurze Zeit sah es so aus, als ob sich der Steuerberater durchsetzen könnte. Doch die Bereitschaft zum Verzicht war bei den beiden Stämmen gering.

Wochenlang wurde diskutiert, ob es nicht auch ohne Veränderung weitergehen könnte. Es müsste doch möglich sein, ohne Investitionen mehr Profit zu machen. Immer wieder verwiesen die Beiräte auf die Erfolge der Vergangenheit. In der Hitze der Diskussionen beschuldigten sie den Geschäftsführer sogar, seine mangelnden Fähigkeiten mit den Veränderungen im Markt vertuschen zu wollen.

Die Stimmung war zunehmend vergiftet, auch innerhalb des Beirates. Ein offenes Gespräch unter den Beiratskollegen war kaum noch möglich. Schließlich wurde jede Investition abgelehnt. Das Konzept war gescheitert, bevor es auch nur im Ansatz realisiert werden konnte.

Ergebnis

Es dauerte kein halbes Jahr, bis der Geschäftsführer das Unternehmen verließ und eine neue Herausforderung annahm. Auch die Schlüsselpersonen in der Belegschaft verließen das Unternehmen. Für sie war absehbar, dass es auf mittlere Sicht keine Überlebenschance mehr für TIEFKUN gab. Niemand wollte in einem Unternehmen arbeiten, in dem den Gesellschaftern die kurzfristige Rendite wichtiger war als der Erhalt des Unternehmens. Egoistisches Denken ohne Weitblick führte zum Scheitern, zum eigenen Schaden. Der Beirat hatte den Ast abgesägt, auf dem er saß.

Der andernorts geltende Grundsatz »Das Werk steht über allem!« hatte hier keine Gültigkeit. Stattdessen standen hier die Geldinteressen der Gesellschafter im Mittelpunkt. Die Gesellschafter hatten sich zu den stärksten Gegnern ihres eigenen Unternehmens entwickelt!

Kurz vor der Insolvenz konnte das Unternehmen noch verkauft werden. Zwei Drittel der Arbeitsplätze wurden gerettet, auch weil der neue Eigentümer einen Wandel vollzog, der dem ursprünglich vorgelegten Konzept sehr nahekam.

Misserfolgsfaktoren

Die entscheidenden Misserfolgsfaktoren für die gescheiterte Neuausrichtung des Unternehmens waren

- die Selbstüberschätzung der Gesellschafter in Bezug auf ihre unternehmerische Kompetenz,
- der Streit innerhalb des Beirats und
- kurzfristiges egoistisches Denken.

Kernbild

Es gab keines.

Was man daraus lernen kann

- Besetzen Sie den Beirat nur mit Personen, die unternehmerisch denken. Bei Personen, die über Jahrzehnte durch ihr Berufsfeld (Banker, Rechtsanwälte, Wirtschaftsprüfer, technische Spezialisten) sehr geprägt sind, ist zu prüfen, ob sie die Fähigkeit besitzen, im Ganzen unternehmerisch zu denken.
- Lassen Sie sich Zeit, erfahrene Beiratsmitglieder zu finden. Es lohnt sich!
- Machen Sie den Mittelstands-Grundsatz zum Gesetz: Das Unternehmen geht vor! Gesellschafter, Geschäftsführer und Mitarbeiter sollten sich verpflichten, im Krisenfall ihre eigenen Interessen hintanzustellen.
- Vertrauen Sie als Gesellschafter Ihrem Geschäftsführer, oder suchen Sie einen anderen!

2.5 Zwanzig Gesellschafter

Krise gemeistert und dann verkauft.

Das Unternehmen DÜBFIX

«Es ist das Beste für das Unternehmen. Aber es fällt mir sehr schwer.«
Der Beiratsvorsitzende

Themen
- Erfolgreiche Sanierung
- Moderation von vielen Gesellschaftern
- Schmerzhafter Unternehmensverkauf

Fakten

• Produkte:	Dübel und Befestigungslösungen
• Kunden:	Bauhandel und Bauwirtschaft
• Umsatz:	80 Millionen Euro / 67 Millionen Euro / 90 Millionen Euro (vor / in / nach der Krise); Trend: leicht sinkend / Einbruch / steigend
• Tätigkeitsgebiet:	europaweit mit vier Vertriebsgesellschaften, Werke in Deutschland, Frankreich und Italien
• Mitarbeiter:	600
• Ebit:	4 % / hohe Verluste / zweistellig; Trend: leicht abnehmend / Einbruch / steigend
• Eigenkapitalquote:	40 % / < 5 % / > 30 %
• Inhaber:	Familienunternehmen seit 100 Jahren; 20 Familienaktionäre
• Geschäftsführung:	1 Fremd-Geschäftsführer; 1 Familien-Geschäftsführer

Ausgangssituation

Die DÜBFIX GmbH stellt ein Produkt her, das jeder kennt und nutzt: Dübel aus Kunststoff. Seit der erstmaligen Präsentation eines industriell produzierten Spreizdübels im Jahr 1926 in Deutschland hat sich diese Befestigungstechnik rasant weiterentwickelt.

Als Spezialist für Befestigungstechnik hatte sich DÜBFIX seit Ende der zwanziger Jahre auf die Produktion von Dübeln und Befestigungslösungen für die Baubranche konzentriert und belieferte als renommierter Markenhersteller über den Handel den Endverbraucher mit Standardware. Durch innovative Produkte wie zum Beispiel Fassadenbefestigungen sicherte sich das Unternehmen Absatzmärkte in der Bauwirtschaft.

Unerwartet kam das Traditionsunternehmen trotzdem ins Schlingern. Zwei große Investitionen, der Bau eines neuen Werkes in Spanien und die Entwicklung einer neuen Dübelproduktionslinie, brachten das Unternehmen an die Grenzen der finanziellen Belastbarkeit. Über einen Zeitraum von zwei Jahren benötigte man insgesamt etwa zehn Millionen Euro, die nicht durch Eigenkapital finanziert werden konnten. Zum Glück stiegen die Banken ohne langes Zögern ein, immerhin war DÜBFIX ein starkes und vertrauenswürdiges Markenunternehmen. Durch die erhebliche Erhöhung der Verschuldung sank die Eigenkapitalquote unter 20 Prozent. In diese angespannte Lage kam 2008 überraschend die weltweite Finanzkrise. Der Umsatz brach ein, DÜBFIX sackte deutlich unter die Nulllinie. Für DÜBFIX bedeutete das den Verlust fast des gesamten Eigenkapitals. Es drohte die Insolvenz.

Strategische Fragen
Wie können die Verluste kurzfristig gestoppt werden?
Wie kann das Unternehmen wieder auf einen positiven Weg gebracht werden?

Erkenntnis

Für langwierige Diskussionen war es zu spät. Die Zeit drängte genauso wie die Banken. Die Banken befürchteten, im Falle einer Insolvenz ihre Einlagen zu verlieren. Um als Unternehmen hier auf Augenhöhe verhandeln zu können, wurde in dieser Situation zuallererst der Beirat neu aufgestellt. Ein Familienmitglied musste ausscheiden und wurde durch einen familienfremden, erfahrenen Unternehmer ersetzt, der sofort den Vorsitz des Beirates übernahm. Der neue Beiratsvorsitzende arbeitete vertrauensvoll mit den beiden Geschäftsführern zusammen, so dass sie binnen kürzester Zeit den Banken ein überzeugendes Sanierungskonzept vorlegen konnten.

Strategie und Umsetzung

Die Gesellschafter, 20 Familien, genehmigten nach einigem Zögern den Verkauf des »Tafelsilbers«, das im Wesentlichen aus betrieblich nicht notwendigen Immobilien bestand. Zudem erhöhten die Gesellschafter ihre Einlagen um 1,7 Millionen Euro. Diesem Beispiel folgten fast alle Beiratsmitglieder, und auch der Fremd-Geschäftsführer beteiligte sich, so dass am Ende eine Kapitalerhöhung von insgesamt 3 Millionen Euro gelang. Damit kam man auf über 20 Prozent Eigenkapital. Das Vertrauen der Hausbank und des Bankenpools war zurückgewonnen, was einen ersten sehr wichtigen Erfolg im Sanierungskampf darstellte.

Der von den Banken geforderte Restrukturierungsplan wurde erstellt. Ein Drittel der 400 Mitarbeiter am Hauptstandort musste leider – abgefedert durch einen Sozialplan – das Haus verlassen. Nicht nur die Belegschaft, auch die Geschäftsführung wurde von zwei auf eine Person reduziert. Der Fremd-Geschäftsführer hatte das volle Vertrauen der Banken und des Beirats. Seine Fähigkeiten in Bezug auf Führung, Strategie und Umsetzung waren beeindruckend.

Doch damit nicht genug. Alle Geschäfte wurden unter die Lupe genommen. Vor allem die italienische Tochtergesellschaft kam auf den Prüfstand. Sie hatte im letzten Jahr weniger als drei Millionen Euro Umsatz gemacht und dabei einen Verlust von über einer Million Euro eingefahren. Das war kaum noch unter Anlaufschwierigkeiten zu verbuchen. Tatsächlich ergab die Prüfung, dass sich die dort beschäftigten Führungskräfte unangemessene Repräsentationskosten geleistet und insgesamt wenig kostenorientiert gehandelt hatten – und zudem marktfern agierten. Hier ließen sich ohne fachliche Einbußen zwei Drittel der Personalkosten einsparen. Ein neuer, exzellenter italienischer Geschäftsführer sorgte zudem für weitere kräftige Kostensenkungen, indem er ein aufwendiges Zwischenlager auflöste und die Durchlaufzeiten verkürzte. Der Standort Italien blieb erhalten, aber eben nur in der Größenordnung, in der er tatsächlich wirtschaftlich war.

Mit den hochentwickelten bautechnischen Befestigungslösungen, der starken weltweiten Marke im Handelsbereich, der Beendigung der Auslandsverluste und zahlreichen weiteren Kosteneinsparungen kam das Unternehmen wieder auf einen positiven Weg. Schon nach drei Jahren erreichte DÜBFIX einen branchenüblichen Ebit von 7 Prozent.

Doch Kostenreduzierungen verdienen langfristig kein Geld, so notwendig sie in der Krise auch sind. Für die Zukunft mussten also Maßnahmen ergriffen werden, die das Unternehmen wieder auf Wachstumskurs bringen. Ziel war es, innerhalb von fünf Jahren den Umsatz über 90 Millionen Euro und den Gewinn auf ein Niveau von 10 Prozent zu steigern.

Ergebnis

Langfristig sollten die Befestigungssysteme zum Wachstumsbringer werden. Hier galt es, für bestimmte Anwendungsgebiete neue Lösungen zu entwickeln und im frühen Stadium innovative Produkte anzubieten. Der Markenname DÜBFIX würde somit nicht nur im Handelsgeschäft, sondern auch bei den anspruchsvollen Kunden der Bauwirtschaft wieder an Boden gewinnen.

Tatsächlich konnten durch individuelle Angebote neue Großkunden gewonnen werden. Und bestehende Kunden entdeckten die Innovationskraft von DÜBFIX und ließen sich spezifische Lösungen für ihre Produkte entwickeln und liefern. So konnte bereits fünf Jahre nach der Krise die deutlich sichtbare Wende zum Positiven eingeleitet werden: 2013 stand als Ergebnis die ungewöhnliche Zahl von 12 Prozent Ebit in den Büchern, was für die Branche ein sehr guter Wert ist.

Verkauf des Unternehmens?

So kam es, dass DÜBFIX ins Blickfeld von Midanchor kam, dem drittgrößten Anbieter von Dübeln und Befestigungslösungen für die Bauwirtschaft weltweit. Dieser Hersteller war 2011 von einem US-amerikanischen Private-Equity-Unternehmen übernommen worden und suchte dringend nach Wachstumsmöglichkeiten.

Als wichtigster Player im Geschäft für Bau-Befestigungslösungen mit besonderer Präsenz in Asien und den USA suchte Midanchor vor allem nach Einstiegsmöglichkeiten in den wichtigen europäischen Markt – und dort vor allem ins Handelsgeschäft, das in Europa eine sehr große Rolle spielt. DÜBFIX passte geradezu perfekt ins Profil des gesuchten Übernahme-Kandidaten. Der Kauf des deutschen Herstellers wäre die ideale Ergänzung für das weltweite Spiel. Nach dem Zusammenschluss, der wenig Dopplungsverluste kosten würde, könnte man zur weltweiten Nummer zwei aufsteigen. Ein verlockender Gedanke – jedenfalls für Midanchor.

Auf Seiten der Gesellschafter und auch des Beirats der Deutschen bestand jedoch kein Interesse daran zu verkaufen. Man hatte die Krise gut überstanden. Warum sollte man sich jetzt das Heft aus der Hand nehmen lassen?

Doch Midanchor gab nicht so schnell auf, und so kam es dann doch zu ersten Gesprächen zwischen den beiden Geschäftsführungen. Vier Mal erhöhte Midanchor im Laufe der Verhandlungen den Kaufpreis und hatte dabei eine klare Vision für die Zusammenführung. Immer wieder betonten sie die Vorzüge einer Position als Nummer zwei des Weltmarktes – auch und gerade für einen krisengeschüttelten deutschen Mittelständler, der so auf einen Schlag wirklich weltweit mitspielen könnte. Zudem lockten sie mit einer fünfjährigen Standort- und Personalstandsgarantie, sicherten die Fortsetzung des Geschäfts durch das bestehende deutsche Management zu und versprachen dem Unternehmen die Hoheit über das europäische Lösungsgeschäft und das weltweite Handelsgeschäft – unter Beibehaltung des Markennamens. Dies war ein enormes Zugeständnis.

Das alles waren keineswegs wilde Versprechungen. Es war davon auszugehen, dass solche Vereinbarungen später auch tatsächlich eingehalten würden. Die amerikanische Private-Equity-Firma, der Gesellschafter von Midanchor, agierte offen und fair. Den Käufern war es wichtig, das Geschäft zum Abschluss zu bringen, um das künftige Gesamtunternehmen an die Weltspitze zu bringen, und der Übernehmer war langfristig orientiert, was für eine Private-Equity-Gesellschaft unüblich ist.

Angesichts des weitgehenden Entgegenkommens gab es keine vernünftigen Einwände mehr. Nüchtern und betriebswirtschaftlich betrachtet war das Kaufangebot an Höhe, Klarheit und Fairness, kurz an Überzeugungskraft, nicht mehr zu überbieten. Allein aus emotionalen Gründen hätten mehrere Mitglieder im Beirat dieses Angebot lieber abgelehnt. Schließlich hatte man sich viele Jahre für die Rettung des plötzlich schwächelnden und angeschlagenen Traditions-Unternehmen DÜBFIX aufgerieben. Der Verkauf würde bedeuten, dass die lange deutsche Firmengeschichte eines Familienunternehmens ihr Ende nehmen würde, auch wenn der Markenname erhalten blieb. Die in den Krisenjahren so kühl kalkulierenden und souverän agierenden Beiratsmitglieder und der exzellente Geschäftsführer zeigten Gefühle.

Doch letztlich lag die Entscheidung ohnehin nicht beim Beirat, sondern bei der Gesellschafterversammlung. Und die entschied überraschend eindeutig, indem über 90 Prozent auf der Hauptversammlung für den Verkauf stimmten. Es gab weder lange Diskussionen noch Streit. Mit dieser klaren Abstimmung hatte der Beirat dann doch nicht gerechnet, denn immerhin wurde durch diese Entscheidung ein hundert Jahre altes Familienunternehmen aufgegeben. Es würde einen renommierten deutschen Mittelständler weniger geben. Doch offenbar hatten die Leiden der letzten Jahre bei vielen Familienmitgliedern zu einer Entfremdung von »ihrem« Unternehmen geführt. Die familienfremden Lenker hatten den im Unternehmen tätigen Familienmitgliedern vollständig das Zepter aus der Hand genommen. Immer öfter hatten die Angehörigen der 20 beteiligten Familienmitglieder nicht mehr ins Unternehmen oder die Bilanz, sondern nur noch auf ihre Gewinnausschüttungen geschaut. Und vor allem aus der jungen Generation hatten viele keine Lust mehr, die »Familienspiele« früherer Generationen wieder aufleben zu lassen und sich über die Ausrichtung des Unternehmens oder die Besetzung wichtiger Posten zu streiten. Stattdessen standen eigene Projekte im Lebensmittelpunkt, und sei es auch nur die Versorgung des eigenen Nachwuchses.

So fand an einem Morgen im Mai die letzte Gesellschafterversammlung von DÜBFIX mit dem Verkaufsbeschluss statt, und am selben Abend wurde – unter den irritierten Augen einiger der anwesenden Journalisten – das 100-jährige Firmenjubiläum gefeiert.

Erfolgsfaktoren

Die entscheidenden Erfolgsfaktoren für die Neuausrichtung des Unternehmens waren

- die Moderation von 20 Gesellschaftern,
- die Bereitschaft zu notwendigen Personalkürzungen im gesamten Unternehmen, auch an der Spitze,
- der Gewinn des Vertrauens von Belegschaft, Banken und Gesellschaftern,
- die klare strategische Ausrichtung sowie
- die objektive Beurteilung von Familienmitgliedern bei der Besetzung von Führungspositionen.

Die Erfolgsfaktoren für den Verkauf des Unternehmens waren

- die klare Verhandlungsstrategie,
- die Auswahl der bestmöglichen Berater,
- die eindeutige Zielsetzung (nicht nur ein optimaler Verkaufspreis, sondern auch die Absicherung von Mitarbeitern und Pensionären),
- die Einsicht in eine strategische Chance für das Unternehmen
- und die Moderation der 20 Gesellschafter.

Kernbild

DÜBFIX erleidet in der Finanzkrise einen Ergebniseinbruch. In der Sanierungsphase kann das Unternehmen durch eine klare Führung wieder auf Kurs gebracht werden. Ein großer US-Wettbewerber bietet einen hohen Preis für den Kauf von DÜBFIX und lockt mit der dann gemeinsamen Position als Nummer zwei auf dem Weltmarkt. Die Zugeständnisse der Amerikaner sind sehr hoch. Trotz Bedenken stimmen über 90 % der 20 Gesellschafter dem Übernahmeangebot zu. Das gemeinsame Unternehmen festigt in den folgenden Jahren seine weltweite Position als Nummer zwei.

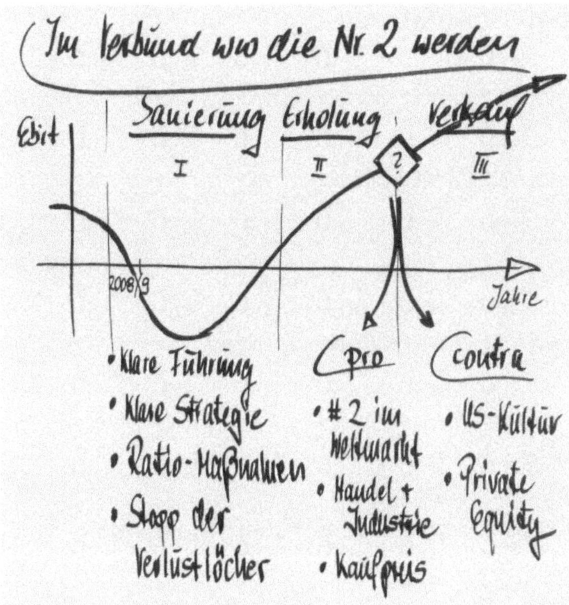

Im Verbund weltweit die Nr. 2 werden

Was man daraus lernen kann

- Handeln Sie im Interesse des Unternehmens: Kompetenz sticht Familienzugehörigkeit! Das Werk hat Vorrang. Das war die Bedingung für den externen Beiratsvorsitzenden und den Geschäftsführer, die mit der Mannschaft die Krise meisterten.
- Entscheiden Sie im Sinne des Werks – selbst wenn es schwerfällt.
- Lernen Sie, als Beirat gestaltend mitzuschwingen.

2.6 Die Selbstorganisierer

Eine Führungsstruktur wider das Lehrbuch.

Das Unternehmen SCHRAMU

»Um in der Automobilsprache zu bleiben: Die Lenkung ist nicht zwingend aufwendiger oder schwergängiger, aber sie spricht deutlich direkter an, und der Kontakt zum Fahrbahnbelag ist spürbar.«
Der Geschäftsführer über sein Führungssystem

Themen
- Eine »unmöglich« flache Führungsstruktur
- Vertrauen in die Mannschaft
- Eigenverantwortung eines jeden in der Mannschaft

Fakten

• Produkte:	Schrauben und Muttern
• Kunden:	Kfz-Hersteller, Kfz-Zulieferanten-Ebene-1 sowie Maschinenbauer
• Umsatz:	260 Millionen Euro; Trend: 20 Jahre stetiges Wachstum, die letzten drei Jahre Stagnation
• Tätigkeitsgebiet:	weltweit
• Mitarbeiter:	1600
• Ebit:	in den letzten Jahren von 8 % auf 4 % gesunken
• Eigenkapitalquote:	56 %
• Inhaber:	1 Familie
• Geschäftsführung:	1 Fremd-Geschäftsführer

Ausgangssituation

Die in Franken ansässige SCHRAMU GmbH ist seit 20 Jahren im Markt erfolgreich. Das Unternehmen stellt Schrauben und Muttern aus Metall und Kunststoff her. Was oberflächlich betrachtet einfach aussieht, sind in Wahrheit Hightech-Teile zur Fixierung von Komponenten im Automobil- und im Maschinenbau.

Das Familienunternehmen war von einem exzellenten Fremd-Geschäftsführer aufgebaut worden, der von den Gesellschaftern viel Freiraum bekommen hatte und stets so handelte, als ob das Unternehmen seines wäre. Als der Geschäftsführer im Jahr 2000 in Rente ging, wurde sein Nachfolger durch einen renommierten Headhunter gewonnen. Direkt im Anschluss in den Jahren 2001 bis 2002 wurde auch eine zweite Ebene mit fünf Bereichsleitern aufgebaut. Die Idee war, die Führungsarbeit breiter zu verteilen, da der alte Geschäftsführer vieles direkt bestimmt hatte.

Der neue Geschäftsführer zeichnete sich durch ein dynamisches Geschäftsverständnis und strategisches Denken aus, allerdings hatte der aus dem Rheinland stammende Manager in dem zutiefst fränkisch geprägten Unternehmen erhebliche kommunikative Schwierigkeiten. Er sprach für das fränkische Ohr ungewohnt schnell und war es auch nicht gewohnt, seinen Mitarbeitern lange zuzuhören. Auch fehlte ihm spürbar die langjährige Erfahrung im Mittelstand. So konnte er weder das Vertrauen zu den Bereichsleitern noch zur Ebene darunter gewinnen und sich keine stabile Gefolgschaft im Unternehmen aufbauen.

Die Bereichsleiter orientierten sich immer weniger am Geschäftsführer, sondern bekämpften sich stattdessen untereinander in betriebspolitischen Scharmützeln und versuchten, jeweils die eigene Position abzusichern. Unter dem dauerhaften Gegeneinander der Führungskräfte begann das Unternehmen zunehmend zu leiden.

Die insgesamt 18 sehr erfahrenen Abteilungsleiter auf der dritten Ebene, fast alle langjährig im Unternehmen beschäftigt, hatten inzwischen kein Vertrauen mehr zur zweiten Ebene. In Anbetracht sich häufender betrieblicher Schwierigkeiten begannen die Führungskräfte langsam, sich gegenseitig die Schuld in die Schuhe zu schieben. Die in Positionskämpfen verstrickten Bereichsleiter bemerkten das nicht, und der Geschäftsführer hatte sich ohnehin im Elfenbeinturm intelligenter, langfristiger Strategien verloren.

Die Misstrauenskultur und die mangelnde Kommunikation im Unternehmen waren inzwischen auch nach außen durchgedrungen. Kunden klagten über eine nicht ausreichende Servicehaltung, und auch die Qualität der Produkte hatte nachgelassen. In die Prozesse schlichen sich Fehler ein. Mitarbeiter machten Dienst nach Vorschrift und schoben schwierige Aufgaben schnell zur nächsten Abteilung weiter, ganz nach dem Motto *»Sollen die doch sehen, was sie damit machen«*.

Der schleichende Verfall der Unternehmenskultur spiegelte sich irgendwann in den Zahlen wider. Der Umsatz stagnierte, und der Ertrag sank auf 4 Prozent. Ein Ende dieses Trends war nicht zu erkennen.

Es war ein handfestes Problem entstanden – kein strategisches, sondern ein Führungsproblem!

Strategische Fragen
Wie bewahrt man das Unternehmen vor einer weiteren schleichenden Resignation der Mitarbeiter und einer Flut von (inneren) Kündigungen?
Wie soll das Führungssystem gestaltet werden?

Erkenntnis

Obgleich es nahelag, dem strategisch klug denkenden Geschäftsführer zu folgen, der mit verschiedenen Überlegungen zu unternehmerischen Kehrtwendungen aufwartete, erkannten die Gesellschafter, dass das eigentliche Problem woanders lag. Einzelne Familienmitglieder hatten das Gespräch mit Mitarbeitern gesucht und von den Führungsproblemen erfahren. Auch hatten sie genügend unternehmerischen Verstand, um zu erkennen, dass der Visionskern von SCHRAMU klar und unstrittig war, nämlich die Positionierung im Automobilmarkt und im Maschinenbau durch qualitativ hochwertige Schrauben und Muttern aus Metall und Kunststoff – als Partner weltweit agierender Kunden. Die daraus abgeleitete Gesamtstrategie des Unternehmens war schlüssig und musste nur konsequent verfolgt werden. Dazu jedoch haperte es an der richtigen Führungsstrategie.

Visionskern
Im Vertrauen auf die Kraft zur Selbstorganisation geben wir den Mitarbeitern größtmöglichen Freiraum und Eigenverantwortung.

Strategie und Umsetzung

Die Gesellschafter beobachteten diese Situation sehr geduldig und fast zu lange, nämlich über zwei Jahre. Der Geschäftsführer zeigte eine nur sehr geringe Bereitschaft und hatte auch nicht die Fähigkeit, sein Führungsverhalten zu verändern. Seine Ignoranz gegenüber Fragen und Hinweisen der Mitarbeiter hatte ihm den Spitznamen »Mr. Taub« eingetragen. Seine Anweisungen wurden immer häufiger schlichtweg ignoriert.

Endlich entschieden sich die Gesellschafter, sich vom Geschäftsführer und den Bereichsleitern zu trennen. Da gerade drei der internen Machtkämpfe müde gewordene Bereichsleiter gekündigt hatten, war es zunächst nicht leicht, auch die zwei verbliebenen Bereichsleiter zu entlassen. Doch dennoch machte man diesen harten Schnitt. Nun hatte man sich also von der gesamten ersten und zweiten Führungsebene verabschiedet, was für ein Unternehmen normalerweise ein extremes Risiko ist.

Doch in diesem Fall war das Risiko bewusst gewählt. Der Kerngedanke der neuen Führungsstrategie sah vor, die Bereichsleiterebene schlichtweg nicht mehr zu besetzen. Stattdessen sollte der neue Alleingeschäftsführer direkt mit den Abteilungsleitern kommunizieren. Denn dort, so hatte es die Analyse der Gesellschafter ergeben, steckte die eigentliche Führungskompetenz des Unternehmens.

Einer der Abteilungsleiter war hervorragend geeignet, als Primus inter Pares die Gesamtführung zu übernehmen. Als Nachfolger des Geschäftsführers genoss er nicht nur das volle Vertrauen der Gesellschafter, sondern auch die volle Akzeptanz von allen Abteilungsleitern, seinen früheren Kollegen.

Man setzte demnach auf die 18 Führungskräfte und deren Kraft zur Selbstorganisation!

Natürlich blieb trotz aller Zuversicht und Entschlossenheit ein Hauch von Skepsis. Würde die Führungsstrategie aufgehen? Konnte ein solches Konzept funktionieren? Nach Lehrbuch sollte eine Leitungsspanne, also die Zahl der direkt unterstellten Mitarbeiter, nicht größer als sieben sein. Jetzt hatte der Geschäftsführer 17 Mitarbeiter, die direkt an ihn berichten sollten. Das bedeutete, dass die große Mannschaft im operativen Geschäft weitgehend auf sich selbst gestellt war. Insofern war die Freude groß, als sich schnell herausstellte, dass es funktionierte.

Die Gesellschafter hatten stets großen Wert auf menschliche Werte, den offenen Umgang miteinander und eine Vertrauenskultur gelegt. So hatten sie ja auch dem vorhergehenden Geschäftsführer vertraut. Jetzt aber entpuppte sich die langjährige Vertrauenskultur als Treibriemen für die Wende zum Positiven.

Die Eigeninitiative der Frauen und Männer im Unternehmen war enorm. Zunächst ging es an die Kärrnerarbeit, die Verbesserung der Prozesse. So wurden zugleich Produktqualität und Produktivität erhöht. Auch das Nadelöhr Außenlager wurde entschlossen angegangen. Außerdem wurde das Produktprogramm bereinigt. Gleich im ersten Jahr wurden auf diese Weise vier Fokuspunkte bearbeitet und alle mit Erfolg erledigt.

Vom Erfolg beflügelt kamen im Folgejahr die nächsten fünf großen Veränderungsvorhaben auf den Tisch, die alle gemeinsam in vierteljährlichen Klausuren entschieden, geplant und überprüft wurden.

Die Mannschaft wollte das Werk wieder so gestalten, wie es mal gewesen war und wie es ihrer Ansicht nach sein sollte: erfolgreich und wachsend. Man half sich, auch ohne E-Mail, direkt, schnell und unbürokratisch. Man redete miteinander und ging wieder aufeinander zu. Verzichtet wurde dagegen auf bürokratisch detaillierte Berichterstattung.

Wesentlicher Baustein für die neue Vertrauenskultur war der neue Geschäftsführer. Er hörte zu und gab Freiraum und Vertrauen, aber er beobachtete auch genau und griff sofort ein, falls eine Aktivität die strategischen Leitplanken touchierte oder gar zu durchbrechen drohte.

Durch die neue Kultur der Beteiligung entwickelten die Abteilungsleiter ohne große Vorgaben nicht nur operative, sondern auch strategische Konzepte. Langjährige und heiße Themen wie Dokumentensystem, Kundenverwaltungsprogramm und dergleichen wurden unkonventionell, aber immer im Sinne des Werkes angegangen und gelöst.

Das alles war möglich, weil sich die Stimmung im Unternehmen schlagartig geändert hatte. Die insgesamt 1600 Mitarbeiter wurden vom Geschäftsführer, von den 17 Abteilungsleitern und – auf der jetzt dritten Ebene – von 50 Führungskräften dezentral geleitet. Alle waren in den Veränderungsprozess intensiv einbezogen worden, so dass die Aufbruchsstimmung in kürzester Zeit das ganze Unternehmen durchströmte. Die Selbstorganisation basierte auf der Eigeninitiative der Abteilungsleiter, der Gruppenleiter und Schichtführer; alle erlebten die neue Kultur als Befreiungsschlag. Selbst der Verzicht auf das Weihnachtsgeld am Ende des ersten Jahres konnte der guten Stimmung nichts anhaben. Die Notwendigkeit des Sparens war allen klar. Auch der Betriebsrat zog, weil voll einbezogen, konstruktiv mit.

Das Beste daran war, dass sich die Erfolge – die Verbesserungen in den Prozessen, in der Produktqualität, in der Datengüte der Arbeitspläne und Stücklisten sowie im Service – schnell herumsprachen, auch bei den Kunden.

Ergebnis

Das Unternehmen befand sich auch aus betriebswirtschaftlicher Perspektive wieder auf dem Weg nach oben, sowohl was den Umsatz betraf als auch hinsichtlich des Ertrags. Die Ebit-Wende konnte erreicht werden. Das Unternehmen konnte drei Jahre nach dem Wendemanöver wieder ein Niveau von 9 Prozent erreichen.

Die Führungskultur ist nun stabil, denn sie wird von vielen getragen. Die Vertrauenskultur wird gelebt. Die eingesetzten Führungsinstrumente sind effizient, und man arbeitet effektiv, nämlich am Richtigen. Das Unternehmen geht als weiteren Schwerpunkt nun das Thema Innovation an: Maßstab setzende Teile sind das Ziel.

Erfolgsfaktoren

Die entscheidenden Erfolgsfaktoren für die Neuausrichtung des Unternehmens waren

- das Vertrauen in die Mannschaft und eine offene Kommunikation, was Freiraum im Rahmen der Strategie ermöglicht, sowie
- ein ungewöhnliches Führungssystem, das auf weit gehende Selbstorganisation der Führungskräfte und Mitarbeiter setzt.

Kernbild

SCHRAMU leidet unter der neuen Führung. Intrigen und Misstrauen kennzeichnen die Positionskämpfe der Bereichsleiter. Der Geschäftsführer kann keine Gefolgschaft aufbauen.

Die Gesellschafter entscheiden sich zu einem radikalen Schritt: Die gesamte zweite Ebene wird aus der Führungsstruktur herausgenommen. Ein bisheriger Abteilungsleiter wird der Lenker von 17 ehemaligen Kollegen. Die Gesellschafter vertrauen auf den Selbstorganisationswillen und die Selbstorganisationskraft der Abteilungsleiter. Und der Vertrauensvorschuss wird belohnt: Das Unternehmen verlässt den schleichenden Abwärtspfad und erreicht ein gutes Ebit-Niveau.

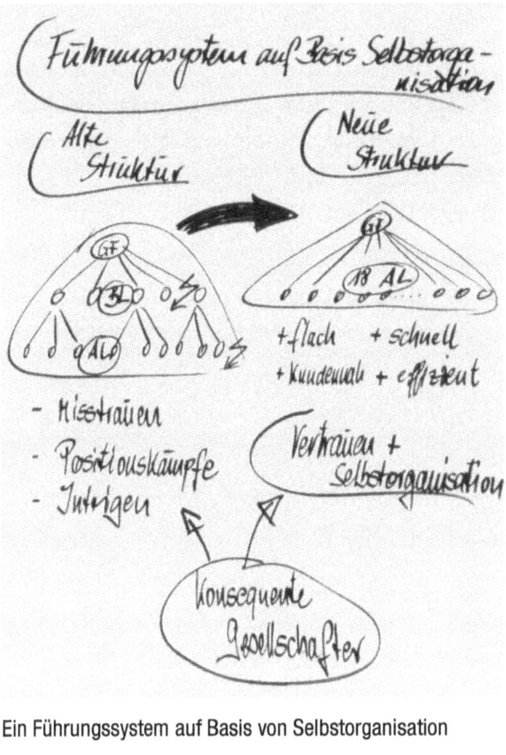

Ein Führungssystem auf Basis von Selbstorganisation

Das unübliche Führungssystem geht mit einer klaren Geschäftsführung einher, die Freiraum gibt, aber auch versteht, das Unternehmen auf dem erkannten strategischen Kurs zu halten.

Was man daraus lernen kann

- Achten Sie auf einen klaren strategischen Rahmen, prüfen Sie seine Einhaltung, aber geben Sie in diesem Rahmen ausreichend Freiraum für die Führungskräfte.
- Vertrauen Sie Ihrer Mannschaft.
- Gehen Sie Ihren eigenen Weg, das kann auch ein ungewöhnliches Führungssystem sein.
- Stehen Sie hinter Ihren Leuten, und wenn einer einknickt, stützen Sie ihn.
- Hören Sie zu.
- Seien Sie vorsichtig beim Krebsgeschwür der Intrigen. Sie sind auch im Mittelstand möglich und können verheerend wirken.
- Seien Sie vorsichtig bei Headhuntern, die aus der Großindustrie kommen und den Mittelstand nicht kennen.
- Erfreuen Sie sich am Erfolg Ihrer Mitarbeiter.

2.7 Die Verwöhnten

Wie Erfolg verkrustet und ein Bruderzwist existentiell wird.

Das Unternehmen KABLIN

«Das war damals sehr, sehr knapp.«
Der Senior, ein Jahr nach seiner Nachfolgeentscheidung

Themen
- Erfolgreiche Fremdgeschäftsführer
- Entkrusten eines Verwöhn-Unternehmens
- Bruderzwist in der Nachfolge
- Innovation und Business Development

Fakten

• Produkte:	Spezialkabinen für Fahrzeuge aller Art
• Kunden:	Hersteller von Nutzfahrzeugen und Kränen
• Umsatz:	120 Millionen Euro; Trend: immer ansteigend, seit 3 Jahren stagnierend
• Tätigkeitsgebiet:	DACH
• Mitarbeiter:	700
• Ebit:	7 %; Trend: leicht abnehmend
• Eigenkapitalquote:	65 %
• Inhaber:	1 Familie
• Geschäftsführung:	1 Familien-Geschäftsführer; 2 Fremd-Geschäftsführer

Ausgangssituation

Die KABLIN GmbH zählt zu den Technologieführern im Bereich Spezialkabinen. Das Unternehmen entwickelt innovative Systemlösungen für Hightech-Kabinen in den unterschiedlichsten Anwendungsbereichen. Ob beim Warenumschlag am Flughafen oder beim Verladen von Holz in der Forstwirtschaft, ob Schrottplatz-Kran oder Containerterminal am Hafen, Baufahrzeuge oder Steuerstände in Stahlwerken oder Gießereien – überall braucht es Kabinensysteme mit modernen Elektro- und Steuerungskomponenten, einem Klimasystem sowie einem ergonomisch konzipierten Steuerstand. Was früher nur ein provisorischer Wetterschutz war, ist heute längst ein multifunktionaler Arbeitsplatz inklusive WLAN und GPS. Die Entwicklung, Fertigung und Auslieferung solcher Kabinensysteme ist keine leichte Aufgabe. Vor allem die individuellen Ansprüche der weltweiten Kundschaft stellen die Belegschaft immer wieder vor Herausforderungen. Die Kabine eines Baukrans in Abu Dhabi stellt andere Anforderungen als die Steuerzentrale eines Offshore-Windparks vor Grönland.

In der Produktion ist vor allem das Zusammenspiel der Komponenten Kabinenhülle, Bedienanlage, Sitzanlage und Klimatisierung wichtig, um die individuellen Lösungen zu kreieren. Die Fertigung und Montage erfolgt in der Regel in Kleinserien.

Das Unternehmen hat sich seit 1951 eine dominante Marktposition mit einem Marktanteil von etwas über 60 Prozent im DACH-Gebiet aufgebaut, was zu einer gewissen Stagnation führte, da es mit jedem Prozentpunkt schwieriger wurde, den Marktanteil zu steigern. Hauptwettbewerber war seit vielen Jahren die Geschäftseinheit eines größeren deutschen Unternehmens, das allerdings sehr inflexibel agierte und von dem wenig Gefahr ausging. Es gab keinerlei Signale der Änderung.

Die Folge des langjährigen Erfolgs war eine gewisse Trägheit in den Unternehmensabläufen. Die Mitarbeiter hatten sich eingerichtet. Aufgrund der üppigen Unternehmensgewinne gab es all die letzten Jahre neben Urlaubs- und Weihnachtsgeld eine jährliche Sonderzulage in Höhe von zwei bis drei Monatsgehältern. Am Freitag ging man früh nach Hause, Zusatzarbeit am Sonnabend war unbekannt. Ob im Vertrieb oder in der Entwicklung – in allen Bereichen gab es zu viele Mitarbeiter. Die Führungskräfte hatten ihre Bedeutung durch den Ausbau ihres jeweiligen Mitarbeiterkreises unterstrichen. Kurz: Man hatte Fett angesetzt.

Das größte Manko des Unternehmens war jedoch, dass die Prozesse veraltet waren. Es gab keine Prozesslandkarte, geschweige denn einen Ansatz, die Prozesse systematisch zu verbessern. Es wurde ein Kostenreduzierungspotential von über 20 Prozent vermutet. Das Unternehmen war inflexibel geworden. Im Schloss des unternehmerischen Erfolgs war die Firma wie Dornröschen in eine Art Tiefschlaf gefallen.

Der Gesellschafter Jürgen Heumann leitete das Unternehmen in zweiter Generation seit 25 Jahren. Als Patriarch führte er das Unternehmen früher sehr streng, heute etwas nachgiebiger und fast gütig. Er war bereits 73 Jahre alt. Sein Wort und seine Gesten zählten, er wies an, tat dies aber immer seltener. Er kannte noch immer viele Details. Man widersprach ihm nicht und wusste ihn auch zu nehmen, sich gut bei ihm zu stellen.

Die Bereichsleiter hatten um den Unternehmer eine Mauer gebildet, eine Entourage, die ihn immer mehr vom Tagesgeschäft fernhielt. Der König wurde hofiert, durfte die Details aber nicht sehen. Er sollte nicht stören und nicht gestört werden. Unliebsames wurde von ihm ferngehalten. Man hatte sich sehr stabil eingerichtet. Die Entourage ernährte sich selbst – auf Kosten des langfristigen Überlebens des Unternehmens. Alles war doch gut eingerichtet, und *»die Löhne wurden jeden Monat pünktlich bezahlt – seit Jahren«* (Zitat des Leiters Materialwirtschaft).

Vor fünf Jahren erkannte der Unternehmer den trügerischen Tiefschlaf und auch, dass er durch seine eigene Großzügigkeit zur Verwöhnkultur beigetragen hatte. Zugleich war ihm aber bewusst, dass er selbst nicht mehr die Kraft für eine Erneuerung haben würde. Also setzte der Familienvater zwei externe Geschäftsführer ein, um sich selbst mehr und mehr vom operativen Geschäft zurückziehen zu können. Er hatte Glück. Auch weil sie von der Persönlichkeit des Seniors beeindruckt waren, fanden sich zwei sehr gute Geschäftsführer für die Bereiche Technik und Vertrieb. Und beide verstanden sich menschlich sehr gut. Der Bereich Administration wurde zudem durch einen versierten kaufmännischen Bereichsleiter verantwortet.

Doch inzwischen standen zwei der vier Söhne bereit, die Nachfolge anzutreten. Und das bedeutete eine neue, sehr persönliche Herausforderung für den Seniorchef.

Hannes, der drei Jahre ältere Sohn, war schon immer das Sorgenkind der Eltern gewesen, aber auch – oder gerade deshalb – der Liebling der Mutter. Er hatte ein vordergründig gewinnendes Wesen, war extrovertiert und redegewandt, auf der anderen Seite war er aber auch sichtbar faul und egoistisch, und es fehlte ihm jedes Lebenskonzept. Seitdem er früh sein Studium abgebrochen hatte, bewegte er sich als Sportfunktionär und in der Kunstszene. Das Unternehmen hatte ihn bislang nicht wirklich interessiert, allerdings erhob er neuerdings Ansprüche als »Erstgeborener«.

Martin, der zweite Sohn, war das exakte Gegenstück. Er hatte sein BWL-Studium mit exzellentem Master abgeschlossen und glänzte seither bei einem Fahrzeughersteller in der Projektierung durch sein gleichermaßen strategisch wie operativ überzeugendes Denken. Er hatte bereits intensive Führungserfahrungen gesammelt, was ihm dank seines guten Einfühlungsvermögens lag. Allerdings war er als Typ eher introvertiert, konnte sich nicht so gut darstellen und überzeugte deswegen oft erst auf den zweiten Blick. Gegen seinen älteren Bruder konnte er sich nicht durchsetzen, im direkten Gespräch zog er immer den Kürzeren.

Strategische Fragen
Wie kann das Nachfolge-Problem gelöst werden, ohne dass das Unternehmen in Schieflage gerät?
Wie kann das Unternehmen wieder eine überzeugende Wachstums- und Ertragsperspektive entwickeln?

Erkenntnis

Der erste Schritt zur Veränderung war die Erkenntnis, dass das Unternehmen aus dem Dornröschenschlaf aufwachen musste. Die beiden Geschäftsführer waren schnell überzeugt und begannen, in der Produktion und in der Entwicklung die Weichen neu zu stellen. Stück für Stück koordinierten sie den mühsamen Veränderungsprozess raus aus der Bequemlichkeit hinein in die harte Arbeit der Erneuerung. Zwei Kündigungen von Führungskräften, die sich jeglicher Veränderung widersetzt hatten, waren nötig. Dafür wurden Mitarbeiter aus der dritten Ebene erfolgreich in Führungspositionen gebracht. Dabei bewiesen die Geschäftsführer eine glückliche Hand bei der Personalbesetzung, auch wenn einzelne Mitarbeiter immer wieder versuchten, einen Keil zwischen sie und den Senior zu bringen, indem Sätze fielen wie: *»Die kennen das Geschäft nicht.«* – *»Das Unternehmen war doch immer erfolgreich.«* – *»Wir haben doch alles richtig gemacht.«*

Doch Jürgen Heumann durchschaute dieses durchaus raffinierte Vorgehen als Spiel von einzelnen Führungskräften, die es aufgrund der Veränderung mit der Angst zu tun bekamen. Solch abwertende Sätze zeugten nur vom schlechten Gewissen einzelner Mitarbeiter, die viele Dinge hatten schludern lassen, die in unnötigen Bereichsleiterkämpfen mitgewirkt und sich selbst nur wenig weitergebildet hatten und die nun ahnten, wie schlecht ihre Chancen waren, erneut eine vergleichbar gut bezahlte Stelle im Markt zu bekommen. Die ablehnende Haltung mancher war enorm. Selbst ausführliche Gespräche führten bei ihnen nicht zur Akzeptanz der anstehenden Veränderungen. Einzelne Führungskräfte stimmten zwar der Notwendigkeit von Veränderungen voll zu und waren sogar bereit, sich zu ändern, wozu sie aber leider nicht mehr in der Lage waren.

Auch Seniorchef Heumann, der sich von dem kritischen Getöse nicht beirren ließ und sich loyal zu den Geschäftsführern stellte, wusste, dass er selbst die Kraft zur notwendigen Erneuerung nicht mehr gehabt hätte – auch wegen der persönlichen Bindung, die er zu vielen Mitarbeitern über die Jahre entwickelt hatte.

Die vielen Einzelgespräche mit den altgedienten leitenden Mitarbeitern waren harte Arbeit. Bei zwei Führungskräften warfen die neuen beruflichen Fragestellungen auch privat ungelöste Fragen auf. Sie suchten unabhängig vom Unternehmen eine psychologische Beratung auf und lernten sich selbst besser kennen. Im Nachhinein empfanden beide diese Phase als positiven Durchbruch, was die Geschäftsführer erkannten und wertschätzten, indem sie beide Führungskräfte aktiv in den Veränderungsprozess einbanden. Dies war ein starkes Signal für das gesamte Team.

Die geduldige, aber doch entschlossene Gesprächskultur der Geschäftsführer trug somit endlich Früchte. Allmählich akzeptierten immer mehr Führungskräfte – vor allem aus der dritten Ebene – die Veränderungen und machten mit. Es entstand so etwas wie Aufbruchsstimmung.

Gleichzeitig begann der Generationswechsel.

Visionskern
Langfristig soll das Unternehmen im weltweiten Markt eine Spitzenposition in individuellen Fahrerkabinen in ausgewählten Anwendungsbereichen erreichen.

Strategie und Umsetzung

Seniorchef Jürgen Heumann zauderte, die Nachfolgefrage endgültig zugunsten eines der beiden Söhne zu entscheiden, zumal er innerlich davon träumte, dass beide als Tandem sein Unternehmen in die Zukunft führen würden. Entgegen aller Vernunft hoffte er, dass der dauerhaft schwelende Konflikt zwischen den so verschiedenen Söhnen sich eines Tages auflösen würde. Doch die Realität sah anders aus. Bei gelegentlich nüchterner Betrachtung präferierte der Vater den fleißigeren Martin, seine Frau votierte aber für den eloquenteren Hannes.

Auf Druck des langjährigen Steuerberaters – die Veränderung der Erbschaftssteuer im nächsten Jahr stand drohend im Raum – übertrug Jürgen Heumann schließlich kurzerhand jeweils 20 Prozent der Unternehmensanteile an die beiden Söhne und hoffte, so den Friedensschluss zwischen den Brüdern zu unterstützen. Das mag steuerlich gesehen vorteilhaft gewesen sein, war im Sinne des Unternehmens aber von großem Nachteil. Denn was vermeintlich gerecht sein sollte, führte zu einer verschärften Rivalität zwischen beiden Söhnen. Hannes versuchte, den jüngeren Martin mit allen Tricks, Drohungen und Intrigen hinauszudrängen, was ihm aufgrund seiner rhetorischen Überlegenheit fast gelang.

Als die Geschäftsführer diesen nunmehr im Unternehmen eskalierenden Bruderzwist mitbekamen, ergriffen sie schnell Partei und erklärten gegenüber dem Seniorchef, dass sie nicht bereit waren, für Hannes zu arbeiten. Dafür versprachen sie ihm aber die volle Unterstützung und hundertprozentige Loyalität zu Martin.

Für Jürgen Heumann platzte nun der familiäre Wunschtraum. Er brauchte Wochen, um dieser Realität ins Gesicht zu schauen. Dann erkannte er, dass es nicht nur um ihn und seine beiden Söhne ging, sondern um das ganze Unternehmen. Mit Hannes als Nachfolger würde er das gesamte Werk aufs Spiel setzen. Zuerst würden die Geschäftsführer das Haus verlassen, nach ihnen dann weitere Leistungsträger. Er spürte, dass sein ältester Sohn der unternehmerischen Verantwortung nicht gewachsen wäre.

Er rang ein halbes Jahr mit der Entscheidung. Es gab stundenlange Gespräche mit einem langjährigen Freund, der klare Worte nicht scheute, Diskussionen mit der Ehefrau, die beide Söhne gleichbehandelt sehen wollte, sowie schlaflose Nächte und eine angegriffene Gesundheit. Am Ende entschied er sich im Sinne des Werkes für Martin und zahlte privat einen hohen Preis. Es kam zum offenen Bruch mit Hannes, was den Vater sehr schmerzte, aber vor allem die Mutter tief traf.

Das Unternehmen hatte auf Messers Schneide gestanden. Eine Fehlentscheidung, und das Werk von Jahrzehnten wäre auf den Weg des Niedergangs gebracht worden. Im Unternehmen traf die Entscheidung auf Erleichterung, ein Aufatmen ging durch die Firma. Allen war bewusst, was da auf dem Spiel stand. Jetzt aber ging ein Ruck durchs Unternehmen.

Als neuer Juniorchef stellte Martin gemeinsam mit den beiden Geschäftsführern in kurzer Zeit sein Einstiegsprogramm zusammen. Dabei definierten sie Martins Rolle als obersten Entscheider des Unternehmens, oberste Leitfigur und obersten Markt- und Technologiesensor. In der klaren Aufgabenverteilung bildete sich schnell eine vertrauensvolle Zusammenarbeit des neuen dreiköpfigen Führungsteams, das besonders von Martins Fähigkeiten, genau zuzuhören, sich bewusst zurückzuhalten und allfällige Mitarbeiterwünsche passiv aufzunehmen, profitierte. Die Mitarbeiter merkten bald die große Geschlossenheit von Senior, Junior und den beiden Geschäftsführern.

Vier Monate später übergab Jürgen Heumann mit allen Konsequenzen an seinen Sohn Martin. Bei seiner Abschiedsfeier mit Kunden, Wegbegleitern und Mitarbeitern verbat er sich jegliche Laudatio, da diese sowieso nur geschönt wäre. Stattdessen hielt er im weißen Sommeranzug eine einstündige Rede über sein Leben. Die offene, selbstkritische Art, wie er seinen beruflichen und persönlichen Werdegang schilderte, hinterließ bei allen Gästen Eindruck. Keiner hatte jemals so etwas erlebt. Nach der Feier verließ Jürgen Heumann das Unternehmen und betrat es nie wieder.

Damit hatte nun die neue Führung den nötigen Freiraum zur strategischen Neuausrichtung: Juniorchef Martin und die beiden Geschäftsführer konnten jetzt die Basis für das künftige Wachstum legen.

Der in Entwicklung und Produktion begonnene Veränderungsprozess konnte nun auch im Vertrieb erfolgreich fortgesetzt werden. Die Geschäftsführer waren inzwischen ein bestens eingespieltes Team, das durch die Unterstützung des Juniorchefs zusätzlich an Sicherheit gewann. So konnte das Unternehmen – auch aufgrund der neuen kommunikativen Offenheit, die alle Beteiligten im Laufe des Veränderungsprozesses erlernt und geübt hatten – die internen Abläufe und Prozesse in weniger als zwei Jahren auf ein höheres Niveau bringen.

Eine Erfolgsgeschichte folgte der anderen: Ein neues ERP-System wurde mit Bravour eingeführt, zur großen Überraschung der beteiligten externen Berater. Die Innovationskraft stieg an. Nach dem schleppenden Output der letzten Jahre konnten in zwei Jahren vier neue Produkte erfolgreich auf den Markt gebracht werden – mit zwei Drittel der früheren Entwicklungsmannschaft.

Die Innovationsstrategie war klar und damit auch die »Inno-Roadmap«: Sie war nicht mehr wie einst eine strategiearme Auflistung von 60 Entwicklungsprojekten, sondern sammelte auf zwei gut durchdachten DIN-A4-Seiten wenige Innovations-Projekte auf Basis einer Strategie, die mit der Marktstrategie eng verzahnt war.

Aus den Reihen der Mitarbeiter hatte man im Veränderungsprozess einen herausragenden Wirtschaftsingenieur zum Entwicklungsleiter gemacht, der auch mit dem Business Development betraut wurde. Diese Herausforderung nahm der

Entwicklungsleiter nicht nur mit Begeisterung an, sondern meisterte sie auch mit Bravour.

Business Development bedeutet, dass man über den Kunden hinausdenkt, im Markt »trüffelt«, Trends aufnimmt, Szenarien über künftige Kabinen-Erlebnisse, Bediener-Tafeln und Sitz-Ansprüche entwickelt und sie in den Innovationsprozess einbringt. Binnen kurzer Zeit entwickelte sich die Gruppe Business Development zum wesentlichen Quell für die Innovationskraft des Unternehmens.

Auch der Vertrieb wurde wieder angriffslustig und konnte trotz der ohnehin schon großen Marktdominanz die Marktanteile in den angestammten Märkten noch erhöhen. Dabei waren die neuen Produkte und auch der verbesserte Service ausgesprochen verkaufsfördernd.

Zusätzliches Wachstum wurde durch den Start in den USA erreicht. Hier konnte der Juniorchef, der einige Jahre in den USA gearbeitet hatte, wertvolle Impulse geben. Der Expansionsschritt nach Übersee war ein schwieriges Unterfangen und musste wohl vorbereitet werden. Zwei Jahre nahm sich das Führungsteam Zeit für die Vorbereitung. Dann hatten sie ein gutes Team für den amerikanischen Markt zusammengestellt, was die schwierigste Herausforderung eines solchen Schrittes ist. Dank der richtigen, auf den US-Markt angepassten Produkte konnten schnell zwei Anker-Kunden gefunden werden, mit denen der Start souverän bewältigt wurde. Schon nach drei Jahren standen fünf Millionen Dollar Umsatz bei 50 Prozent Wachstum in der Unternehmensbilanz. Diese US-Erfahrung half enorm beim nächsten Schritt, dem Start im wachstumsstarken brasilianischen Markt.

Mit neuen Soft-Produkten, Apps zur Steuerung des Kabineninneren und der Verbindung der Apps zum jeweiligen Grundfahrzeug konnten erhebliche Wachstumsimpulse gesetzt werden. Damit stellte sich das Unternehmen der Herausforderung der Digitalisierung und spielte diese Karte auch in den USA voll aus.

Ergebnis

Nach einem mühsamen Prozess mit vielen intensiven Gesprächen und tiefgreifenden Erkenntnissen war das Unternehmen am Ende aus dem Dornröschenschlaf geweckt worden. Dazu hatte nicht unerheblich die erfolgreiche, wenngleich für so manchen Beteiligten schmerzliche Nachfolgeregelung beigetragen. So war das Unternehmen aus der Stagnation wieder ins Wachstum gekommen, anstatt in den Abgrund zu stürzen. Die schleichende Erosion des Ebit konnte gestoppt und sogar auf mehr als 10 Prozent gesteigert werden. Solche Zahlen hatte es letztmals vor zwölf Jahren gegeben!

Nur familiär gab es leider kein Happy End. Hannes, der ältere Sohn, verkaufte seinen 20-Prozent-Anteil wenige Jahre nach der Entscheidung an Martin. Er brauchte Geld, um seinen aufwendigen Lebensstil zu finanzieren. Seine Ehe war zerbrochen, die beiden Kinder wohnen bei der Exfrau, und er selbst lebt zwar finanziell abgesichert, aber persönlich gescheitert. Der Bruch mit den Eltern ist nach wie vor nicht gekittet.

Erfolgsfaktoren

Die entscheidenden Erfolgsfaktoren für die Neuausrichtung des Unternehmens waren

- das Erkennen der Herausforderung durch den Senior und seine Einsicht in seine begrenzte Kraft,
- das Finden und Einstellen der beiden Geschäftsführer,
- das konsequente Entkrusten des Unternehmens in den Bereichen Produktion, Entwicklung, Vertrieb und Administration,
- die Entscheidung des Vaters im Bruderzwist,
- die klare Führung (Junior und zwei Geschäftsführer) sowie
- das Business Development, die Innovationsstrategie und -Roadmap.

Kernbild

Der Senior ist durch seine Bereichsleiter eingegrenzt. Er weiß, dass sich sein Verwöhn-Unternehmen ändern muss. Es gelingt ihm, zwei sehr gute Fremd-Geschäftsführer zu gewinnen, die diese schwierige Entkrustungsarbeit konsequent angehen.

Der Bruderzwist um die Nachfolge im Unternehmen ist für alle sehr hart. Die Existenz des Unternehmens ist gefährdet. Der Senior wählt nach einem schmerzhaften Prozess den Jüngeren der beiden aus. Ein Aufatmen geht durch KABLIN.

Im guten Zusammenspiel vom Junior mit den beiden Fremd-Geschäftsführern baut das Unternehmen seine Position im Weltmarkt Schritt für Schritt aus.

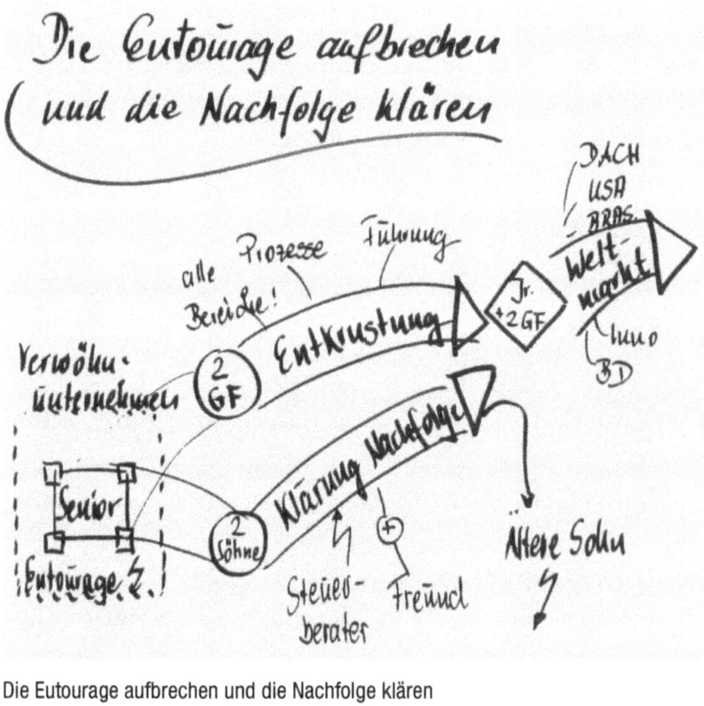

Die Eutourage aufbrechen und die Nachfolge klären

Was man daraus lernen kann

- Versuchen Sie, Ihre Kinder so objektiv als möglich zu bewerten. Väter und Mütter schätzen die Fähigkeiten und den Charakter ihrer Kinder manchmal verzerrt ein. Eine externe Sicht kann hier Augen öffnen.
- Reden Sie nicht zu viel über Werte, leben Sie sie! Meist kann die Realität mit Hochglanzbroschüren ohnehin nicht mithalten. Taten sind wirkungsvoller. Orientierung an menschlichen Werten fängt mit klaren Fakten und Entscheidungen an – auch wenn es schwerfällt.
- Beherzigen Sie die eiserne Grundregel: Das Werk geht vor! Also vor Gesellschaftern, Geschäftsführern, Führungskräften, Mitarbeitern, Familienangehörigen etc.
- In der Nachfolgefrage sollten Steuern nie steuern: Was aus steuerlicher Sicht sinnvoll sein mag, ist manchmal aus familien- und unternehmensstrategischer Sicht falsch.
- Bereiten Sie den Einstieg in einen unbekannten Markt sorgsam vor.

2.8 Der getriebene Spritzgießer

Durch die Reduzierung der Zahl der Kunden und durch konsequent neues Denken gewinnt ein schlingerndes Unternehmen Sicherheit.

Das Unternehmen SPRIGU

»Denkänderungen sind das größte Risiko und die größte Chance in einem Veränderungsprozess.«
Heiner Kübler

Themen

- Vom Lohnfertiger zum Problemlöser
- Neue ABCD-Kundenstruktur
- Angebot von Problemlösungen, Dienstleistungen einschließend

Fakten

- Produkte: Große Spritzgussteile
- Kunden: Hersteller von weißer Ware, Kfz-Ebene-1-Zulieferanten
- Umsatz: 28 Millionen Euro; Trend: stagnierend
- Tätigkeitsgebiet: Deutschland
- Mitarbeiter: 180
- Ebit: 2–3 %; Trend: stabil
- Eigenkapitalquote: 22 %
- Inhaber: 1 Familie
- Geschäftsführung: 1 Familien-Geschäftsführer

Ausgangssituation

Bei dem Spritzguss-Unternehmen SPRIGU GmbH gibt es eine feste Grundüberzeugung: Solange man viele Kunden hat, kann dem Unternehmen nichts Schlimmes zustoßen. Gedacht, getan.

Unzählige Kunden hielten den Betrieb auf Trab. Obwohl man manchmal vor lauter Arbeit nicht mehr ein noch aus wusste, war man froh über jeden Auftrag. Volle Auftragsbücher bedeuteten volle Kapazitätsauslastung.

Doch was zu einem Gefühl der Sicherheit verhelfen sollte, bedeutete für das Unternehmen eine Gefahr. Internationale und osteuropäische Wettbewerber drängten auf den deutschen Markt und ließen den Preisdruck deutlich steigen. Im heiß laufenden, weil voll ausgelasteten Betrieb Kosten zu reduzieren, ist keine leichte Aufgabe. Es wird klar, dass die Abläufe optimiert und die Verschwendung, die Durchlaufzeiten und der Ausschuss reduziert werden müssten. Doch angesichts der erdrückenden Auftragslage war keine Zeit, über solche Maßnahmen nachzudenken.

SPRIGU würde längst in der Krise stecken, wenn nicht der Werksleiter bei einem Urlaub in Bulgarien vor vielen Jahren einen Werkzeugbauer kennengelernt hätte, mit dem SPRIGU seither zusammenarbeitet. Dieser Umstand stellte sich als doppelter Glücksfall heraus, da sich das Unternehmen den teuren Aufbau eines eigenen Werkzeugbaus gar nicht leisten konnte und der bulgarische Zulieferer obendrein die Konstruktion und den Bau der Werkzeuge zuverlässig und zeitnah durchführte. Trotz der Transportkosten lagen die Werkzeugkosten für SPRIGU um etwa ein Drittel unter den Kosten für die deutschen Konkurrenten, was einen erheblichen Wettbewerbsvorteil darstellte.

Dennoch könnte das enge Geschäftsmodell platzen, denn der Markt wird von den Einkäufern bestimmt, die immer wieder zu den üblich üblen Tricks greifen. Man lässt den Spritzgießer auf Basis von hohen Stückzahlen im sechsstelligen Bereich kalkulieren. Dann verspricht der Einkäufer die Abnahme der doppelten Menge, worauf die Kalkulation entsprechend heruntergerechnet wird. Mit etwas Zeitverzug schnappt die Falle des Einkäufers zu, und etwa ein Jahr später wird entgegen allen Ankündigungen doch nur die einfache Menge abgerufen. Für den Lieferanten wird es ein Zuschussgeschäft. Der Einkäufer selbst ist nicht mehr greifbar, sondern hat – wie in dieser Szene üblich – nach zwei Jahren zur nächsten Position gewechselt oder gar das Unternehmen verlassen. *»In dieser Branche ist mein Name verbrannt. Ich musste wechseln.«* (Zitat eines Einkäufers)

Auch SPRIGU musste sich in diesem harten Geschäft immer wieder aufs Neue behaupten. Das Management war getrieben und fand keine Zeit zum Gestalten. Man mühte sich von Tag zu Tag und schleppte sich von Bilanz zu Bilanz. Eine langfristige Perspektive war kaum noch möglich. Prompt machten die Banken Druck. Denn auch der Ebit dümpelte um die Nulllinie herum. Im Maximalfall betrug er 3 Prozent. Wenn nun auch nur der geringste Gegenwind vom Markt käme oder es größere interne Probleme gäbe, würde die Nulllinie unterschritten.

Strategische Fragen
Wie kann das Unternehmen aus diesem Zustand des Getriebenseins herauskommen?
Wie kann es sich wieder eine Perspektive erarbeiten?

Erkenntnis

Ein blindes »Weiter so!« würde nicht mehr allzu lange funktionieren. Nichts zu tun, hieße, auf den Schock der Zahlungsunfähigkeit zu warten, um dann einem Insolvenzverwalter die Restrukturierungsaufgaben zu überlassen.

Die Veränderung begann im Kopf des Geschäftsführers. Es war klar, dass ein Umdenken stattfinden musste, um aus dem Getriebensein herauszukommen und sich langfristig eine Perspektive zu erarbeiten. Dafür brauchte man Zeit, und die gewann man, indem man in einer klaren und einfachen Kundenanalyse herausfand, was man eigentlich schon lange wusste: Zwei Großkunden brachten etwa 60 Prozent des Umsatzes, während der Rest des Umsatzes sich auf etwa 400 weitere mittlere bis sehr kleine Kunden verteilte.

In der tiefergehenden Kundenanalyse wurden jetzt die Kunden nach zwölf Merkmalen bewertet. Diese Klassifizierung der Kunden in A-, B-, C- und D-Kunden führte zu einer Kundenbereinigung. Die D-Kunden – D wie Desaster – wurden nicht länger bedient, sondern vorsichtig, aber konsequent aussortiert. Jeder Kunde war ein Einzelfall. Viele Kunden bezahlten auf einmal gerne den doppelten Preis, um noch einmal eine Lieferung zu bekommen. Offenbar hatten sie keinen anderen »Dummen«, der das Produkt so billig liefern konnte. Danach ging es mit der Erfahrung aus der D-Bereinigung in geübter Vorgehensweise an die C-Kunden.

Die Kundenbewertungen richteten sich nicht nur am Preis aus. Wichtig waren auch Kriterien wie Zahlungsfristen, Produktions-Standards, Reklamationsverhalten, Zuverlässigkeit in der Auftragsabwicklung und das Geschäftsgebaren der Kunden. Zwei Jahre später hatte SPRIGU über 200 Kunden weniger, aber dafür ausschließlich gute, zuverlässige und auch überwiegend gewinnbringende Kunden. Eine ausgewogene ABC-Kunden-Struktur bildete sich heraus.

Dieser Strategieprozess bedeutete für den Vertrieb zunächst einen ungeliebten Mehraufwand. Dann aber wirkte die Entlastung; das Unternehmen begann zu atmen. Stück für Stück wurde am Richtigen gearbeitet, und da man richtig arbeiten konnte, ging es mit der Firma aufwärts.

Zwei Vertriebsmitarbeiter blühten auf und brachten bislang versteckte Kompetenzen zum Glänzen. Sie konnten zuhören, ungewohnte Probleme lösen, innovative Ideen entwickeln, diese gut präsentieren und damit neue Kunden gewinnen. Schnell entwickelten sie ein Gespür dafür, welche Kunden künftig zum Unternehmen passten. Sie akquirierten zunehmend neue Kunden, attraktive Kunden mit A-Potential.

Angesichts der schnellen ersten Erfolge ließen sich auch die Banken auf diesen offenen Prozess ein und unterstützten den neuen Weg des Unternehmens voll – bis auf eine Großbank aus Frankfurt, die weiterhin skeptisch und entscheidungszäh blieb.

Visionskern
Das Unternehmen wird qualifizierter Dienstleister und Partner für hochwertige, große Spritzgussteile.

Strategie und Umsetzung

Mit der Entspannung kam neue Beweglichkeit in den Betrieb und in die Köpfe der Belegschaft. Plötzlich zeigte sich, dass man in der Lage war, das Spritzgussverfahren weiterzuentwickeln. Besonders attraktiv war für die neue Kundschaft das Angebot einer neuen Hybridtechnologie. Dabei konnten große, flächige Kunststoffteile mit unterschiedlichen Kunststoffen hinterspritzt werden. Solche Verbundkonstruktionen wurden zur Besonderheit des Unternehmens. SPRIGU konnte sich im engen Wettbewerb endlich deutlich differenzieren.

Die geringere Kundenzahl und die Konzentration auf das Wesentliche führten zu einer niedrigeren Komplexität im Unternehmen. So konnten die Kräfte auf die richtigen Prozesse und Produkte konzentriert werden. Dadurch ergaben sich eine deutlich verbesserte Produktivität und verkürzte Zykluszeiten für diese großen Produkte. Dabei wurden nicht nur die Wechselzeiten für die Spritzgusswerkzeuge reduziert, sondern vor allem konnte durch die neu gewonnenen Kunden eine Auslastung von drei Schichten (von Montag bis Sonnabend) gesichert werden.

Ergänzend zu den Produkten wurde nunmehr auch ein

Dienstleistungspaket aus Hotline, Beratungsgesprächen, Betreuung durch Kundenentwickler etc. aufgelegt, das bei den Kunden großen Anklang fand.

Für die erfolgreiche Umsetzung war entscheidend, dass die Mittelfristplanung überraschend genau eingehalten werden konnte – sowohl von der Absatzseite als auch von der Seite der Personal- und Materialkosten. Das schuf Vertrauen. Damit kam das Unternehmen in die komfortable Lage, die Großbank, die sich durch hohe Zinsen und Gebühren, arrogantes Verhalten und zähe Diskussionen über Entscheidungen fernab in Frankfurt als Kapitalpartner inzwischen disqualifiziert hatte, abzulösen. Die örtliche Sparkasse und die Volksbank, die beide ihre Entscheidungen weitgehend selbst treffen konnten, wurden die neuen Hausbanken. Damit war die Kapitalseite gesichert.

Intern gelang der Umbau, weil die Mitarbeiter in den Veränderungsprozess voll einbezogen wurden. Was zunächst mühsam schien, erwies sich bald als Beschleuniger. Regelmäßig wurden die Führungskräfte bis hin zu den Schichtleitern intensiv und systematisch informiert. Daraus erwuchs – anfangs zögerlich, später mit Leidenschaft – ein lebendiger Kreis, der offen Fragen stellte und Ideen entwickelte. Diese Gespräche trugen zur Sicherheit der Belegschaft bei und bewirkten, dass die Mitarbeiter viele Verbesserungen in den Prozessen, in der Optimierung der Fertigung und an tausend kleinen Stellschrauben des Unternehmens in Eigeninitiative durchführten.

Dieser Kulturwandel war vor allem für den Unternehmer selbst eine große Herausforderung. Er musste und konnte nun seine Art zu führen umstellen! Statt wie bislang alleine das Meiste zu entscheiden, galt es nun im Team zu denken, zu entwickeln und zu entscheiden. Das war kein einfacher Wechsel für den Unternehmer, aber er meisterte ihn. Und er hat sich gerade dadurch große Achtung bei den Mitarbeitern, die ihn sehr genau beobachteten, verschafft. So gab es selbst gegen unliebsame Reformen keinen Widerstand. Die Veränderungen wurden fair und konsequent durchgezogen und von allen getragen.

Die größte Herausforderung für alle war das Umdenken, mit weniger Kunden mehr Sicherheit zu gewinnen. Was zunächst allen unmöglich schien, bewahrheitete sich am Ende. Die dafür nötigen Denk- und Verhaltensänderungen waren ein mühsamer, aber erfolgreicher Lernprozess für alle.

Ergebnis

Die Wende des Unternehmens konnte innerhalb von drei Jahren erreicht werden. Ein ausgewogenes Portfolio an ABC-Kunden war vorhanden, die technologischen Fähigkeiten im Hinterspritzen waren deutlich ausgebaut worden. Zunächst gab es noch zwei schwache Jahre mit nur einem kleinen Plus, nach weiteren zwei Jahren konnte der Ebit aber auf über 6 Prozent gesteigert werden, was für einen Lohnlieferanten auf dem Weg zum qualifizierten Problemlöser ein gutes Ergebnis ist.

Erfolgsfaktoren

Die entscheidenden Erfolgsfaktoren für die Neuausrichtung des Unternehmens waren

- das Umdenken: Raus aus dem Gefängnis des getriebenen Lohnlieferanten hin zum qualifizierten Partner der Kunden
- die Führungsänderung des Geschäftsführers,
- die Fokussierung auf Zielkunden und auf eine ausgewogene ABC-Kunden-Mischung,
- die aktive Marktbearbeitung,
- die Problemlösungen, auch auf Basis der Hybrid-Technologie,
- das hervorragende Dienstleistungspaket sowie
- der offene Dialog mit allen Beteiligten.

Kernbild

SPRIGU kann sich von dem Getriebensein durch über 400 Kunden mit Hilfe einer klaren Analyse der Kunden schrittweise verabschieden. Die Komplexität im Unternehmen wird reduziert, die Kräfte werden fokussiert. Die Zahl der D-Kunden (D wie Desaster) wird durch eine konsequente Vertriebsarbeit drastisch reduziert.

Durch die aktive Marktbearbeitung auf Basis der Problemlösungen gelingt es, B-Kunden und ausgewählte C-Kunden aufzubauen. Das Denken, dass viele Kunden viel Sicherheit bedeutet, wird als Fehlorientierung erkannt und durch eine klare Kundenfokussierung abgelöst.

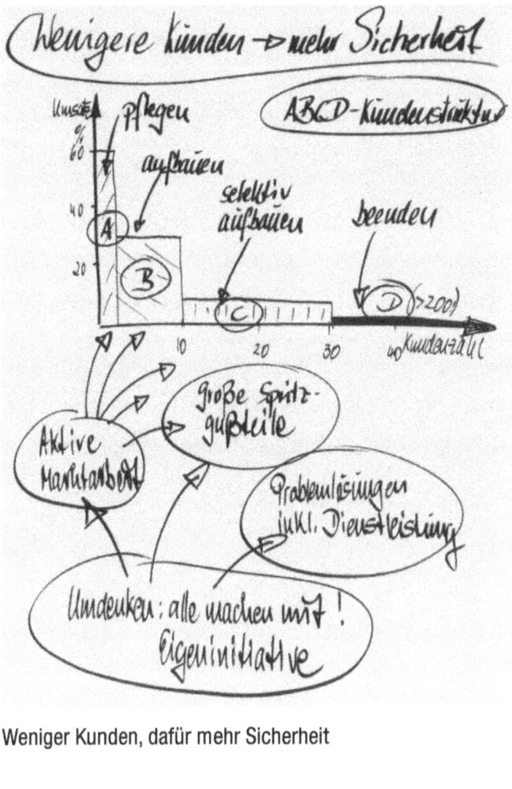

Weniger Kunden, dafür mehr Sicherheit

Das Angebot an Problemlösungen wird durch besondere Dienstleistungen verstärkt. Das Umdenken gelingt. Die Mitarbeiter sind vom neuen Weg voll überzeugt – sie machen mit.

Was man daraus lernen kann

- Beginnen Sie die Neuausrichtung eines Unternehmens mit einem Umdenken, das ganz oben anfangen muss. Verinnerlichen Sie dieses Umdenken durch offene Kommunikation. Thematisieren Sie jeden Rückfall in altes Denken, ohne ihn zu verurteilen. Umdenken und Umlernen sind schwieriger als das Neulernen!
- Beziehen Sie die Mannschaft in den Veränderungsprozess voll mit ein.
- Vermeiden Sie Kapazitätsdruck. Die Preisspirale kann tödlich werden.
- Konzentrieren Sie sich – hinsichtlich der Zahl der Kunden, der Produkte, der Projekte, der Jahresziele.
- Bieten Sie Problemlösungen an.
- Ergänzen Sie Ihre Produkte durch Dienstleistungen, und bepreisen Sie diese »softe Ware«. Manchmal können gerade Dienstleistungen in Kombination mit der »harten Ware« den Erfolg einleiten.
- Beziehen Sie die Banken in den Veränderungsprozess mit ein. Wenn eine Bank dafür nicht ausreichend kundenorientiert ist, bereiten Sie den Wechsel in der Bankenstruktur konsequent vor.

2.9 Die Segmentierer

Die Kunst, den Markt zu verstehen und über den Kunden hinaus zu denken.

Das Unternehmen PACKBLIS

«Ich hätte nie gedacht, dass eine Methode eine solche Wirkung und Klarheit entfalten könnte.«
Einer der Geschäftsführer über die Wachstumsmatrix

Themen

- Vom Reagieren zum Agieren
- Klare Anwendungsfelder für weltweite Großkunden
- W-Matrix, Innovation und Business Development

Fakten

- Produkte: Maschinen und Anlagen zum Verpacken in Sichtverpackungen
- Kunden: weltweite Konsumgüterhersteller
- Umsatz: 40 Millionen Euro; Trend: wachsend, etwa 5 % pro Jahr, aber mit starken Projektschwankungen
- Tätigkeitsgebiet: weltweit
- Mitarbeiter: 300
- Ebit: > 10 %; Trend: stabil
- Eigenkapitalquote: > 40 %
- Inhaber: Muttergesellschaft ist ein großes deutsches Familienunternehmen, das viel Freiraum bietet
- Geschäftsführung: 2 Fremd-Geschäftsführer, die wie Unternehmer handeln (können)

Ausgangssituation

Hartblisterverpackungen kennt jeder. Ob Zahnbürsten, Batterien, Farbstifte oder USB-Sticks, vor allem kleine Produkte werden häufig in dieser Kunststofffolie verpackt, die für den Kunden transparent und für den Handel präsentabel und diebstahlsicher daherkommt. Das deutsche Unternehmen PACKBLIS stellt Maschinen und Anlagen zum Verpacken von Produkten in Hartblisterverpackungen her und bedient damit Konsumgüterhersteller weltweit.

Der Weltmarkt der Hartblisterverpackungen wächst vor allem durch die Nachfrage aus Asien und Lateinamerika. Die Globalisierung in der Konsumgüterindustrie führt auf der Kundenebene zur Konzentration auf wenige weltweit agierende, sehr große Konzerne sowie unzählige kleine lokale Anbieter.

Maschinenbauer, die derart hochwertige Blisteranlagen herstellen und weltweit mithalten können, gibt es nur vier. PACKBLIS hatte demnach zwar nur drei Wettbewerber, war aber als enger Lieferant multinationaler Konzerne selbst zu 70 Prozent im Umsatz von drei Kunden abhängig. Diese drei Kunden pflegten eine enge Bindung zu PACKBLIS, betrachteten den Lieferanten als ihren Partner in der eigenen Supply Chain und nutzten seine Produkte und Erfahrungen, um die eigene Produktion zu optimieren. Was für PACKBLIS einerseits eine gewisse Sicherheit bedeutete, war andererseits eine Bürde, denn statt selbst das Geschäft voranzutreiben, wurde PACKBLIS von seinen Kunden getrieben.

So entstanden Innovationen nicht bei dem Mittelständler, sondern in den Zentralen der *Multinationals*, der global tätigen, multinationalen Unternehmen. Die Herausforderung bei Anlagen zur Verpackung von Produkten in Hartblisterverpackungen ist die enge Verzahnung der sieben Teilschritte Blister-Formen, Füllen, Karte-Einlegen, Versiegeln, Bedrucken, Gruppieren und Verpacken bei einer möglichst hohen Durchsatzgeschwindigkeit und einem möglichst geringen Platzbedarf der Anlage.

Doch dieses Getriebensein erschwerte dem mittelständischen Anlagenbauer die Entwicklung einer langfristigen Geschäftsperspektive und den Aufbau eines größeren Kundenstamms mit entsprechendem Wachstum. Statt immer nur hektisch zu reagieren, wollte man wieder souverän agieren.

Strategische Fragen
Wie kann die Abhängigkeit von wenigen Kunden reduziert werden?
Wie kann und soll der Markt segmentiert werden?
Können durch Innovationen Alleinstellungen erreicht werden?

Erkenntnis

Um die Unternehmensführung wieder proaktiv vornehmen zu können, bedürfte es zunächst einer klaren Markt- und Vertriebsstrategie. Doch schon die Segmentierung des Marktes war dem Anlagenbauer unklar: Orientierte man sich an Ländermärkten oder an den weltweiten Großkunden? Betrachtete man den Markt anhand der zu verpackenden Produkte und den damit verbundenen Verpackungslösungen, oder segmentierte man besser nach Produktarten und den zugehörigen Branchen?

Wegen dieser Unklarheit der Segmentierung war es nahezu unmöglich, auf neue Ideen zu kommen. Weder gab es die Zeit noch einen klaren Ansatz für Innovationen. Bevor man auch nur anfangen konnte, eine Frage zu formulieren, über die sich nachzudenken lohnte, kam meist schon der nächste Kundenwunsch. Schnell mussten komplexe Anforderungen bedient werden, ohne dass auch nur Gelegenheit gewesen wäre, darüber nachzudenken, ob man dem Kunden nicht bessere – und eventuell für das eigene Unternehmen lukrativere – Angebote machen könnte.

Und wo das Unternehmen getrieben ist, sind es auch die Mitarbeiter. Die reaktive Hektik in der Führung wurde mehr oder weniger ungefiltert über alle Hierarchieebenen hinweg an die gesamte Belegschaft weitergereicht. Anstelle einer kreativen und produktiven Atmosphäre entstand so eine Arbeitswelt voller Stress und Anspannung. Schnellschüsse und kurzfristige Korrekturen am Design der Kundenmaschine sprachen Bände.

Visionskern
Die Firma wird aktiver Partner der weltweiten Großkunden in smarten Verpackungslösungen durch Hartblisterverpackungen und besticht durch vorausschauende Produktentwicklungen.

Strategie und Umsetzung

Es war klar, dass man irgendwie aus diesem Zustand des Getriebenseins herausfinden musste. Und nachdem man jahrelang auf der Symptomebene herumgedoktert und das mittlere Management auf Führungsseminare und Schulungen in Zeitmanagement und Stressbewältigung geschickt hatte, war nach einer kritischen Analyse der erst vor einem Jahr neu gebildeten Geschäftsführung klar, dass die Veränderung des Unternehmens von ihr ausgehen musste. Solange man nicht wusste, für welchen Markt man tätig war, würde man nicht als Herr im eigenen Hause, sondern immer nur als Sklave der übermächtigen Großkunden agieren können.

Dank der klaren Analyse und des Vorbilds der beiden Geschäftsführer wurde genau an diesem Punkt der Lösungshebel angesetzt. Schnell war man sich im Kreise der Führungskräfte einig, dass eine Marktsegmentierung für PACKBLIS nicht länger durch die Aufteilung in Großkunden sinnvoll ist, sondern nach den zu verpackenden Produkten erfolgen soll. Ziel war die Kundenproduktsegmentierung. So wurde nun zwischen dem Segment der Batterieverpackungen, dem Segment der Feuerzeugverpackungen etc. unterschieden, und das Unternehmen wurde danach ausgerichtet. Diese Segmente wurden weltweit analysiert, und Szenarien, wie sich diese Märkte künftig entwickeln, wurden erstellt.

Auf Basis dieser Szenarien wurden dann die PACKBLIS-Segmente-Ziele und -Strategien abgeleitet. Dabei wurde auch – allerdings erst in zweiter Priorität – erfasst, welche Großkunden in diesen Segmenten agieren und welche Strategien sie verfolgen. So würde man sich frühzeitig überlegen können, welche Lösungen man diesen Kunden anbieten könnte, und zwar, bevor die Kunden selbst auf die Idee kamen. Würden die Großkunden auf eine Innovation nicht anspringen, könnte man sie anderen kleineren Herstellern im selben Segment anbieten und bliebe somit in der agierenden Position.

So entstand aus dem Zusammenspiel von Produktsegmenten und Großkunden eine solide Wachstumsmatrix.

Statt also die kurzfristig terminierten Aufträge der Großkunden abzuwarten, suchte man nun proaktiv den Informationsaustausch mit den Großkunden. Diese charmante Gesprächsoffensive entpuppte sich als erstklassige Quelle zur Marktanalyse. Bereitwillig wurde dem kleinen German Maschinenbauer die eigene Strategie gezeigt, die Expansion in Asien oder in Lateinamerika. Gerne sprach man über die Entwicklung zukünftiger Konsumprodukte. Auch die künftigen, ja, sogar langfristigen Anlagenbedarfsfälle wurden geäußert.

Die anfängliche Skepsis, ob man in dieser Weise mit den Großkunden das Gespräch suchen dürfte, wich der Begeisterung, denn auch die Kunden zeigten sich von der ungewohnten Geschäftstüchtigkeit und Zukunftsgewandtheit von PACKBLIS angetan.

Die Ergebnisse und Erkenntnisse aus den Gesprächen wurden gesammelt und ausgewertet – als Fortschreibung und Schärfung der nunmehr »lebendigen« Wachstumsmatrix. Dies war eine komplett neue Erfahrung für das Unternehmen und Gold wert.

Nach und nach fügten sich die Puzzlesteine zu einem Gesamtbild, einer Art Markt-Schachbrett. Das führte zu einer bislang nie dagewesenen Klarheit und gab der Geschäftsführung und den Führungskräften viel Sicherheit.

Die Gesamtsicht dieser Segmente führte zu weltweiten Produktsegmente-Strategien und zugeordneten Großkunden-Strategien. Aus beidem konnte die übergeordnete Innovationsstrategie abgeleitet werden: Welche Innovationen können morgen in welchen Segmenten bei welchen Großkunden Wirkung erzielen? Welche Prioritäten ergeben sich bezüglich der vielfältigen Innovationsmöglichkeiten aus der Gesamtsicht der Segmente und Kunden?

Schließlich wusste man jetzt, welcher Großkunde mit welcher Verpackungstechnologie vorangehen wollte und welchen Vorsprung er sich davon erhoffte. Hier als Partner mit im (Entwicklungs-)Boot zu sitzen, eröffnete PACKBLIS jede Menge Chancen.

Denn statt durch die Großkunden getrieben zu sein, konnte man nun Schritt für Schritt eigene Profile und Positionen in den Segmenten entwickeln, die einen deutlichen Wettbewerbsvorteil aufwiesen, nämlich einen klar berechenbaren Kundennutzen wie z. B. die Senkung der Montagekosten, die Erhöhung der Durchsatzleistung und die Reduzierung der Fehlerquoten.

Damit erwies sich die Segmentierungsstrategie tatsächlich als Kern der Neuausrichtung des Unternehmens. Die Gesamtbetrachtung mit der Wachstumsmatrix ergab enorme Klarheit und damit auch Kraft und zeigte, wo die Schwerpunkte zu legen sind oder warum welche Projekte bei welchen Kunden besonders wichtig sind.

Nun konnte man fokussieren und fünf Kundenproduktsegmente als Top-Segmente erkennen und entsprechend behandeln.

Diese Strategieänderung war fundamental. Die Abhängigkeit von den wenigen Multinationals konnte so zunächst gedanklich und dann später auch umsatzmäßig gesenkt werden. Das führte allmählich auch zu höheren Margen. Denn in den ausgewählten Produktsegmenten konnten einzelne Module wiederholt verkauft werden, um so auf größere Stückzahlen zu kommen. Schon nach drei Jahren konnte der Umsatz zu 40 Prozent auf Basis der Wachstumsmatrix erwirtschaftet werden.

Diese Strategie wurde gleichermaßen von den Geschäftsführern und dem Führungsteam verinnerlicht, da man eine Perspektive sah, die Klammer der Multinationals zu lockern, und auch die Möglichkeit erkannte, die interne Ordnung des Unternehmens deutlich zu steigern bis hin zu Fertigungszellen für einzelne Module.

Im zweiten Schritt ging man das Thema Innovation selbst an. Hatte man sich bei der Neuentwicklung von Anlagen bislang ausschließlich an den Kundenwünschen orientiert, ging man nun einen deutlichen und wichtigen Schritt darüber hinaus und verfolgte den Ansatz *Beyond the Consumer* (BtC). Dieses Denken über den Kunden hinaus fragt nicht danach, was der Kunde morgen braucht, sondern was der Endverbraucher, der Kunde des Kunden, übermorgen braucht.

Hatte man sich bislang daran orientiert, dass die Großkunden ihre Produkte für den Handel diebstahlsicher verpacken wollten, entwickelte man nun Ideen für die Lösung von Endverbraucher-Problemen. Blister stoßen nämlich beim Endverbraucher nicht immer auf große Gegenliebe. Sie klagen über Schwierigkeiten, die spröden Kunststoffverpackungen zu öffnen. Deswegen fragten sich die PACKBLIS-Entwickler nunmehr: Wie sieht die Anwendung durch den Verbraucher morgen aus? Welche Anwendungsvorteile kann der Endverbraucher dabei erkennen? Welche Probleme der Werke der Konsumgüterhersteller wurden bis heute nicht richtig gelöst? Wie müsste eigentlich übermorgen deren Montage aussehen? Und wie würde sich das auf die Montagekosten auswirken? Durch welche Anlagenmodule könnten die Zykluszeiten gesenkt werden? Wie kann man die Kostenersparnisse durch eine neue Linie transparent machen?

Dieser BtC-Ansatz war für das Führungsteam genauso neu

wie für die Mitarbeiter. Warum sollte man sich Gedanken über Probleme machen, die der Kunde im Moment gar nicht hatte und vielleicht erst eines Tages bekommen würde? Doch entgegen allen Bedenken waren die Ergebnisse der ersten Innovationsklausur schon so überzeugend, dass daraus eine regelrechte »Inno-Begeisterung« erwuchs. Zu entdecken, dass die Anlagen, die man baute, am Ende ein verbraucherfreundliches Produkt für »dich und mich« auf den Markt brachten, machte Freude und gab der eigenen Arbeit einen tieferen Sinn. So entstand eine Dynamik, die bald zu wirklich großen Ergebnissen führte.

Durch die klare Fokussierung auf einige Produktsegmente konnten innovative Ideen kreiert und umgesetzt werden, zum Beispiel ein neuer Verschluss zum leichteren Öffnen von Blisterverpackungen, extrem schnelle Laserbeschriftungen, der Druck von sensorbestückten Verpackungen und eine modulbasierte internationale Serviceunterstützung.

Dazu entstand ein integriertes Servicepaket – von der Hotline über die Ersatzteilversorgung bis hin zur Rund-um-die-Uhr-Ansprechbarkeit, Wartungsverträgen und Fernbetreuung.

Durch diese Innovationen war es möglich, in mehreren Segmenten und Anwendungen Schritt für Schritt den Wettbewerbsvorsprung auszubauen, bis hin zu Alleinstellungen. Und mit diesen Innovationen drang PACKBLIS zugleich weiter in die Welt der Digitalisierung vor.

Juristisch konnten diese Entwicklungen durch »Patentwälle« sehr gut abgesichert werden. In der Nutzung von Patenten zur Verteidigung und zum Angriff war dieses Unternehmen schon immer sehr gut.

Der gesamte Innovationsansatz beflügelte auch die Produktlogik: Der Baukasten wurde klarer, die Schnittstellen wurden konsequenter definiert, und das »Gralshüten« (die Bewahrung der Ordnung im Baukasten) wurde disziplinierter.

Diese Disziplin brachte mehr Freiraum in der Mehrfachverwendung der einzelnen Module. Die Wiederverwendung der

Teile stieg deutlich an. Das hatte auf sehr viele Prozesse im Unternehmen eine fokussierend-reinigende Wirkung. Die Zahl der »lebenden« Teile, also derer, die in Nutzung waren, wurde reduziert, und das Unternehmen konnte durchatmen, was immer mehr Wirkung auf das Unternehmensergebnis zur Folge hatte.

Wer um die positive Wirkung von Erfolg auf das Betriebsklima weiß, wird sich nicht wundern, dass sich auch das dritte Problem der PACKBLIS GmbH fast wie von selbst in Wohlgefallen auflöste. Die ersten Innovationserfolge ließen nicht nur im Führungsteam eine Aufbruchsstimmung entstehen. Sehr schnell konnten das gute Führungsklima und die gelebten Werte auf die ganze Mannschaft übertragen werden. Durch die Fokussierung auf Segmente wurden die Prozesse im Unternehmen klarer, was bei der Belegschaft sehr gut ankam. Wie von Zauberhand bekam das Unternehmen Aufträge aus den Ziel-Segmenten, die Duplizierung von Modulen stieg, und die Zahl der Schnellschüsse sank. Statt unerwarteter Kündigungen bekam das Unternehmen plötzlich wieder Initiativbewerbungen. Es hatte sich herumgesprochen, dass die Arbeit bei PACKBLIS von Erfolg gekrönt ist und Spaß macht.

Ergebnis

Ohne diese Strategieänderung wäre das Unternehmen vermutlich mittelfristig im Getriebensein durch die Multinationals so unter Druck geraten, dass das Existenzrisiko deutlich angestiegen wäre.

Stattdessen ist das Unternehmen heute auf dem Weg, in fünf Segmenten seine weltweite Marktposition aufzubauen. Das schwierige Umdenken von Großkunden auf Produktsegmente (und in zweiter Priorität Großkunden) war erfolgreich.

Die Abhängigkeit von den drei Großkunden konnte auf unkritische Umsatzanteile reduziert werden. Durch die maßstabsetzenden Innovationen konnte das kleine Unternehmen weltweit auf sich aufmerksam machen und Alleinstellungen erreichen.

Auch in den Jahreszielen wurde fokussiert. Es gibt nur ein paar Jahresziele, die allen Mitarbeitern bewusst sind – und der Prozess der Umsetzung läuft gut. Nach einer »Anlaufzeit« von vier Jahren wurde der Ebit zweistellig.

Die Segmentierung und die darauf basierende Wachstumsmatrix war ein scheinbar einfacher Schritt auf dem Papier, aber ein großer in der Umsetzung. Er erforderte eine fundamentale Denkänderung – so fundamental, dass die eine oder andere Führungskraft immer mal wieder ins alte Denken zurückfiel. Zu sehr hatte sich das reine Großkundendenken über die Jahrzehnte ins Gedächtnis eingeprägt. Doch in den vier ersten Jahren hatte man sich solchen »Rückfällen« offen gestellt. Statt zu meckern und zu schimpfen konnte man herzlich darüber lachen. Es war eine Art »Denksport«, die Muster des alten Denkens untereinander aufzuspüren und sich wechselseitig freundlich darauf aufmerksam zu machen.

Heute ist die Denkänderung verinnerlicht.

Erfolgsfaktoren

Die entscheidenden Erfolgsfaktoren für die Neuausrichtung des Unternehmens waren

- das Umdenken vom Reagieren zum Agieren,
- die klare Marktsegmentierung (Kundenprodukte vor Großkunden),
- das System der Wachstumsmatrix,
- der sehr gute Innovationsprozess,
- das Business Development mit dem Denken über den Kunden hinaus und
- eine beharrliche, disziplinierte Verfolgung des neuen Weges durch die beiden neuen Geschäftsführer und ihr Führungsteam.

Kernbild

PACKBLIS ist von seinen Großkunden getrieben und in hohem Maße von ihnen abhängig. Durch das Umdenken vom Produkt zum Markt und durch den Willen zu gestalten arbeitet sich PACKBLIS aus dieser Lage heraus. Das Instrument dazu ist die Wachstumsmatrix. Die erkannten Felder (Kundenprodukte in Kombination mit den Großkunden) werden analysiert und mit Szenarien und Strategien belegt. Das Gesamtbild der W-Matrix hilft, die Prioritäten im ganzen Unternehmen klar zu fixieren.

PACKBLIS baut seine weltweite Position in fünf Segmenten zügig aus.

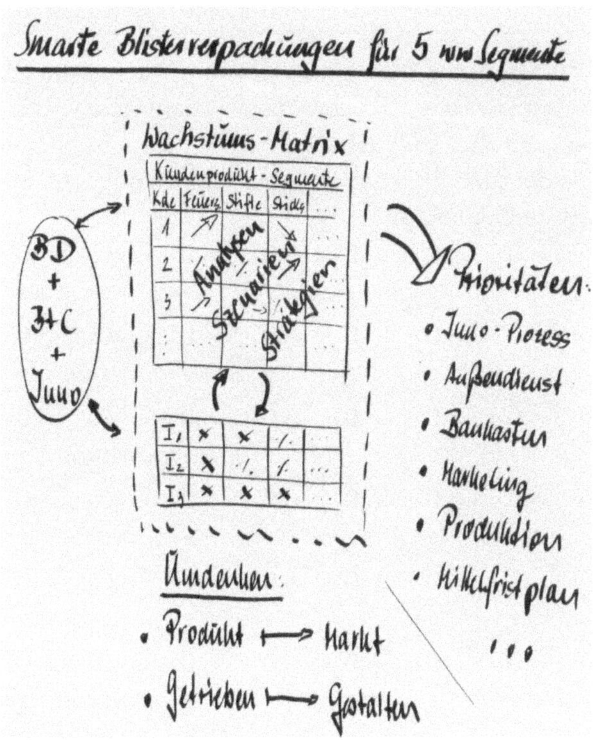

Smarte Blisterverpackungen für 5 weltweite Segmente

Was man daraus lernen kann

- Finden Sie den wesentlichen Kern Ihres geschäftlichen Denkens. Manchmal sind es nur zwei oder drei Gedanken im Unternehmenskonzept, die simpel aussehen, aber in ihrer gekoppelten Wirkung ein Unternehmen neu ausrichten können, z. B. die Segmentierung und Reduzierung der Großkundenabhängigkeit.
- Nutzen Sie das Konzept der Wachstumsmatrix.
- Denken Sie über Ihren Kunden hinaus und darüber nach, was der Kunde Ihres Kunden übermorgen benötigen könnte. Bauen Sie das Business Development auf.
- Nutzen Sie Ihre Kunden als Quelle für Marktinformationen.
- Verzichten Sie auf modische Strategiemodelle, wenn Sie mit einfachen Strategien und Aktivitäten zum Ziel kommen können. Manche Erfolge sind eben nicht (methodisch) laut, sondern kommen eher leise daher.
- Erledigen Sie die stille Treiberarbeit, die zäh, konsequent, visions- und strategiekonform ist.

2.10 Ein US-Konzern übernimmt

Wer ein Unternehmen kauft, muss seine Kultur verstehen.

Das Unternehmen ANKOG

«Es ist, als würden wir Tarnkappen tragen. Sie sehen uns einfach nicht!«
Der technische Geschäftsführer

Themen
- Verkauf des Unternehmens
- Kulturelle Ignoranz
- Ignoranz dem Markt gegenüber
- Bornierte Zahlenorientierung
- Kein Zuhören

Fakten
- Produkte: Antriebskomponenten, Sonder- und Standardkomponenten
- Kunden: Maschinenbauer, Anlagenbauer, Fahrzeugbauer
- Umsatz: 160 Millionen Euro; Trend: leicht steigend
- Tätigkeitsgebiet: weltweit
- Mitarbeiter: 1100
- Ebit: 8 %; Trend: stabil
- Eigenkapitalquote: 55 %
- Inhaber: 1 Familie
- Geschäftsführung: 3 Fremd-Geschäftsführer

Ausgangssituation

Die bayerische ANKOG GmbH gehörte zu den deutschen Hidden Champions: Kaum jemand kannte die Firma, aber in seinem Bereich war das Unternehmen Weltmarktführer. Es ging um Antriebskomponenten, also spezielle Bauteile, die vor allem im Maschinenbau gebraucht werden: Zahnräder, Ketten, Riemen, Wälz- und Gleitlager. Im Unterschied zu den meisten seiner Wettbewerber lieferte ANKOG Produkte mit einer sehr hohen Präzision und Qualität. Statt sich im Preiskampf zu zermürben, setzte das Unternehmen auf Innovation und Kostenorientierung. Das praxisgerechte Standard-Produktprogramm wurde durch das Angebot von individuell gefertigten Sonderprodukten ergänzt. Das wurde von den Kunden oft und gern in Anspruch genommen, nicht zuletzt, weil ANKOG dank schlank ausgerichteter Prozesse zuverlässig und schnell lieferte.

In den letzten 20 Jahren hatte sich die Firma stetig weiterentwickelt und aktiv auch in den USA und in China eine stabile Abnehmerschaft gefunden, so dass man inzwischen weltweit ausgerichtet war.

Der geschäftsführende Gesellschafter, der das Unternehmen zum Erfolg geführt hatte, zog sich vor einigen Jahren aus dem aktiven Geschäft zurück und schenkte drei Fremd-Geschäftsführern sein volles Vertrauen. Später sollten sie seine einzige Tochter in die Geschäftsleitung mit aufnehmen – ein klar kommuniziertes Vorgehen. Die Tochter hatte ihr BWL-Studium bereits mit sehr guten Noten abgeschlossen und sich in einer anderen, mit ANKOG nicht verbundenen Firma mit großem Erfolg bewährt. Doch dann erkrankte sie schwer an Multipler Sklerose und musste ihre berufliche Karriere aufgeben. Da es keine anderen Nachfolger gab, entschied der Vater nach langem, schmerzvollem Ringen, das Unternehmen zu verkaufen.

Er sagte einem Private-Equity-Unternehmen, das schon mehrfach vorstellig geworden war, ab und entschloss sich, einem

Wettbewerbsunternehmen den Vorzug zu geben, das die seriöse Fortsetzung seines Lebenswerkes garantieren würde. Lediglich zwei Unternehmen kamen dafür in Frage. Man ließ sich bei den Verhandlungen Zeit, und nach einem Jahr mit offenen und für alle Beteiligten fairen Gesprächen wurde ANKOG schließlich an einen US-amerikanischen Konzern (Gesamtumsatz über vier Milliarden Dollar) verkauft. Die Synergien waren klar, es herrschte größte Einigkeit. Alles schien bestens.

Doch dann kam die Überraschung. Man hatte über alles geredet, nicht aber über die unbewussten Erwartungen. Während man in Deutschland aufgrund der langjährigen Tradition wusste, dass eine Ebit-Rate von 8 bis 10 Prozent ein ausgesprochen vorzeigbarer Erfolg war, waren die Amerikaner von ihrem Heimatmarkt eine Ebit-Rate von 20 Prozent gewohnt. Mit dieser Erwartung gingen sie nun auch an das neu erworbene deutsche Unternehmen. Zwar versuchten die drei erfahrenen deutschen Geschäftsführer, mit dem Management der US-Mutter darüber zu sprechen, sie fanden jedoch kein Gehör. Die 20 Prozent blieben als Ziel stehen.

Auch sonst waren die Controlling-Anforderungen des Mutterkonzerns ungewohnt hoch: Monatlich war anhand eines kleinteiligen Fragenkataloges ein 32-seitiger Bericht abzuliefern. Das deutsche Management empfand das als übertriebene Bürokratie, versuchte aber trotzdem, den Anforderungen so gut als möglich zu genügen. Immer wieder geriet man aneinander: Realismus oder Wunschtraum? Transparenz oder Bürokratie? So lauteten die Pole der Diskussionen. In Videokonferenzen stritten aufgrund der Zeitverschiebung die Deutschen abends und die Amerikaner morgens immer wieder über dasselbe und fanden keine Einigung. Das deutsche Management hinterfragte zunehmend die Sinnhaftigkeit der »Zahlenorgie« und lehnte sie immer mehr ab. Die Amerikaner reagierten mit Druck – und der Frust in Deutschland stieg.

Und das war nicht die einzige Baustelle. Eines Tages standen ohne jede Vorankündigung, geschweige denn Rücksprache drei Berater einer internationalen Wirtschaftsprüfungsgesellschaft vor den Türen der deutschen Büros. Sie verkündeten, sie seien die neuen Wirtschaftsprüfer bei ANKOG, und forderten uneingeschränkte Akteneinsicht. Die Deutschen empfanden das als Demütigung. Und das war nur einer von vielen Nadelstichen.

Am schlimmsten war jedoch der Streit um die Standardantriebskomponenten. Diejenigen, die es bei ANKOG gab, waren robust und preiswert. Diese Produkte wollte das US-Management ausbauen und erhoffte sich von den größeren Serien eine höhere Rendite. Die deutsche Geschäftsführung pochte jedoch auf die jahrelangen Erfahrungen im europäischen Markt. Der verlangt nicht nur Standard-, sondern in hohem Maße auch Sonderantriebskomponenten – beides im Verhältnis von etwa 50:50. Der Plan des US-Managements, nun auch in Europa fast nur auf Standardprodukte zu setzen, löste weitere Konflikte aus. Die Situation war völlig verfahren.

Strategische Fragen
Wie kann man in dieser verfahrenen Situation miteinander ins Gespräch kommen, um über eine gemeinsame Strategie nachzudenken?

Erkenntnis

Eine neue Strategie war nicht zu erkennen. Nur das Schlagwort »20 Prozent Ebit« stand als unrealistische Zielvorgabe im Raum. Im europäischen Markt war diese Zahl unerreichbar; hier waren die früheren 8 Prozent schon ein Spitzenwert.

Doch so wenig sich die Amerikaner um die Realität in Good-old-Germany scherten, so wenig machten sie sich auch die Mühe, die strategischen Überlegungen ihrer neuen Tochter auch nur zur Kenntnis zu nehmen.

Das, was sich in der Fachsprache Post-Merger-Prozess nennt –

diesen mitunter langwierigen, aber ganz sicher unverzichtbaren Prozess, bei dem sich zwei Unternehmen um eine Harmonisierung der internen Prozesse, der Systeme, der Begriffe und der Art zu führen bemühen –, das alles hielten die Amerikaner nicht für notwendig. Sie merkten gar nicht, was sie taten. Schließlich taten sie nur das, was sie immer schon getan hatten. Dass es Unterschiede in der Unternehmenskultur oder eine Verschiedenheit der Märkte geben könnte, kam ihnen gar nicht in den Sinn. Und selbst wenn sie die Unterschiede bemerkten, hielten sie ihre eigenen Methoden und Vorgehensweise für besser.

Visionskern
Nicht zu erkennen! Eine einzige Zahl (20 Prozent Ebit) ist keine Vision.

So reagierte die deutsche Führungsriege bald nur noch mit resigniertem Kopfschütteln auf das US-Management. Binnen weniger Monate begannen die Geschäftsführer, sich separat und mit unterschiedlicher Intensität nach außen zu orientieren, um nach neuen Herausforderungen zu suchen. Der Vertriebsexperte kündigte ein halbes Jahr nach der Übernahme, ein weiteres halbes Jahr später kündigten auch die beiden anderen Geschäftsführer.

Die Amerikaner verloren keine Zeit und suchten schnellstmöglich Ersatz für das nunmehr kopflose deutsche Unternehmen. Über einen europaweit – auch den Amerikanern – bekannten Headhunter wurde ein branchenfremder Manager als neuer Geschäftsführer engagiert. Er sprach bestes US-Englisch, war agil, eloquent und anpassungsfähig, zeigte sich als IT-Experte bezüglich der Antriebstechnik aber strategie- und technikfern.

Es dauerte nur wenige Wochen, bis die Führungskräfte, der Betriebsrat und die Belegschaft ihm den Spitznamen »Nordluft« verpasst hatten. Der neue Geschäftsführer konnte das Geschäft nicht verstehen und war gegenüber den deutschen Mitarbeitern unglaubwürdig. Sein »schwebender« Führungsstil fand keine Akzeptanz. Durch sein souveränes, weltmännisches Auftreten hatte er aber die volle Rückendeckung aus Amerika.

Ergebnis

Die Führungsmannschaft, die Spezialisten im Unternehmen, ja die gesamte Mannschaft und natürlich auch der Betriebsrat erkannten die veränderte Lage sehr klar. Sie suchten das Gespräch mit dem Altinhaber, der sich tatsächlich dazu bereiterklärte, die ANKOG zurückzukaufen – zum gleichen Preis. Aber dies lehnte das amerikanische Management als indiskutabel ab. So war auch dieser als verzweifelter Notausgang gewählte Rettungsweg versperrt. Die Mitarbeiter hielten zusammen, doch der Schulterschluss blieb machtlos. Es blieb ihnen nichts anderes übrig, als die schlimme Lage hinzunehmen oder zu gehen.

Im Folgejahr kündigten weitere Schlüsselpersonen. Das Unternehmen blutete aus. Selbst großzügige Gehaltserhöhungen konnten dies nicht verhindern. Die Spezialisten wurden von den Wettbewerbern mit Kusshand aufgenommen. Der Wechsel fiel nicht schwer und war meist nicht mal mit einem Umzug verbunden – die Branche ist überwiegend in derselben deutschen Region ansässig.

Drei Jahre später wurde die ANKOG für einen guten Preis an eine Private-Equity-Gesellschaft verkauft, die das Unternehmen bald an die nächste Gesellschaft weiterveräußerte. Wie eine heiße Kartoffel wurde das einstige Vorzeigeunternehmen weitergereicht – inzwischen aber nur noch zur Hälfte des einstigen Kaufpreises.

Viele Führungskräfte und Mitarbeiter haben in diesem Prozess den Glauben an Ethik im Geschäft verloren. Der Gründer, dem das Unternehmen und seine Kultur so wichtig gewesen waren, hat das Drama des Niedergangs und den abschließenden Werteverfall zum Glück nicht mehr miterlebt. Er starb kurz vor seinem 75. Geburtstag und vor dem 50-jährigen Betriebsjubiläum, das allerdings nicht gefeiert wurde.

Misserfolgsfaktoren

Die entscheidenden Misserfolgsfaktoren waren

- die Ignoranz gegenüber fremden kulturellen Gegebenheiten,
- die Ignoranz gegenüber einem fremden Markt,
- eine bornierte Zahlenorientierung,
- der mangelnde Respekt gegenüber erfahrenen Führungskräften sowie
- die Tatsache, dass es keine Gesprächskultur gegeben hat.

Kernbild

Es gab keines.

Was man daraus lernen kann

- Erkennen Sie das System des Käufers, dessen Interessen und Gesetzmäßigkeiten.
- Schauen Sie sich den Käufer genau an: Welche Kultur, welche Werte leiten ihn? Welches Denken kennzeichnet ihn?
- Fixieren Sie den Post-Merger-Prozess vor dem Vertragsabschluss.

2.11 Die Mannschaft

Durch konsequente Führungs- und Ordnungsarbeit eine Mannschaft formen.

Das Unternehmen DREHFRA

»Sehr oft ist der Gegner nicht im Markt oder im Wettbewerb, sondern in uns selbst.«
Heiner Kübler

Themen

- Schleichendes Gift
- Konsequente Führungsarbeit
- Konsequente Ordnungsarbeit
- Fokussierung auf wenige Ziele und Projekte

Fakten

• Produkte:	Hochpräzise Dreh- und Frästeile
• Kunden:	Kfz-Industrie
• Umsatz:	77 Millionen Euro; Trend: stagnierend
• Tätigkeitsgebiet:	Europa
• Mitarbeiter:	400
• Ebit:	8 %; Trend: leicht abnehmend
• Eigenkapitalquote:	33 %
• Inhaber:	3 Familienstämme
• Geschäftsführung:	2 Fremd-Geschäftsführer

Ausgangssituation

DREHFRA ist ein mittelständisches Unternehmen in der Automotive-Branche. Als versierter Hersteller von hochpräzisen Dreh- und Frästeilen wird das Unternehmen von seinen Kunden geschätzt. Die Beziehungen zu Banken und Geschäftspartnern sind stabil.

Strategisch war das Unternehmen gut aufgestellt: Man fokussierte sich auf einige Anwendungsbereiche im Kraftfahrzeugbau, etwa den Bereich Kraftstoff-Speichereinspritzung für Verbrennungsmotoren, das sogenannte Common-Rail-System, oder auf Teile für den Getriebestrang.

Langfristig sollte in ausgewählten Anwendungsfeldern die Position als Marktführer ausgebaut werden, sowohl in Europa als auch weltweit. Die Wachstumsachsen waren klar, nämlich Wachstum durch Internationalisierung in den bestehenden Anwendungsfeldern sowie der Aufbau von neuen Anwendungsfeldern. Hierbei konnte man getrost auf die eigene Innovationskraft vertrauen, zumal der Wettbewerb übersichtlich und wenig bedrohlich war. Die Herstellung von Dreh- und Frästeilen in dieser hohen Präzision beherrschten nur wenige Firmen in Deutschland.

Die größte Gefahr steckte im Unternehmen selbst: Vor allem im Vertrieb gaben sich Mitarbeiter immer öfter überheblich und selbstsicher, der Erfolg war verführerisch. Vereinzelt gaben bereits Kunden die Rückmeldung, das Unternehmen wäre arrogant geworden, es mangelte an der früheren Umsetzungsstärke, Dinge versandeten zunehmend.

Das schleichende Gift der Bequemlichkeit und ein unterschwelliger Konflikt zwischen drei Bereichsleitern, die nur noch das Notwendigste miteinander besprachen, führten dazu, dass sich die verschiedenen Bereiche des Unternehmens voneinander isolierten und teilweise sogar gegeneinander operierten: Entwicklung versus Qualität, Vertrieb versus Produktion.

Wer genauer hinschaute, entdeckte hinter den vereinzelten Kundenreklamationen ein wachsendes Problem, das aus fehlerhaften Prozessen resultierte, wodurch sich die Lieferzeiten verlängerten und die Zuverlässigkeit, einst das Gütesiegel des Unternehmens, sank.

Da sie nach dem jahrelangen Erfolg im Umgang mit Krisen und Fehlern ungeübt waren, reagierten die Führungskräfte hilflos auf die ungewohnten Schwierigkeiten: Sie flüchteten sich in Aktionismus, nahmen sich immer mehr vor, scheiterten dadurch erst recht, schoben sich dann wechselseitig die Schuld zu und hatten ob der wachsenden Projektvielfalt mittlerweile den Überblick verloren. Immer weniger Projekte wurden erfolgreich zu Ende geführt.

Klar war, dass man ein Problem hatte, aber niemand wusste genau, welches, und erst recht niemand, wie man es lösen sollte.

Strategische Fragen
Wie ordnen wir unsere Arbeit?
Wie kommen wir zurück auf den Erfolgsweg?

Erkenntnis

Es hatte ein Weilchen gedauert, aber inzwischen war es allen Führungskräften klar: Die Tatsache, dass man weitestgehend konkurrenzlos im Geschäft unterwegs war, was früher die größte Stärke gewesen war, wurde jetzt zur Gefahr. »Der Feind sitzt innen.« Erstmals bedurfte es nicht einer veränderten Marktstrategie – das war eine Herausforderung, die das Unternehmen in der Vergangenheit oft genug bewältigt hatte. Es bedurfte stattdessen einer anderen Unternehmenskultur. Dadurch dass die Führungskräfte und damit auch die gesamte Belegschaft immer stärker auseinanderdrifteten, drohte das Unternehmen von innen heraus zu implodieren.

Es mangelte an ausreichender Koordination der Projekte, an

einer klaren Fokussierung auf das Wesentliche und an Disziplin in der Umsetzung.

Diese Erkenntnis war bitter, aber sie war auch der erste Schritt. Jetzt galt es, Maßnahmen zu ergreifen, das Unternehmen wieder zu einer geschlossenen Einheit zurückzuführen.

Visionskern
Die DREHFRA wird Marktführer in Europa in ausgewählten Dreh- und Frästeilefeldern für die Kfz-Industrie und profitiert dabei von der offenen Zusammenarbeit als Mannschaft.

Strategie und Umsetzung

Erster wesentlicher Kerngedanke wurde die Idee, bei der neuen internen Veränderungsstrategie alle Mitarbeiter einzubeziehen. Natürlich gingen die wesentlichen Impulse zunächst von der Geschäftsführung aus. Aber sie agierte nicht im Verborgenen oder im exklusiven Zirkel mit ausgewählten Mitarbeitern, sondern informierte die gesamte Belegschaft halbjährlich über den Stand des Unternehmens, und zwar in bislang nicht gekannter Offenheit. Zusätzlich wurden zweimonatlich alle 40 Führungskräfte des Unternehmens in etwa dreistündigen Sitzungen offen über Erfolge und Misserfolge informiert. Dabei wurden sowohl die wirtschaftliche Entwicklung des Unternehmens als auch die Fortschritte im Veränderungsprozess präsentiert.

Anfangs war dies eine einseitige Informationsveranstaltung. Die Geschäftsführung berichtete, und die Mitarbeiter hörten zu. Doch die Geschäftsführer ermutigten die Mitarbeiter mitzudenken, Fragen zu stellen, nachzuhaken und eigene Ideen vorzutragen. Schon bei der zweiten Informationsveranstaltung kamen prompt die ersten Fragen. Die Fragen waren auf den Punkt formuliert, klar und fordernd. Die Mitarbeiter hatten sich in der Zwischenzeit Gedanken gemacht und stellten nun die Aufrichtigkeit der Geschäftsführung auf die Probe. Deswegen war die unmittelbare Reaktion der Geschäftsführer nun ein entscheidender Wendepunkt: Sie antworteten mit Respekt und Verständnis, aber vor allem mit Offenheit. Auf die klaren Fragen gab es klare Antworten. Auch ein ehrliches *»Das wissen wir selbst noch nicht«* kam den Chefs über die Lippen und signalisierte der Belegschaft: *»Die meinen es ja wirklich ernst damit, uns einzubeziehen.«*

Diese Aufrichtigkeit im Umgang motivierte die Mitarbeiter. Sie legten los. An vielen kleinen Hebeln, die der Geschäftsführung selbst niemals aufgefallen wären, wurden Verbesserungen erreicht. Die Belegschaft legte sich ins Zeug. Damit wurden die authentische Offenheit und die wirkliche Bereitschaft zur Partizipation Grundlage für alle folgenden Aktivitäten.

Nun begann das gemeinsame Aufräumen. Es galt, Ordnung in den Veränderungsprozess zu bringen. Die Bestandsaufnahme brachte ein erschreckendes Ergebnis: Es wurden schlichtweg über 60 Veränderungsprojekte gezählt. Kein Wunder, dass dabei der Überblick verlorengegangen war!

Nun sollte gemeinsam entschieden werden, welche Projekte für den Unternehmenserfolg wirklich relevant waren und im Hinblick auf welche große gemeinsame Zielsetzung die Veränderungen an den wichtigen Punkten vorangetrieben werden sollten.

»30er-Gespräche«

Die Mitarbeiter an der Basis wurden zunächst in überschaubaren Gruppen zusammengerufen, nämlich Abteilung für Abteilung mit jeweils allen (etwa 30) Mitarbeitern. In diesen sogenannten »30er-Gesprächen« informierte der jeweilige Abteilungsleiter über den Stand des Veränderungsprozesses. Ein Geschäftsführer war dabei, um eventuelle Fragen zu beantworten. Das hatte es noch nie gegeben! Auch diese Maßnahme wurde von der Belegschaft zuerst erstaunt, dann begeistert aufgenommen. Die

Reaktionen waren eindeutig: *»Die nehmen uns ernst. Dann helfen wir auch mit.«* Das latent vorhandene negative Vorurteil vieler Vorgesetzter gegenüber den Mitarbeitern – *»Die verstehen das sowieso nicht!«* – wurde auf diese Weise beherzt widerlegt. Die Mitarbeiter verstanden nicht nur, sie forderten sogar. Damit waren die Gespräche in doppelter Hinsicht ein voller Erfolg. Denn einerseits konnten dadurch hilfreiche Ideen der Mitarbeiter aufgegriffen und realisiert werden, andererseits entstand nebenbei ein hilfreicher Druck von der Basis auf das Mittelmanagement, das Unternehmen voranzubringen. Es gab keine Ausreden mehr.

Führungsteamklausuren

Das Wesentliche und die große Linie wurden in gesonderten Führungsteamklausuren erarbeitet. In drei jeweils zweitägigen Klausuren mit dem zwölfköpfigen Führungsteam – das sich zwar so nannte, aber bis dahin weder Führung noch Teamgeist gezeigt hatte – wurde ohne lange Vorrede Klartext gesprochen. Die Geschäftsführer gingen voran. Die rigorose, ausführliche und sehr offene Ansprache der zahlreichen Tabus war der Schlüssel. Es flogen die Fetzen, aber jede Tabuansprache war ein Schritt in Richtung Team.

So wurden endlich die Beziehungsprobleme offen ausgesprochen und diesem Nichtteam in aller Deutlichkeit die Folgen seines Verhalten vor Augen geführt. Niemand konnte mehr leugnen, dass der Gesamteindruck, den die zerstrittene Führungsmannschaft im Betrieb hinterließ, schlimm war. Mit den Folgen des eigenen Handelns konfrontiert, begannen die Führungskräfte nun nach neuen Wegen des Miteinanders zu suchen. Dazu gehörten auch die wechselseitigen Einschätzungen zum Eigen- und Fremdbild, ein mächtiges Instrument. Die ungewohnte Offenheit und Ehrlichkeit miteinander war für einige erleichternd, weil endlich ausgesprochen wurde, was bislang unterschwellig gegoren hatte, für andere war sie hingegen geradezu schockierend, weil sie es nicht gewohnt waren, derart offen zu reden. Und für einzelne Beteiligte war die neue Offenheit sogar Anlass zur völligen Ablehnung. Jede Reaktion wurde respektiert, aber eben auch im Hinblick auf die Geschlossenheit der Gruppe reflektiert. Wie wollte man als Team künftig miteinander – statt gegeneinander – arbeiten? Wie viel Offenheit war dafür notwendig, und wie viel war gewünscht? Und wie konnte man Kritik und Feedback wertschätzend vortragen, so dass sie der Betroffene nicht als Ausgrenzung und Ablehnung, sondern als Bereicherung erleben konnte?

Die drei in dieser Weise tiefgehenden Klausuren entpuppten sich als einer der Meilensteine im Prozess, ja sogar in der Unternehmensgeschichte. Jetzt war allen klar, dass alle wussten, wie es um das Team und das Unternehmen stand und worauf es ankam. Keiner konnte später sagen, er hätte es nicht gewusst oder er wäre nicht beteiligt gewesen.

Gespräche mit den Führungskräften

Im Anschluss an die drei Klausuren trafen sich die beiden Geschäftsführer mit jedem Mitglied des Führungsteams zu einem ausführlichen Einzelgespräch. Mit klaren und deutlichen Worten vermittelten sie jedem Einzelnen, dass der neue Stil nicht umkehrbar sei und dass jeder für sich selbst entscheiden müsste, ob er in dieser neuen Form mitarbeiten wollte. Zehn der zwölf Führungskräfte öffneten sich. Sie wollten mitmachen. Zwei von ihnen baten sogar um Hinweise bei der Suche nach einer psychologischen Unterstützung, mit der sie völlig unabhängig vom Unternehmen und vertraulich persönliche Dinge reflektieren konnten. Im Nachhinein berichteten beide, dass auf diese Weise der Veränderungsprozess im Unternehmen auch ihr Privatleben positiv verändert habe.

Kündigungen

Zwei der zwölf Führungskräfte waren jedoch nicht bereit, den neuen Weg mitzugehen. Sie lehnten die neue Kommunikationskultur als »Psychokram« rundweg ab und ließen sich trotz mehrerer Gespräche nicht zu einer Veränderung ihres Denkens und Handelns bewegen. Im Gegenteil, sie sperrten sich mit aller Kraft gegen die Neuerungen und scheuten auch keine Intrigen, Gerüchte oder Drohungen gegen die Mannschaft. Es blieb nur die Kündigung, obgleich sich die Geschäftsführer kurzzeitig sorgten, dass sich dadurch das nunmehr überwiegend positive Betriebsklima gleich wieder verschlechtern könnte. Doch zu ihrer Überraschung reagierte die Belegschaft erleichtert. Die Mitarbeiter hatten überwiegend unter dem autoritären Gehabe der beiden Führungskräfte gelitten und atmeten auf. Einzelne Mitarbeiter gestanden sogar, im Stillen an der Entschlossenheit der Geschäftsführung gezweifelt zu haben, da sie das kontraproduktive Auftreten der beiden Führungskräfte so lange geduldet hatten. Jetzt war allen klar, dass der neue Kurs ernst gemeint war.

Jährliche Rückmeldegespräche

Fortan führten die Geschäftsführer mit jedem Mitglied des Führungsteams einmal im Jahr ein persönliches Gespräch, in dem sie der Führungskraft Feedback über ihren Beitrag zum Werk und ihre persönlichen Verbesserungschancen gaben. Damit wusste jeder, wo er stand.

Das alte Bonussystem

Im Zuge der Neusortierung des Führungsinstrumentariums wurde auch das alte Bonussystem geändert. Es hatte den Vertrieb einseitig begünstigt und zu sehr viel Neid geführt. Stattdessen wurde eine transparente Erfolgsbeteiligung für die gesamte Mannschaft eingeführt, die alle als angemessen und fair einschätzten. Zudem wurden variable Bestandteile in den Gehältern (»Salamigehälter«) abgeschafft, die angeblich dem »Antrieb« einzelner Führungskräfte gedient hatten. Niemand trauerte dem nach, weil es nunmehr etwas höhere Fixgehälter für alle gab und die Motivation nicht mehr an Zahlen und Geld hing, sondern am Mitwirken für den Gesamterfolg.

Auf diese Weise waren nun zahlreiche Neuerungen in die Unternehmenskultur aufgenommen worden, es brauchte aber eine gewisse Zeit, bis sich diese Verhaltensweisen wirklich gefestigt hatten. Die Geschäftsführer beobachteten deswegen sehr aufmerksam die »Prozesstemperatur« im Betrieb und griffen korrigierend ein, falls es notwendig wurde. Erfolge und Misserfolge wurden offen angesprochen. Das Ganze entwickelte sich nach dem Motto: Drei Schritte vor, einen zurück. Immer wieder galt es, kritische Gegenwehr zu durchbrechen oder Rückfälle in alte Verhaltensmuster aufzudecken. Das Auf und Ab war anstrengend, aber die Beharrlichkeit und die Offenheit der Geschäftsführer blieben das Erfolgsrezept. Der Respekt der Mannschaft gegenüber den Geschäftsführern und das Vertrauen in diese stieg. Man wusste: *»Die haben das Ruder im Griff.«*

Parallel wurde die zweite Großbaustelle im Unternehmen in Angriff genommen: die Ordnung im Veränderungsprozess. Die über 60 Veränderungsprojekte aus der Anfangszählung wurden in einer externen Klausur allesamt aufgelistet und gemäß Aufwand und Nutzen bewertet. Auch der innere Zusammenhang und die Vernetzung der Projekte wurden diskutiert und erkannt. So konnten aus den vielen Projekten fünf Hauptprojekte herausgefiltert werden, die insgesamt den roten Faden des Gesamtveränderungsprozesses bildeten.

Für diese fünf Projekte wurde eine kleine pragmatische Projektorganisation eingerichtet, die ein Bereichsleiter koordinierte.

Für das Führungsteam wie für die gesamte Belegschaft wurde damit das gesamte Veränderungsvorhaben transparent. Meilensteine in diesen Projekten schafften weitere Klarheit. Durch das effiziente Projektmanagement stellten sich schnell erste Erfolge ein, die dann offen kommuniziert und manchmal auch (etwas) gefeiert wurden.

Ergebnis

Es war ein hartes Stück Arbeit, aber innerhalb von etwa zwei Jahren war aus dem zerstrittenen Haufen eine eingeschworene Mannschaft geworden. Durchhaltevermögen, Hartnäckigkeit und Humor hatten ans Ziel geführt und einmal mehr gezeigt, dass manchmal die Führungskräfte und ihr Nichtzusammenspiel das Problem sind. Die Mitarbeiter wollen ein Unternehmen mit Perspektive, das ihnen einen sicheren Arbeitsplatz bietet – eigentlich ein ganz simpler und klarer Wunsch. Führungskräfte machen es sich manchmal kompliziert und verheddern sich in internen Ränkespielchen und Machtgerangel. Es galt, Menschen für den gemeinsamen Weg zu öffnen und zu begeistern. Das war hier zum Glück gelungen.

Auch die Ordnung und Priorisierung der Projekte bewährte sich. Die Mitarbeiter fokussierten sich auf die fünf Hauptprojekte, die wiederum mit fünf Jahreszielen verbunden waren. Dadurch entstand ein weiterer Fokus, so dass am Ende die Jahresziele des ersten Jahres sogar übertroffen wurden. Für das Folgejahr setzte man sich neue, ebenso klare und pragmatische Jahresziele, die man wieder erreichte. Auf diese Weise konnte der Veränderungsprozess innerhalb von zwei Jahren auf ein sehr gutes Niveau gebracht werden.

Die Mannschaft steht heute voll hinter der Strategie und dem Veränderungsprozess des Unternehmens. In der DREHFRA herrscht eine offene und erfrischende Atmosphäre des Gewinnen-Wollens ohne verbissenen Ehrgeiz und ohne jede Arroganz.

Das nehmen auch die Kunden sehr positiv auf, manchmal auch mit dem heimlichen Vergleich zur Situation im eigenen Unternehmen.

Erfolgsfaktoren

Die entscheidenden Erfolgsfaktoren für die Neuausrichtung des Unternehmens waren

- die konsequente Führungsarbeit mit den »30-er Gesprächen«, den Kündigungen, den Jahresgesprächen und der Änderung des Bonussystems,
- die Glaubwürdigkeit der Geschäftsführer,
- die Offenheit und das Vertrauen zur und in der Mannschaft sowie
- die Fokussierung auf einige wenige Ziele und Projekte.

Kernbild

Fehlerhafte Prozesse und viele Kundenreklamationen sind Symptome für das schleichende Gift der Bequemlichkeit, das sich bei DREHFRA ausgebreitet hat. Der Feind sitzt innen.

Durch die konsequente Führungsarbeit der beiden Fremd-Geschäftsführer gelingt es, ein wirkliches Führungsteam zu bilden. Die mehr als 60 Veränderungsprojekte werden geordnet und gefiltert. Fünf Hauptprojekte werden erkannt, die über ein kleines Projektmanagement gesteuert und auch als Jahresziele fixiert werden. Nach zwei Jahren harter Arbeit ist DREHFRA wieder auf Spur.

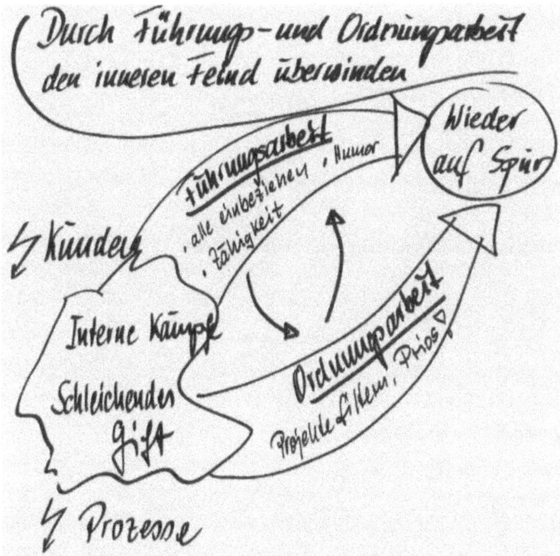

Durch Führungs- und Ordnungsarbeit den inneren Feind überwinden

Was man daraus lernen kann

- Strategie alleine bewirkt nichts. Nur wenn Sie sie mit konsequenter Führungsarbeit verbinden, wird sie zum Erfolg.
- Lassen Sie die Menschen echte Offenheit und den Willen zur Transparenz spüren. Dann gehen die Mitarbeiter entschlossen mit und verzeihen sogar Führungsfehler, solange sie den Sinn und guten Willen erkennen. *»Net gschumpfe, isch gnug gelobet«* sollte keine Führungsregel sein.
- Verbinden Sie konsequentes Handeln mit menschlichem Vorgehen. Das ist eine große Herausforderung, die sich anzustreben lohnt.
- Lassen Sie sich (in einem Veränderungsprozess) von Enttäuschern nicht enttäuschen.
- Fokussieren Sie sich in der Umsetzung auf wenige Jahresziele und Projekte.
- Seien Sie Vorbild. Das ist entscheidend!

2.12 Die Gefahr von innen

Die harte Arbeit wider die Arroganz.

Das Unternehmen UMTEC

»Our innermost competitive advantage is that we trust each other – worldwide.«
Der japanische Geschäftsführer

Themen
- Aufbrechen einer Erfolgsarroganz
- Weltweites Netzwerk der Zusammenarbeit und der Systeme (Gedanke der Kybernetik)
- Wachstumsmatrix und Baukasten

Fakten

• Produkte:	Messkomponenten für umwelttechnische Geräte
• Kunden:	Gerätehersteller für Umwelttechnik
• Umsatz:	92 Millionen Euro; Trend: jährlich 5–10 % wachsend
• Tätigkeitsgebiet:	weltweit
• Mitarbeiter:	420
• Ebit:	10 %; Trend: stabil
• Eigenkapitalquote:	67 %
• Inhaber:	1 Familie
• Geschäftsführung:	1 Familien-Geschäftsführer

Ausgangssituation

Die UMTEC GmbH & Co. KG ist gut aufgestellt: In ihren Arbeitsgebieten, Messkomponenten für die Umwelttechnik, ist das Unternehmen technologisch führend und in einigen Marktsegmenten auch weltweit marktführend. Langfristiges und globales Denken kennzeichnen den Geschäftsstil.

Bruno Krause, der Vater des heutigen Gesellschafters, begann bereits in den achtziger Jahren als einer der Ersten seiner Branche, Geschäftskontakte in den USA und – als deutscher Pionier – auch in Japan zu knüpfen. Diese frühen Internationalisierungsschritte setzte er in den neunziger Jahren konsequent weltweit fort. *»Kleine Einheiten überall in der Welt«* war sein Grundgedanke. So startete er eine Niederlassung in China und baute in Taiwan und Südkorea kleine Vertriebs- und Serviceeinheiten auf.

Krause hatte das kybernetische Denken verinnerlicht, bei dem Subsysteme eines komplexen Organismus als sich gegenseitig beeinflussende Einzelorgane verstanden werden. Insofern steuerte er das weltweite Unternehmen nicht mit enger Leine aus der Zentrale, sondern überließ einer Vielzahl von kleinen Einheiten im Vertrauen auf deren Problemlösungskompetenz größtmöglichen Freiraum. So schuf er rund um den Unternehmenskern viele kleine Einheiten, die mit der Zentrale, aber auch untereinander gut vernetzt waren und somit gemeinsam ein weltweites Netz aufspannten. Was in Zeiten von Internet und E-Mail wenig spektakulär klingt, war damals eine großartige Leistung und funktionierte über die persönliche Integrität und Überzeugungskraft des Unternehmers, der den Kontakt in die weite Welt lediglich per Telefon, Brief, Fax und viele Besuche halten konnte. Das Klebemittel für den Aufbau dieses globalen weltweiten Netzes war die persönliche Verbundenheit untereinander, aber vor allem zum charismatischen Gründer selbst.

Bis zum Jahr 2000 hatte Bruno Krause in dieser Weise ein selbständiges Unternehmensnetzwerk gebaut, um das ihn die

Wettbewerber beneideten. Die Idee der Kybernetik, der verflochtenen Teilsysteme zu einem Gesamtsystem, war Realität geworden. Das Netz war so gut ausgelegt, dass auch das weltweite IT-System, das weltweite Personalsystem und das weltweite Einkaufssystem mit all ihren Standards überraschend gut eingeführt werden konnten.

Bis heute konnte man mit den modernen Kommunikationstechniken auf diesem intakten Netz aufbauen. Die Transparenz und die Austauschgeschwindigkeit waren in den letzten Jahren gestiegen – ebenso die Schlagzahl im Netz. So hatte Bruno Krause für die UMTEC einen inneren Wettbewerbsvorteil geschaffen, der von der Konkurrenz bis heute nicht eingeholt werden konnte.

Was zunächst technisch klingt, entpuppte sich bei genauerer Betrachtung als Wertesystem, das auf persönlichem Vertrauen basierte. Auch Krause junior verband als geschäftsführender Hauptgesellschafter in der zweiten Generation wie der Vater menschliches Vorgehen mit konsequentem Handeln. So gab es weiterhin keine Fürstentümer in den Ländergesellschaften, sondern ein Netz mit tiefem gegenseitigem Verständnis, was sehr viel mehr erforderte als auf Papier gedruckte Corporate-Philosophy-Plakate in den Büroräumen.

Aber andererseits konnte eine Führungskraft in ihrem Subsystem theoretisch die Glaubwürdigkeit der Werte und damit der Führung untergraben. Ein »fauler Apfel« im Vertrauenskorb kann schnell Übles anrichten und das ganze Werk gefährden. In den vielen Jahren der gelebten Kybernetik gab es durchaus auch Rückschläge. Ein Geschäftsführer im Ausland erwies sich beispielsweise nicht als fähig, die Grundwerte einzuhalten, und musste nach Klärung der Lage umgehend die Gruppe verlassen. Aber Vater und Sohn haben sich durch Enttäuscher nicht vom Weg abbringen lassen.

Ein weiterer Erfolgsfaktor war die Produktlogik des Unternehmens: In den achtziger Jahren wurde ein Baukasten mit vielen Optionen so geschickt aufgebaut, dass er auch heute noch über 90 Prozent der Kundenwünsche abdeckt. Über all die Jahre wirkte ein erfahrener technischer Leiter als Gralshüter der Ordnung im Baukasten und sicherte so die umfangreiche Wirkung des Baukastens auf den Unternehmenserfolg und das Ergebnis. Gleichzeitig konnten immer wieder neue Produktfeatures in den Baukasten eingebracht werden.

Vor wenigen Jahren wurde dem Baukasten eine Wachstumsmatrix (Marktsegmente und Länder) gegenübergestellt, was das ganze Unternehmen von der Produkt-Denke auf die Markt-Denke ausrichtete. Das mögliche Wachstum wurde dadurch greifbarer und fokussierter als vorher.

Diese Marktsegmente-Länder-Arbeit wurde mit zwei jeweils zweitägigen Klausuren gestartet. Dabei unterteilten alle Beteiligten erstmals sämtliche Unternehmensaktivitäten in klare Segmente, was von allen sogleich als zutiefst sinnvoll und hilfreich erkannt wurde. In den folgenden drei Jahren wurde dieses Tool in mehreren Schlüsselklausuren weiter ausgebaut, wobei für die Marktsegmente jeweils Analysen, Szenarien und Strategien erarbeitet wurden.

Ergänzend zum Erfolgsfaktor der weltweiten Vernetzung konnten nun auch durch den Segmentansatz Erfolge erzielt werden. So erwiesen sich beispielsweise Messkomponenten für sehr unterschiedliche Anwendungen, etwa die Rauchgasanalyse, als weltweite Bestseller. Natürlich musste man dafür auch die Besonderheiten in den US-amerikanischen, chinesischen oder indischen Märkten verstehen. Die Wachstumsmatrix verhalf dabei zu hinreichender Klarheit, schließlich ließen sich mit ihr wesentliche unternehmerische Fragen beantworten:

- Welche Trends wirken weltweit?
- Wo können länderübergreifende Strategien greifen?
- Welche Marktsegmente, welche Länder sollen im Fokus stehen?

Waren solche Fragen beantwortet, konnten die Prioritäten für die weltweite Vertriebsarbeit, den Innovationsprozess und die mittelfristige Eckwerteplanung fixiert werden. Damit konnte die technologische Stärke in Produkt und Prozess weiter ausgebaut werden. Schon heute sind die Innovationserfolge der nächsten sechs Jahre erkennbar. Besser lässt sich ein Unternehmen nicht fokussieren.

Es passte zu diesem Vorzeigeunternehmen, dass auch die Umsetzung der Strategien in guter Dosierung voranschritt. Alle Projekte der Veränderung wurden in einer Liste vom Führungsteam immer wieder durchgeknetet: Sind die Prioritäten richtig? Wie sind die Fortschritte? Müssen Projekte bei einem Meilenstein gestoppt werden? Oder kann man weiter fortfahren? Wie ist die Belastung der Mannschaft durch das normale »Umsatzgeschäft« und das zusätzliche »Veränderungsgeschäft«? Sind die Jahresziele richtig gesetzt? Gibt es zu wenige oder zu viele Ziele?

Der Umsetzungsprozess war gut gelenkt, und die Machbarkeit und die Gesamtsicht standen im Vordergrund. Alles in allem stellte sich die UMTEC als ein sehr erfolgreiches Unternehmen dar – ein Paradebeispiel des deutschen globalen industriellen Mittelstands!

Strategische Fragen
Wie lässt sich der Erfolgskurs dauerhaft fortsetzen?
Übersieht man drohende Gefahren?

Erkenntnis

Seit einigen Jahren hatte sich unmerklich eine Arroganz in den Organismus eingeschlichen, die sich immer mehr als Problem herausstellte. Kunden bemerkten eine zunehmende Arroganz von Seiten des Vertriebs, die Entwicklung verlor an Markt- und Kundennähe, und auch in der Produktion gab es ablehnende

Stimmen gegenüber einzelnen Kunden. Der Kunde wurde tatsächlich zum Ärgernis. Das Selbstwertgefühl der Mitarbeiter war dermaßen überhöht, dass die Kunden für die UMTEC-Produkte nicht mehr gut genug schienen. Über die Jahre hinweg hatte sich kaum merklich, aber gefährlich die Arroganz des Erfolgs tief in die Kultur des Unternehmens hineingefressen.

Man war von sich selbst sehr überzeugt. Der zweistellige Ebit-Wert brachte den Mitarbeitern seit Jahren Extrazahlungen zum Jahresende ein. Man machte also augenscheinlich alles richtig. Einfach so weiterzumachen wäre vielen Mitarbeitern die richtige Devise gewesen. Doch der geschäftsführende Gesellschafter Krause junior erkannte, dass sich die Erfolgsverwöhnung zur Arroganz entwickelt hatte und damit zur Gefahr für den künftigen Unternehmenserfolg wurde.

Selbstverständlich wollte er die Strategie des Erfolgs weiterverfolgen, allerdings mit einer wesentlichen Zusatzstrategie: *»Wider die Arroganz!«*

Visionskern
Die UMTEC wird die weltweite Nummer eins im Bereich der Messkomponenten für umwelttechnische Geräte und ist in der konsequenten Kundenorientierung führend.

Strategie und Umsetzung

Das Thema Arroganz wurde in drei Klausuren im Führungsteam in den Mittelpunkt gestellt. Dabei wurde anhand von beispielhaften Kundenäußerungen die negative Wirkung der selbstherrlichen UMTEC-Grundhaltung gezeigt und erörtert. Dank der offenen und deutlichen Aussprache erkannte die Hälfte des Führungsteams den Ernst der Lage und begriff, dass dieses Verhalten nach all den Jahren des Aufbaus das gesamte Werk gefährden könnte.

Gemeinsam stellten die Führungskräfte Regeln auf, um der

Arroganz entgegenzusteuern. Sie definierten sogar einzelne Kennwerte, um die Arroganz durch Indikatoren quantifiziert messen zu können. Aber vor allem erzielte das Team eine große Einigung in der Zielsetzung und sagte sich: *»Ja, wir ändern das, alle gemeinsam, jetzt und sofort!«*

Doch so entschlossen die Geschäftsführung und das Führungsteam sich gegen die Arroganz aufgebaut hatten, so wenig konnten sie damit bis an die Basis durchdringen. Der ganze schöne gemeinsam beschlossene Ansatz blieb in der dritten Ebene stecken und versandete. Die Mitarbeiter hatten ihr selbstgefälliges Verhalten schon so sehr verinnerlicht, dass es ihnen selbst jetzt nicht mehr auffiel. Zudem spielten zwei Bereichsleiter bewusst falsch und torpedierten aus sehr persönlichen Gründen die Veränderung aus dem Hintergrund. Sie fürchteten ihren Machtverlust.

Was konnte man also tun? Der Geschäftsführer ging zur zweiten Stufe über. Mehrfach suchte er mit den beiden machtbewussten Bereichsleitern das Gespräch und hoffte, sie von seinem Vorgehen zu überzeugen. Doch als sie sich nicht kooperativ zeigten, zog er die Reißleine und stellte beide Mitarbeiter frei.

In mehreren eintägigen Workshops diskutierte er dann persönlich mit den Mitarbeitern der dritten und vierten Ebene offen, worum es ging. Unterstützung fand Krause junior dadurch bald bei den Schichtführern und Gruppenleitern. Ihnen war dieses Verhalten schon lange sauer aufgestoßen, und sie spürten, dass das Mittelmanagement das Unternehmen mit seiner selbstgefälligen Art irgendwann ins Abseits treiben würde. Daraufhin suchte Krause auch mit jedem Mittelmanager intensiv den Austausch. Diese gerieten in ihrer Sandwich-Position im Veränderungsprozess nunmehr zwischen die Fronten. Das Führungsteam drückte von oben, die Schichtführer und Gruppenleiter von unten. Und dieser Druck zeigte Wirkung, zumal in der unternehmensinternen Kommunikation positive Beispiele jetzt deutlich und lobend herausgestellt wurden. Auch von Kunden gab es positive Rückmeldungen zu dem erfreulichen neuen Verhalten. Regelmäßig wurden alle Mitarbeiter über das große Veränderungsprojekt »Wider die Arroganz« informiert. Und nach einem Jahr war die Verhaltenswende tatsächlich bewirkt.

Ergebnis

Die Krise wurde überwunden. Das Unternehmen hatte keine Wachstums- und Ertragsdelle und ist weiter auf Erfolgskurs. Es ist von den Wettbewerbern – soweit man dies einschätzen kann – nicht einzuholen.

Erfolgsfaktoren

Die entscheidenden Erfolgsfaktoren für die Neuausrichtung des Unternehmens waren

- die Kraft, schleichende negative Verhaltensprozesse zu erkennen und konsequent anzugehen,
- die Ordnung des Veränderungsprozesses mit Hilfe eines klaren Projektmanagements,
- das Vertrauen und die Werte im globalen Netz,
- ein lebendiges Netz mit einem hohen Grad an Selbstorganisation (kybernetischer Gedanke des Gründers) sowie
- die Wachstumsmatrix in Verbindung mit dem Baukasten als Grundlage für das zweistellige Wachstum bei gesunder Rendite.

Kernbild

Kybernetisches Denken des Seniors bewirkte den Aufbau eines weltweiten Unternehmensnetzes schon in den achtziger Jahren. UMTEC ist sehr erfolgreich, die Produktlogik (Baukasten) ist exzellent, die Umsetzungskraft ist hoch. Aber Erfolgsarroganz hat sich wie ein Krebsgeschwür im Unternehmen ausgebreitet. Vor allem das Mittelmanagement wirkt als Lähmschicht.

Durch den Doppeldruck (von oben und von unten) kann diese Lähmschicht »geöffnet« werden. Die Arroganzgefahr ist überwunden.

UMTEC ist auf dem Weg zum Weltmarktführer in Messkomponenten für die Umwelttechnik.

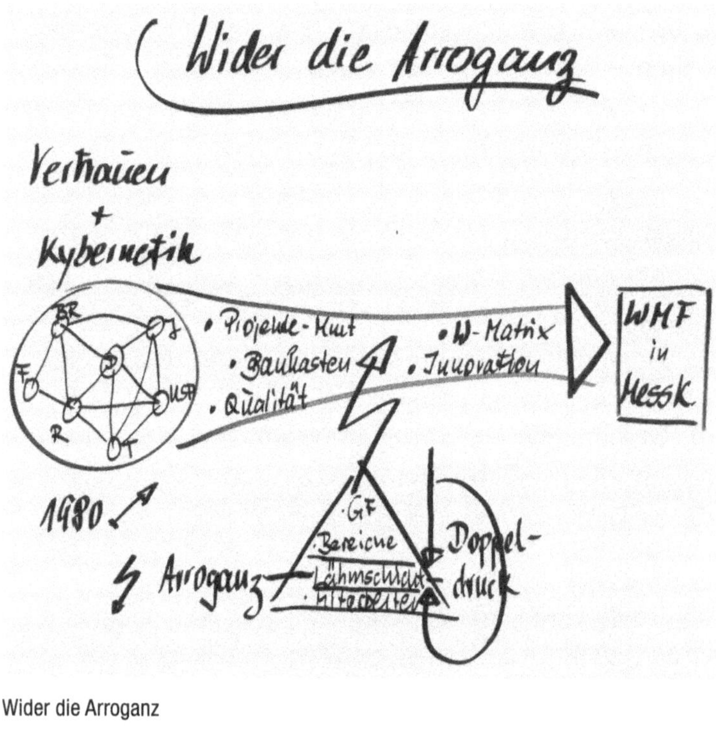

Wider die Arroganz

Was man daraus lernen kann

- Bleiben Sie vorsichtig angesichts der Gefahren des Erfolgs. Arroganz und Selbstzufriedenheit können zerstörerisch sein!

- Bauen Sie langfristig ein weltweites Netzwerk von Personen und Systemen auf!
- Erkennen Sie, welche Kraft in der Verbindung von Disziplin (z. B. Baukasten) und Freiraum (z. B. Selbstorganisation) liegt.
- Bewahren Sie die gemeinsamen Unternehmenswerte in allen Ländern – auch weil sie von allen Beteiligten im Netzwerk gewünscht werden.
- Halten Sie weltweit den Baukasten mit Disziplin sauber, und schützen Sie damit dessen enormes Potential.
- Nutzen Sie Innovationen in Anwendungsfeldern in einer weltweiten Gesamtsicht. Dies gibt enorme Sicherheit und Kraft.

2.13 Der Blockierte

Einen Vater-Sohn-Konflikt erkennen und lösen.

Das Unternehmen REINKOM

»Eine solche Wandlung bei unserem Juniorgesellschafter hätte ich nie für möglich gehalten.«
Ein Mitglied der Geschäftsleitung

Themen
- Vater-Sohn-Blockade
- Psychologische Unterstützung
- Loslassen des Seniors, Aufblühen des Juniors

Fakten

• Produkte:	Reinigungsfahrzeuge für Wege und Straßen
• Kunden:	Kommunen
• Umsatz:	60 Millionen Euro; Trend: leicht steigend
• Tätigkeitsgebiet:	europaweit
• Mitarbeiter:	370
• Ebit:	8 %; Trend: stabil
• Eigenkapitalquote:	48 %
• Inhaber:	1 Familie
• Geschäftsführung:	Vater und Sohn

Ausgangssituation

REINKOM ist ein sehr erfolgreiches Unternehmen. Unternehmerisch gibt es nur Gutes zu vermelden. Die Strategie ist klug und langfristig ausgerichtet, die Mannschaft gut aufgestellt.

Der Gründer Luis Vogler hatte die Firma über Jahrzehnte aufgebaut und schaute nun mit 64 Jahren stolz auf sein Lebenswerk. Er war immer noch gesund und voller Kraft, kannte jeden Stein und jede Schraube im Betrieb. Die Belegschaft war auf ihn eingeschworen und hundertprozentig loyal. Er war ein Unternehmer, wie er im Buche steht.

Seit einigen Jahren war auch sein einziger Sohn Xaver im Unternehmen tätig und arbeitete inzwischen in der Geschäftsführung mit. Leider war das Verhältnis zwischen Vater und Sohn getrübt, da der Sohn den Erwartungen des Vaters nicht gerecht wurde. Eigentlich war Vogler senior nicht wirklich von seinem Sohn überzeugt, aber er hatte nur den einen. Innerlich war er deswegen hin- und hergerissen. Konnte der Sohn die Nachfolge übernehmen? Oder würde er mit dem Unternehmen scheitern?

Xaver Vogler hatte zunächst ganz im Sinne des Vaters ein Maschinenbau-Studium aufgenommen, es aber nach wenigen Semestern abgebrochen, denn er hatte sich mit der Mathematik schwergetan. Er wechselte zur Betriebswirtschaftslehre und brachte schnell sehr viel bessere Ergebnisse nach Hause. Besonders stolz war er darauf, als einziger von 110 Kandidaten ein Stipendium für ein Post-Graduate-Studium in Harvard bekommen zu haben, obgleich der Vater darin keinen echten Wert zu erkennen vermochte. Ihm wäre lieber gewesen, der Sohn hätte als Ingenieur reüssiert.

Erste Berufserfahrungen sammelte Xaver als Vertriebsgruppenleiter bei einer schwäbischen Firma und bekam aufgrund seiner erfolgreichen Arbeit ein sehr gutes Zeugnis. Auch das quittierte der Vater mit Schweigen, weil ihm als Techniker die Anforderungen im Vertrieb wenig anspruchsvoll zu sein schienen. Er akzeptierte den beruflichen Lebensweg des Sohnes, aber er fand das wenig eindrucksvoll. Als kaufmännischer Geschäftsführer sollte der Sohn erstmals zeigen, was er draufhatte. Doch neben dem übermächtigen Vater bekam der Junior bislang wenig Gelegenheit, seine Fähigkeiten unter Beweis zu stellen.

Zwar bemühte er sich und zeigte hohen zeitlichen Einsatz, aber die einzelnen Maßnahmen, die er im Schatten des Vaters selbständig starten und umsetzen durfte, zeigten keine besonderen Erfolge. Zudem machte er unglückliche Führungsfehler, die für Irritationen im Betrieb sorgten. So war er mehrfach über die Bereichsleiter hinweg direkt an Gruppenleiter herangetreten, um mit ihnen ihre Arbeit zu besprechen. Das schuf Unmut bei den Bereichsleitern. Auch versuchte sich der Sohn ehrgeizig und zur Verwunderung der Mitarbeiter mit Ideen in der Fertigung, die sich aber zum Teil als wirklichkeitsfremd erwiesen. Die entsprechenden Berichte an den Senior schürten dessen Skepsis, dass der Sohn eben doch nichts taugte. Es kam immer wieder zu Situationen, in denen der Vater den Sohn vor der Belegschaft kritisierte und damit bloßstellte. Der Junior stand zudem privat unter Druck, weil seine Ehefrau, der er abends sein Leid klagte, ihn bedrängte, das Unternehmen zu verlassen oder den Konflikt offen zu führen.

Strategische Fragen
Sind Vater und Sohn zu einer friedlichen Nachfolgeregelung in der Lage?
Wie kann die Nachfolge geregelt werden?

Erkenntnis

Klar ist, dass die Anwesenheit des Vaters den Sohn blockiert. Ist die Distanz groß genug wie etwa beim Harvard-Studium, kann der Sohn sein Potential entfalten und durch herausragende Leistung glänzen. Im direkten Umgang zwischen den beiden ist jedoch jenseits von familiären Höflichkeiten und oberflächlichem fachlichem Gespräch kein echter Austausch möglich. Einen echten, intensiven Austausch gab es noch nie.

Die Mutter durchschaute die Dynamik zwischen den beiden Männern, wusste aber keinen Rat für den Sohn und hatte auf ihren Mann keinen großen Einfluss. Die Führungskräfte im Unternehmen waren der Familie gegenüber loyal, hielten sich aber aus dem Generationenkonflikt heraus. Die gesamte Situation war festgefahren und erschien ausweglos.

Strategie und Umsetzung

Selbst für die beiden Betroffenen war klar, dass das Vater-Sohn-Verhältnis irreparabel beschädigt war. Einer von beiden musste gehen. Doch wer? Vater und Sohn führten lange und intensive Einzel-, aber auch Zweiergespräche mit einem langjährig vertrauten externen Berater. Der verhielt sich neutral, ermutigte aber beide Männer, der Realität ehrlich ins Auge zu blicken und selbstbewusst die eigenen Positionen zu vertreten.

In einem mühsamen Prozess erkannte der Vater, dass er an der Vergangenheit des Unternehmens klebte und für die Zukunft eigentlich nicht mehr zuständig sein konnte. Selbst wenn der Sohn nicht sein Nachfolger werden würde, wäre es an der Zeit, selbst Abschied zu nehmen. Es brauchte viele Wochen des Nachdenkens, bis der Vater diese Erkenntnis wirklich aussprechen konnte und öffentlich erklärte, die Geschäftsführung des Unternehmens abgeben zu wollen.

Parallel dachte auch der Sohn über sich und sein eigenes Leben nach. Dabei entwickelte er allmählich ein stärkeres Selbstbewusstsein. Statt weiterhin zu versuchen, den technischen Ansprüchen und Hoffnungen seines Vaters gerecht zu werden, besann er sich auf seine betriebswirtschaftlichen Talente und Kompetenzen. Plötzlich konnte er mit Stolz auf seine Fähigkeiten und Leistungen blicken, lernte, offen mit eigenen Unsicherheiten umzugehen und somit auch den Bereichsleitern authentisch und aufrichtig gegenüberzutreten. Nach wenigen Monaten stand sein Entschluss fest: Er würde, wenn der Vater ihn ließe, das Unternehmen gern in eigener Verantwortung und gemeinsam mit dem alten Leitungsteam, aber ohne jede Mitwirkungsmöglichkeit seines Vaters in die Zukunft führen wollen.

Nach einem halben Jahr war der Entscheidungsprozess gemeinsam abgeschlossen. Vogler senior zeigte sich beeindruckend konsequent und übertrug dem Sohn alle Anteile. Der Schritt war für ihn kein leichter. Er hatte versäumt, sich rechtzeitig Gedanken über sein Leben nach dem Unternehmen zu machen. Er hatte keine Hobbys, keine Leidenschaften, keine Aufgaben und nur wenige Freunde. Dementsprechend fürchtete er den Bedeutungsverlust. Wer würde er sein, wenn er nicht mehr Chef seines Unternehmens war? Selbst daheim war der CEO-Posten ja schon besetzt.

Aber in der Nüchternheit dieser traurigen Wahrheit entdeckte Vogler senior seine Liebe zum Genuss und für das Urlaubsland Spanien. Er startete eine neue Karriere im Weinhandel und importiert heute spanische Weine auf eigene Rechnung und verkauft sie an deutsche Großabnehmer. Damit begann eine zweite unternehmerische Erfolgsgeschichte, die auch seine Ehe neu belebte. Denn bei seinen Einkaufstouren fährt seine Frau gerne mit und steht ihm beratend zur Seite.

Vogler junior war nun endlich auf sich allein gestellt und blühte auf. Mit Hilfe eines Psychologen konnte er in wenigen Sitzungen seine massive Vater-Blockade aufbrechen und sich aus der Minderwertigkeitsfalle des verkannten Sohnes befreien. So fand er bald zur Leistungskraft, die er schon im US-Studium gezeigt hatte. Er scheute sich auch nicht davor, in zwei Klausuren mit der Geschäftsleitung offen und unverblümt die Probleme der zurückliegenden Jahre zur Sprache zu bringen und die Führungskräfte um Unterstützung bei der zukünftigen Zusammenarbeit zu bitten. Damit schuf er ein vertrauensvolles Verhältnis innerhalb des Führungsteams und ideale Startbedingungen für die Weiterentwicklung des Unternehmens.

Der Führungsstil des Sohns gewann mehr und mehr Kontur: Loyalität, Vertrauen, Offenheit und Partizipation wurden zu Kernbegriffen der Unternehmenskultur. Mutig und tatkräftig ergänzte Xaver Vogler nun die bestehende Strategie, indem er auch auf Spezialfahrzeuge zur Reinigung von Straßen setzte, ein Schritt, der dem Vater schwergefallen war.

Ergebnis

Nach drei Jahren war das Unternehmensschiff klar auf Erfolgskurs ausgerichtet und auch personell stabilisiert. Die Zweifler in der Belegschaft, die dem Senior anfangs noch hinterhergetrauert hatten, fassten nun Vertrauen zu dem Sohn und waren durch die gemeinsamen Erfolge eines Besseren belehrt worden. Die gemeinsame Entschlossenheit und der Wegfall des Energiefressers Familienkonflikt spiegelten sich auch in den Zahlen wider: Das neue Ebit-Niveau war nicht schlecht.

Vogler junior war so erfolgreich, dass ihm am Ende des dritten Jahres selbst der Vater anlässlich des 40. Geburtstages vor der gesamten Belegschaft zur erfolgreichen Übernahme gratulierte – für alle ein bewegender Moment. Nach einer Zeit größter Distanz hatten beide wieder zueinander gefunden.

Erfolgsfaktoren

Die entscheidenden Erfolgsfaktoren für die Neuausrichtung des Unternehmens waren

- die psychologische Unterstützung,
- die klare Ausstiegsentscheidung des Vaters und die konsequente Umsetzung,
- das Grundvertrauen zwischen Vater und Sohn – trotz der Blockade,

- die Bereitschaft des Juniors zum offenen Gespräch und zu offenen Klausuren mit der Geschäftsleitung sowie
- ein Konzept des Seniors für die Zeit nach dem Ausstieg aus dem Unternehmen.

Kernbild

Es gab keines.

Was man daraus lernen kann

- Nehmen Sie die Nachfolgestrategie so wichtig wie die Unternehmensstrategie.
- Man kann manchmal selbst extrem verhärtete Blockaden aufbrechen. Suchen Sie sich entsprechende professionelle Hilfe.
- Entwickeln Sie als Senior rechtzeitig Ihr Konzept für das letzte Lebensdrittel.
- Lernen Sie als Junior, es Ihrem Vater nicht immer rechtmachen zu wollen. Vertrauen Sie sich selbst. Leben Sie Ihr Leben.

2.14 Der Vorbildhafte

Vom deutschsprachigen Markt nach China und in die USA.

Das Unternehmen KEGRAD

»Die Bamberger machen seit Jahren den Eisschichtenfehler. Das ist unfassbar, aber für uns ja gut.«
Einer der Geschäftsführer

Themen

- Offene Kultur und Bodenständigkeit
- Langfristiges Denken
- Baukasten und Innovation
- Ausrichten auf Geschäftsarten
- Fokussierung im Auslandsgeschäft: China und USA

Fakten

- Produkte: Kegelräder und Getriebe
- Kunden: Hersteller von Robotern, Maschinen, Elektromotoren
- Umsatz: 80 Millionen Euro; Trend: stets wachsend
- Tätigkeitsgebiet: DACH und vereinzelt in Westeuropa
- Mitarbeiter: 450, davon 350 in Deutschland
- Ebit: immer zweistellig; Trend: stabil
- Eigenkapitalquote: 68 %
- Inhaber: 2 Familienstämme mit je 50 % Anteil
- Geschäftsführung: 2 Geschäftsführer, aus jedem Stamm einer

Ausgangssituation

Hersteller von Elektromotoren, Maschinen oder Robotern brauchen alle Antriebe, also komplexe Systeme aus Motor, Getriebe und Steuerung. Solche Getriebe produziert auch die badische Firma KEGRAD seit Jahren erfolgreich und mit gutem Preis-Leistungs-Verhältnis.

Als einer von wenigen Mechanik- und Getriebespezialisten belieferte KEGRAD die viel zahlreicheren Motorspezialisten mit Kegelradgetrieben und bestimmte gemeinsam mit wenigen deutschen Getriebeherstellern den Weltmarkt. Dabei hatte KEGRAD über die vielen Jahre hinweg der Versuchung widerstanden, in der Pyramide der Lieferanten aufzusteigen, die sogenannte »Eisschicht« zu durchbrechen und selbst Antriebe herzustellen und damit in Konkurrenz zu den eigenen Antriebskunden zu treten. Andere Getriebehersteller haben das getan und dadurch schnelle kurzfristige Umsatzsteigerungen erzielt – aber eben auch nur das.

KEGRAD setzte stattdessen weiterhin auf seine tradierten Wettbewerbsvorteile, auch gegenüber BamGet, der damaligen Nummer eins auf dem Weltmarkt. Die Vorteile von KEGRAD lagen in der Stärke des Services und in der Präzision der Kegelräder. Außerdem bot das Unternehmen preiswertere Produkte sowie eine attraktive Produktpalette an. Aus der anfänglichen Herstellung von Kegelradgetrieben, bei der die Firma sehr viele Teile feingefräst und -gedreht hat, war über drei Jahrzehnte nunmehr ein ausgeklügeltes Baukastensystem aus günstigen Standard- und Variantengetrieben und spezialisierten Sondergetrieben erwachsen.

Um die anspruchsvolle Produktlogik im Standard- und Variantengeschäft zu beherrschen, bedarf es sowohl hoher Ingenieurskunst als auch eines sehr guten Marktverständnisses. KEGRAD beherrschte beides. Der interne Entwicklungsleiter war sowohl ein exzellenter Gralshüter des Baukastens als auch ein guter Innovationstreiber. Dabei bediente er sich modernster Hilfsmittel wie einer digitalen Produktdokumentation und Produktkonfiguration sowie einer intelligenten IT-Verbindung zum ERP-System und entwickelte den Baukasten mit langfristiger Perspektive permanent weiter. So war das Unternehmen nicht getrieben von speziellen Kundenwünschen, sondern konnte unter der gaußschen Glockenkurve ohne externe Marktforschung allein durch das langjährige Verstehen des Marktes 80 Prozent der Kundenwünsche problemlos abdecken, Das war einer der wertvollsten Wettbewerbsvorteile des Unternehmens und ein »Hintergrund« für seinen Erfolg.

Ideal ergänzt wurde das Baukastensystem durch die Herstellung von Sondergetrieben auf höchstem Niveau. Anspruchsvolle Spezialanfertigungen hinsichtlich Zahnformen, Drehmomenten, Wärmeentwicklung etc. – das alles glich einem logistischen und mathematischen Zauberwerk. Denn mal mussten 10 000 Spezialgetriebe produziert werden, mal waren es nur zwei oder drei Standardgetriebe. Der permanente Wechsel führte zum Dauerspagat zwischen zwei Geschäftsarten (Sonder- versus Standardgetriebe) und den damit verbundenen, sehr unterschiedlichen Ablaufprozessen.

Anfangs hatte man beide Geschäftsarten mit den gleichen Prozessen bearbeitet. Doch dadurch waren sich die verschiedenen Systeme wechselseitig mehr und mehr ins Gehege gekommen. In der Folge gab es immer wieder Schwierigkeiten bei der Angebotserstellung, Beschaffung, Disposition und in der Fertigung, kurzum, im ganzen Unternehmen. Am Ende wurden Lieferschwierigkeiten beim Kunden zum ständigen Problem. Der Wettbewerbsvorteil drohte sich in sein Gegenteil zu verkehren.

Um auch physisch zu trennen, was gedanklich nicht zusammengehörte, war deswegen ein zweites Werk speziell für das Standardgeschäft errichtet worden. Seither konnte sich das erste Werk auf das Sondergeschäft konzentrieren. Konsequent wurde nach der Produktion auch der Vertrieb getrennt, nur die

Entwicklung arbeitete weiter für beide Geschäftsarten. Diese Aufteilung erwies sich als voller Erfolg: Die Lieferzeiten wurden kürzer, die Liefertreue stieg, das Wachstum konnte beschleunigt werden. Die Zahlen gingen nach oben.

In dieser Weise technologisch führend, rückte KEGRAD im deutschsprachigen Raum nunmehr dem Marktführer und wichtigsten Wettbewerber merklich auf die Pelle. BamGet hatte sich nämlich durch seine aggressive Eisbrecher-Strategie in eine Falle manövriert: Die Umsatzverluste im Getriebegeschäft konnten durch die Umsatzgewinne im Antriebsgeschäft nicht kompensiert werden. Das Bamberger Unternehmen steckte inzwischen in der Krise, lebte von der Substanz, war nur noch aufgrund seiner früheren Größe marktdominant und verlor seit Jahren Marktanteile. Davon profitierte vor allem KEGRAD. Die von BamGet im Getriebe-Wettbewerb verprellten Antriebskunden wechselten allzu gern zu dem badischen Konkurrenten, der bei seinen Leisten geblieben war und der das Getriebegeschäft ständig perfektionierte.

Die jeweils hälftig beteiligten Inhaber-Familien erfreuten sich an den gleichermaßen rentablen zwei Geschäftsbereichen aus dem Standardgeschäft einerseits und dem Sondergeschäft andererseits.

Jeder Stamm stellte einen der beiden Geschäftsführer, was seit Jahrzehnten gut funktioniert hatte. Auch der letzte Generationenwechsel vor einigen Jahren hatte reibungslos geklappt; der nächste ist in professioneller und harmonischer Weise im Gange.

Auch die Belegschaft steht geschlossen zum Unternehmen. Die Führungskräfte wurden stets aus der Mannschaft rekrutiert, wobei die Beförderungsprozesse leistungsbezogen und kommunikativ offen vollzogen wurden. Basis der Unternehmenskultur war die inhabergeprägte Werteorientierung und ein offener, herb-herzlicher Umgangston im Unternehmen.

Solch eine Erfolgsgeschichte weckt Begehrlichkeiten. So lag

bereits eine Kaufanfrage von BamGet vor, die alle drei Inhaber-Generationen einvernehmlich abgelehnt hatten. Statt sich vom schwächelnden Marktführer kaufen zu lassen, wollte man lieber selbst zur Nummer eins der Welt aufsteigen. Doch wie?

Strategische Fragen
Welche Möglichkeiten hat KEGRAD mittelfristig, die Beschränkung auf den deutschsprachigen Raum aufzugeben und in den Weltmarkt hineinzuwachsen?
Und wie kann KEGRAD langfristig die Weltmarktführerschaft im Kegelradgetriebe-Geschäft übernehmen?

Erkenntnis

Weiteres Wachstum war dauerhaft nur möglich, wenn man sich aus dem deutschsprachigen Raum herausbewegte. Die USA, aber vor allem China waren wichtige Wachstumsmärkte, die KEGRAD nicht länger ignorieren konnte. Das Unternehmen agierte zwar schon seit etwa zehn Jahren in den USA und in China, tat dies aber eher reaktiv und unstrukturiert, was unbefriedigend und natürlich wenig zukunftsweisend war. Bislang war daraus noch kein entschlossener Expansionsschritt hervorgegangen.

Jetzt vergrößerte sich allerdings der Handlungsdruck. Ein chinesischer Geschäftspartner hatte berichtet, dass ein größeres chinesisches Unternehmen mit Unterstützung durch deutsche Maschinenhersteller anfinge, Kegelradgetriebe zu produzieren. Noch wäre deren Qualität mäßig und mit langen Lieferzeiten verbunden sowie ohne jedes Serviceverständnis. Aber immerhin funktionierten die Produkte einigermaßen. Und so war davon auszugehen, dass diesem Wettbewerber nicht nur ein Markteinstieg, sondern auch eine Weiterentwicklung bezüglich der Qualität gelingen könnte. Außerdem bestand das Risiko, dass der Chinese nach Deutschland liefern würde.

So gut und erfolgreich die beiden Geschäftsführer bislang gearbeitet haben mochten, einen solchen Kampf gegen einen chinesischen Wettbewerber hatten sie noch nicht durchgestanden.

Zudem war ein solcher Expansionsschritt nicht frei von Risiko: Würde der Aufstieg in China misslingen, wäre der jahrzehntelange Erfolgsweg weltweit in Gefahr. Das Risiko des Exports der Chinesen nach Europa wäre dann sehr hoch. Der Druck, die Position in China zügig aufzubauen, war weitaus größer als derjenige in den USA, weil der asiatische Markt in größerem Tempo wächst. Außerdem war die Stärke der potentiellen amerikanischen Wettbewerber geringer als diejenige der in jeder Hinsicht wachstumsstarken chinesischen Unternehmen. Würde man hier scheitern, wäre man auf Jahre hinaus auf abgeschlagener Position. Deshalb war Nichtstun auch keine Option, es sei denn, man verabschiedete sich von allen strategischen Wachstumszielen.

Man stand vor einer Alles-oder-nichts-Entscheidung: Es gab nur einen Schuss, und der musste schnell kommen und sitzen! Das war eine ungewohnte und durchaus beängstigende Situation für die erfolgsgewöhnten Geschäftsführer.

Visionskern
KEGRAD wird im Kegelradgetriebemarkt die Nummer eins – weltweit.

Strategie und Umsetzung

Als gute Unterstützung bei der Lösung erwies sich die langfristige Begleitung des Unternehmens durch einen externen Berater. Der Berater konnte aufgrund seiner langjährigen Beziehung zu beiden Stämmen und als Nicht-Familienmitglied immer wieder Impulse geben. Das hatte sich schon beim ersten Generationswechsel und der damaligen Strategieentwicklung als vorteilhaft erwiesen, obgleich diese Form der Begleitung für das Unternehmen damals vollkommen neu war. Daraus war ein enges Vertrauensverhältnis entstanden. Seither hatte man den Berater bei Bedarf genutzt, um die eigenen Gedanken zu prüfen. Die Vorteile dieser langfristigen Kooperation lagen auf der Hand. Man erhielt eine dauerhaft externe Sicht und eine neutrale Moderation ohne Beraterrüstzeit. Effizienter kann man Beratung kaum zum Einsatz bringen.

Dank der offenen Unternehmenskultur scheuten sich die beiden Geschäftsführer nicht, offen miteinander und mit dem Führungsteam über ihre strategischen Überlegungen zu sprechen und dabei auch ihre Ängste und Sorgen zu artikulieren. Statt alles vorzugeben, baten sie die Mitarbeiter um Unterstützung bei dem mutigen Schritt aus dem vertrauten Markt in Deutschland, Österreich und der Schweiz heraus in den weltweiten Markt. Schließlich war klar, dass das Wachstum in den Fokusländern China und USA einen Umbau der Führungsstruktur mit sich bringen würde. Der Mut zur Offenheit wurde belohnt: Die Führungskräfte und die Belegschaft zogen voll mit!

Zunächst galt es, die vorhandene Vertriebsstruktur in China umzubauen, sich also von chinesischen Partnern zu trennen und den Vertrieb in China selbst in die Hand zu nehmen. Parallel musste die Montage ausgebaut werden. Der bisherige Standort erwies sich glücklicherweise hinsichtlich Logistik und Steuern als sehr gut geeignet. So war schnell der Entschluss gefasst, dass die kritischen Teile weiterhin in Deutschland produziert würden, während alle anderen Komponenten für den chinesischen Markt auch gleich in China produziert werden sollten.

Das rief allerdings den deutschen Betriebsrat auf den Plan, der befürchtete, durch den Aufbau in China Arbeitsplätze in Deutschland zu verlieren. Doch es gelang den Geschäftsführern in langen und ausführlichen Gesprächen, die Bedenken auszuräumen. Denn natürlich wollte man genau das Gegenteil: Der Aufbau der Kapazität in China würde auch der deutschen

Kapazität dienen, weil dadurch das weltweite Produktionsnetz und die weltweite Position auf- und ausgebaut würden. Gerade durch das weltweite Wachstum könnte man alle Mitarbeiter langfristig absichern. Das überzeugte den Betriebsrat. Er zog mit.

Weniger als drei Millionen Euro an Vorleistungen würde der Aufbau des China-Geschäfts erfordern. Damit waren die finanziellen Herausforderungen aufgrund der jahrzehntelang guten Profite und der geringen Entnahmen der Gesellschafter zu bewältigen. Insofern waren die Risiken weitaus geringer als zunächst gefürchtet. Man scheute sich auch nicht, die deutsche Leitung in Schanghai einem chinesischen Geschäftsführer anzuvertrauen. Der neue Mann zeigte sich sehr offen, sprach gutes Englisch und konnte so das Vertrauen der Deutschen gewinnen. Man war überzeugt, dass er im Sinne der Firma die Kultur des Unternehmens (offene Sprache, Vertrauen) in China aufbauen würde, was chinesische Arbeitnehmer im Übrigen genauso interessiert wie deutsche.

Ergebnis

Nach zwei Jahren – der Umsatz war inzwischen auf acht Millionen Euro gestiegen – stellte sich heraus, dass der chinesische Geschäftsführer, dem man so vertraut hatte, seine eigenen Seilschaften ins Unternehmen geschleust hatte. Die deutschen Geschäftsführer, die tausende von Kilometern entfernt saßen, hatten dies nicht erkannt. Noch schlimmer war, dass sich der Führungsstil still und leise vollkommen ins Autoritäre verschoben hatte – mit undurchschaubaren Abhängigkeiten. Sobald man das Problem erkannt hatte, wurde die Notbremse gezogen und der chinesische Geschäftsführer wurde entlassen. Stattdessen ging nun einer der beiden deutschen Geschäftsführer für ein halbes Jahr nach China. Dank seines hohen persönlichen Vor-Ort-Einsatzes konnte er einen neuen Geschäftsführer, wiederum einen Chinesen, gewinnen und mit ihm gemeinsam das gesamte Führungsteam bis auf zwei Personen austauschen. Dieser Schachzug und der konsequente Personalwechsel erwiesen sich als Glücksgriff. Zwar hatte der leidige personelle Fehlgriff viel Zeit und Geld gekostet, was einen erheblichen Nachteil im Aufbau der Wettbewerbsposition bedeutete. Aber letztendlich gelang es, trotz dieses holprigen Starts in China eine relevante Marktposition aufzubauen.

Auf Basis dieser intensiven Erfahrungen in China entstand in den Folgejahren etwas souveräner und mit weniger Personalturbulenz fast nebenbei auch die Tochtergesellschaft in den USA. Aber in China passierte das Marktentscheidende: Der chinesische Wettbewerber kam nicht auf das notwendige Qualitätsniveau und stellte später die Produktion von Kegelrädern ein. Das Ziel der Weltmarktführerschaft war in Sichtweite.

Währenddessen konnte der Hauptwettbewerber BamGet in China nicht Fuß fassen. Dieser Misserfolg und sein weiterhin ungelöstes Kunden-Wettbewerbsproblem ließen ihn immer mehr zurückfallen. Bald geriet das Bamberger Unternehmen in eine tiefe Krise. Auf Druck der Banken musste der Gesellschafter die Geschäftsführung abgeben. Der neue Geschäftsführer griff durch, beseitigte den Eisschichtenfehler und senkte die Preise, um seine Kapazitäten auszulasten. Doch der Angriff der Bamberger kam zu spät, erst recht in China, und – was noch wichtiger war – er hatte zu viele Kunden verprellt. Deutsche Kunden, die international agierten, hatten das nicht vergessen. Heute dümpelt BamGet perspektivlos an der Nulllinie entlang.

Erfolgsfaktoren

Die entscheidenden Erfolgsfaktoren für die Neuausrichtung des Unternehmens waren

- der exzellente Baukasten,

- die offene Firmenkultur und die Mitnahme der Belegschaft durch eine sehr klare Führung,
- das langfristige Denken und die rechtzeitigen Weichenstellungen,
- die Strategie und die Bodenständigkeit,
- die Tatsache, dass man ein Durchbrechen der Eisschicht vermieden hatte,
- die Fokussierung im Auslandsgeschäft,
- das Eindenken in den chinesischen Markt,
- die Ausrichtung der Werke auf Geschäftsarten sowie
- der Umstand, dass es keine Firmenübernahmen gegeben hat.

Kernbild

KEGRAD ist die Nummer zwei im DACH-Markt für Kegelradgetriebe. Auf der guten Basis – Führung, Finanzen und zwei Inhaberfamilien – wagt KEGRAD den Sprung in den chinesischen und später in den US-amerikanischen Markt.

Die bisherige Nummer eins, BamGet, wird überholt, auch aufgrund von deren strategischen Fehlern: China-Fehlengagement und das Durchbrechen der Eisschicht – nicht nur Getriebe, sondern ganze Antriebe (Getriebe + Motor + Steuerung) anbieten und so zum Wettbewerber der bisherigen Kunden werden.

Der chinesische Wettbewerber kann das extreme Qualitätsniveau nicht erreichen und gibt auf. KEGRAD wird die Nummer eins im Weltmarkt für Kegelradgetriebe und baut die Marktposition in Europa, China und den USA stetig aus.

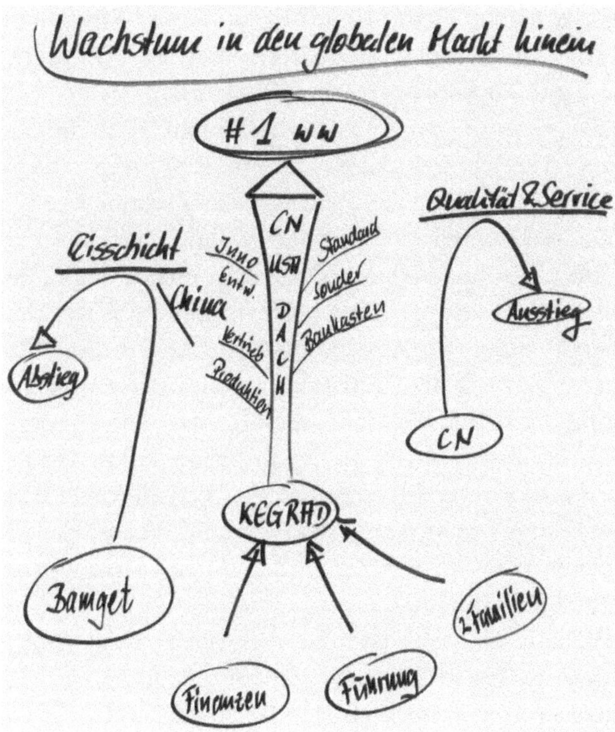

Wachstum in den globalen Markt hinein

Was man daraus lernen kann

- Entwickeln Sie eine klare Strategie, und verfolgen Sie diese konsequent (z. B. kein Durchbrechen der Eisschicht).
- Hüten Sie den Baukasten. Viele Mitarbeiter im Vertrieb und auch in der Entwicklung neigen dazu, ihn zu »zerschießen«. Er ist eine Versicherung auf Jahrzehnte.
- Einen Weltmarkt kann man nicht nur vom DACH-Gebiet aus erobern. Fokussieren Sie sich im internationalen Wachstum. Der Aufwand ist für jedes Land, in dem man eine wirkliche Marktposition aufbauen will, hoch.

- Bleiben Sie selbst auf dem Erfolgsweg wach, um Störungen zu vermeiden und Angriffe erwidern zu können. Hinterfragen Sie sich und Ihr Führungsteam selbstkritisch.
- Suchen Sie intensiv nach Führungskräften. Maschinenbeschaffungen spricht man zigmal durch, genauso gründlich sollte man die Einstellung von Führungskräften prüfen.
- Binden Sie die Mitarbeiter bei einem großen Veränderungsschritt – wie etwa einer Werksteilung oder einem Beginn in China – besonders tief in den Veränderungsprozess mit ein. Laden Sie zu intensiven Klausuren ein, sprechen Sie offen über Sinn und Zweck der Aufteilung, und motivieren Sie so die Führungskräfte und die Mannschaft für das Neue.
- Erkennen und akzeptieren Sie die eigene Firmenkultur. Große Vorhaben müssen auch dem intuitiven Ja des Unternehmens folgen. Nicht das, was modern ist, zählt, sondern das, was zu Ihrem eigenen Weg und zur Kultur des Unternehmens passt (z. B. Firmenübernahmen).
- Bleiben Sie bodenständig und beharrlich in der Umsetzung, immer mit dem Gefühl für das Machbare und dafür, was der Organismus Unternehmen zu leisten im Stande ist.
- Bleiben Sie hartnäckig – verbunden mit Humor und Offenheit.
- Bereiten Sie die Generationsfolge langfristig vor.

3. Der Meisterbrief: Das Profil der Welt-Meister

Wir wollen nun versuchen, die Gründe für den Erfolg der vielen deutschen, mittelständischen Weltmarktführer, der »Meister«, herauszuarbeiten. Was steht in ihren »Meisterbriefen«?

Die Erfahrung aus Dutzenden von Strategie- und Veränderungsprozessen in den letzten drei Jahrzehnten und die theoretische, aber auch praxisbezogene Arbeit an diesen Themen sind hierfür die Grundlage.

Was macht also den Erfolg eines mittelständischen Unternehmens aus? Welche Faktoren spielen eine Rolle? Wie kann man diese beeinflussen und steuern? Ein einfaches Einmaleins, das bloß erlernt und im richtigen Moment angewandt werden müsste, gibt es nicht. Auch ein Handbuch, in dem in kniffligen Situationen nachgeschlagen werden könnte, was zu tun wäre, existiert nicht.

Allerdings kann sich jeder Unternehmer die Gründe seines Handelns bewusst machen, diese reflektieren und seine Strategie sowie die daraus resultierenden operativen Maßnahmen korrigieren. Schließlich geht es darum, sich eine Haltung zu erarbeiten und zu erhalten, mittels derer immer wieder neue Fragen beantwortet und die immer wieder erforderlichen Weichenstellungen getätigt werden können.

Die unternehmerische Haltung des erfolgreichen Mittelständlers, der nicht erst abwartet, was auf ihn zukommt, sondern rechtzeitig die entscheidenden Fragen stellt und jene Überlegungen anstellt, die für den Unternehmenserfolg ausschlaggebend sind, kann man sich durchaus aneignen.

Erfolg ist keine Errungenschaft, sondern ein Prozess. Selbst der erfolgreichste Unternehmer muss sich täglich neuen Herausforderungen stellen, die er keineswegs immer durch altbewährte

Muster und langerprobte Strategien lösen kann, sondern allein dadurch meistern kann, dass er geeignete innere Erfolgsfähigkeiten mitbringt, die es ihm ermöglichen, auf neue Situationen flexibel zu reagieren und individuelle Lösungsstrategien zu entwickeln. Schließlich ändern sich die Rahmenbedingungen für unternehmerisches Handeln ständig. So konnte ein deutsches Unternehmen noch in den fünfziger- bis siebziger Jahren erfolgreich sein, indem es allein in Deutschland erfolgreich war. Doch schon in den achtziger Jahren reichte das oft nicht mehr aus. In den neunziger Jahren wurde es wichtig, europaweit tätig zu sein, und spätestens seit den Nullerjahren konnten viele Unternehmen weltweit agieren. Natürlich variieren die Zeiträume von Branche zu Branche, doch die Tendenz war überall die gleiche.

Unternehmen müssen sich solchen Entwicklungen anpassen und sie voraussehen, um auf die neuen Rahmenbedingungen nicht nur zu reagieren, sondern rechtzeitig selbst mitgestaltend agieren zu können. Gerade um sich so grundlegenden Herausforderungen wie der Globalisierung zu stellen, aber auch für die vielen anderen großen und kleineren Herausforderungen im Unternehmensalltag ist es daher unerlässlich, sich seines Erfolgs bewusst zu sein. Für den Erfolg der Meister steht unserer Meinung nach vor allem ihr Können im Bereich der folgenden fünf Säulen:

1. Vision
2. Strategie
3. Führung
4. Innovation
5. Nachfolgeregelung

1. Die Vision

Um all die großen und kleinen Entscheidungen im Blick zu behalten, ist es vor allem wichtig, dass man einen Kompass hat, der einem hilft, bei allen Überlegungen und Handlungen die eigentliche Richtung im Blick zu behalten. Die wichtigste Voraussetzung dafür ist wiederum, einen Anker in Form einer Vision zu haben.

Erst eine klar umrissene Vision gibt der ganzen Unternehmung ihren Sinn, sie ist der Kompass auf Führungsebene und der Hauptansporn für die Mitarbeiter im ganzen Unternehmen. Auf allen Ebenen wirkt sie sich auf die vielen kleinen Entscheidungen im Unternehmen aus. Erst eine klare Vision macht aus dem Unternehmen ein Werk, für das es sich für alle Beteiligten lohnt, Lebensarbeitszeit einzusetzen. Die Vision ist so gesehen nicht nur Kompass und Anker, sondern auch der leitende Gedanke und das Herz des gesamten Unternehmens.

Die Vision geht allem anderen voran und ist den anderen vier Säulen des Unternehmenserfolgs übergeordnet. Wer die Vision nicht kennt, kennt weder das Herz noch den Kurs seines Unternehmens. Bei allen anderen Gedanken und Überlegungen bleibt sie daher stets im Hinterkopf.

Besonderen Einfluss hat die Vision auf die strategische Ausrichtung eines Unternehmens. Erst wenn die Vision klar umrissen ist, können die Unternehmensziele formuliert werden, und erst wenn das Ziel die Richtung vorgibt, kann auch der »Korridor« abgesteckt werden, in dem das Unternehmen Schritt für Schritt vorangebracht werden kann.

2. Die Strategie

Aus der Vision eine Strategie und damit einen Handlungsrahmen abzuleiten, erfordert viel Klarheit und eine gehörige Portion Pragmatismus.

Globalisierung der Märkte

Die großen Herausforderungen sind heute die alles verändernde Digitalisierung sowie die fortschreitende Globalisierung, denen sich kein Unternehmen entziehen kann. Wenn z.B. ein Geschäftspartner fragt: *»Wir planen, in die USA zu gehen. Gehen Sie mit?«*, dann ist das allenfalls eine rhetorische Frage, denn entweder man geht mit, oder man ist draußen. Und manchmal bleiben für die Antwort nur wenige Minuten Zeit, »strategische Minuten« in der Entwicklung eines Unternehmens.

Doch der Satz, *»Wir stellen uns global auf!«*, ist leichter gesagt als getan. In den Weltmarkt zu gehen, ist ein folgenreiches Unterfangen – das ist schon kein Schritt mehr, sondern ein wirklicher Sprung. Zuallererst muss man andere Sprachen mit ihren nonverbalen Kommunikationen verstehen. Schließlich gilt es, Dinge zu begreifen, die keine Sprachsoftware jemals erfassen wird: Man muss die Kultur eines anderen Landes wirklich kennen(lernen).

Den Weltmarkt zu erobern, bedeutet, sich darauf einzulassen, dass anderswo anders an Aufgaben herangegangen wird, als es der eigenen Gewohnheit entspricht. Es bedeutet auch, dass alternative Herangehensweisen anders bewertet werden als im eigenen Kulturkreis. Viele der kleinen und großen Stolpersteine auf dem Weg in den Weltmarkt entpuppen sich als schlichtes Missverstehen, als ein Verkennen der Strukturen und Mentalitäten, die anderswo über Jahrhunderte gewachsen sind. Es schadet also nicht, sich geschichtliches Wissen anzueignen. Vor allem aber gilt es, zuzuhören und sich mit offenem Ohr auf andere Kulturen einzulassen. Dies ist nicht nur lehrreich, sondern elementar, um anderswo wirtschaftlich erfolgreich zu sein. Nicht selten werden sorgfältig alle möglichen Risiken evaluiert, Gesetze, Mieten und Löhne geprüft. Doch nützt die sorgfältigste Analyse nichts, wenn das kulturelle Risiko unterschätzt wird.

So ist es ein langwieriges, aber lohnenswertes Unterfangen, sich ein Grundverständnis der kommunikativen und kulturellen Unterschiede anzueignen, und zwar nicht ausschließlich über die Berichte Dritter, sondern aus eigener Erfahrung. Es ist leicht, sich anzuhören, wie es in italienischen Restaurants zugeht, aber es ist etwas ganz anderes, selbst in grellem Neonlicht zu speisen, wie es dort entgegen allen deutschen Vorstellungen italienischer Gemütlichkeit gang und gäbe ist. Ganz zu schweigen vom Praxistest bei japanischen Begrüßungszeremonien oder chinesischen Beziehungsgeflechten. Es kann viele Jahre dauern, bis man sich als Mitteleuropäer in Frankreich einigermaßen zurechtfindet. Und um China zu verstehen, braucht es dann noch etwas länger.

Um die Unterschiede zu erkennen, sie zu verstehen und zu nutzen, braucht es meist jahrelange Beobachtung und sehr viel Auslandserfahrung. Ist ein kulturelles Grundverständnis vorhanden, kann die eigentliche Aufgabe angegangen werden, der sich das Unternehmen stellen muss, wenn es sich weltweit erfolgreich aufstellen will: der Aufbau eines weltweiten, funktionierenden Netzwerks. Dazu gehören vor allem der Erwerb des nötigen Knowhow, die Einstellung der richtigen Mitarbeiter und – als einer der wichtigsten Schritte auf dem Weltmarkt – die Internationalisierung des Führungsteams.

Bei der globalen Expansion sieht sich jedes Unternehmen vor die Frage gestellt, mit welcher Strategie es sein Ziel verfolgen will: auf der grünen Wiese im Alleingang, in der Zusammenarbeit mit Partnern oder über Akquisitionen? Alle Strategien erfordern gute Geschäftsführer. Schon im eigenen Land einen geeigneten Geschäftsführer zu finden, ist keine leichte Aufgabe. Im Land der geplanten Expansion einen guten Geschäftsführer ausfindig zu machen, ist noch einmal schwieriger. Die Herausforderung kostet Mühe, ist aber in Zeiten der Globalisierung eine unumgängliche Aufgabe.

Die Unternehmen müssen ihre Netze weltweit aufspannen. Der deutsche Mittelstand ist dabei klar im Vorteil, denn das dezentrale Denken und Handeln wohnt ihm seit jeher inne. Nicht umsonst gehört die historisch gewachsene Subsidiarität zum Wesenskern des mittelständischen deutschen Unternehmertums.

Dabei sind bei genauerem Hinsehen längst sehr viel mehr deutsche Mittelständler global tätig, als es zunächst den Anschein hat – im indirekten Export, wenn deutsche Komponentenspezialisten zwar an deutsche Kunden liefern, diese aber wiederum weltweit agieren. Dennoch erwarten die Kunden von ihren wichtigsten Zulieferern oftmals ebenfalls den Schritt, in den Weltmarkt zu gehen. Das ist eine Frage des Kundenservices, der Kosten und unter anderem auch eine Frage gesetzlicher Auflagen. So fordern viele Multinationals ihre Zulieferer auf, vor Ort zu sein, was man als »Localizing« bezeichnet. Im Beispiel der Aptargroup (siehe nächstes Kapitel) stand man eines Tages vor der Herausforderung, dass die Verschlüsse für das in Deutschland meistverkaufte Shampoo, Schauma, nach dem Schritt des Kunden auf den russischen Markt auch dort produziert werden sollten – unter Einbeziehung russischer Shampooverschluss-Lieferanten. Auch bei einem weltweit führenden deutschen Automobilzulieferanten lud man einst seine 60 wichtigsten Lieferanten ein, um sie deutlich aufzufordern, innerhalb von einem Jahr mit nach China zu gehen. Dass der Konzern dann selbst nicht so schnell war, stand auf einem anderen Blatt.

China hat derzeit bei vielen Unternehmen oberste Priorität. Jeder möchte in diesem im Ausbau befindlichen Land dabei sein. Jeder will dort seine Flagge in den Boden stoßen und die eigene Firma etablieren. Wie das Beispiel China zeigt, ändern sich zudem die globalen Strukturen: Währungen werden aufgewertet, mit gehobenem Lebensstandard werden Warenflüsse verändert, und nicht einmal die vielbeschworenen Lohnkosten bleiben auf niedrigem Niveau. All diese Faktoren werden zunehmend variabler. Nur aus Kostengründen in Billiglohnländern zu produzieren, ist daher langfristig meist keine tragfähige Strategie.

Die Aktivitäten im Ausland können in anderer Hinsicht sehr lohnenswert sein und als Inspirationsquelle und Innovationsraum innerhalb des globalen Netzes dienen, das es zu knüpfen gilt.

Für den Schritt in die große weite Wirtschaftswelt kann es die ausgeklügeltsten Strategiefahrpläne geben, doch um vor Ort den Markt zu erkunden und eine funktionierende Vertriebsorganisation samt Service aufzubauen, sind die persönlichen Beziehungen und ganz besonders die Wertschätzung, die dem Geschäftspartner entgegengebracht wird, die ersten und allerwichtigsten Voraussetzungen.

Auch in Sachen Kooperationen ist der Mittelstand klar im Vorteil, schließlich werden mittelständische Geschäftsbeziehungen üblicherweise innerhalb eines sehr persönlichen Netzwerks geknüpft. Oft gründet eben hierauf der geschäftliche Erfolg.

Bei der Eroberung des Weltmarkts gilt daher einmal mehr, dass nicht die nackten Zahlen und Fakten ausschlaggebend sind, sondern die weichen Faktoren. Für harte »Business Boys« kann das mitunter eine schwierige Lektion sein. Es ist elementar, sich ein eigenes Bild vom fremden Land zu machen. Nur so kann man die kulturellen Unterschiede erkennen, und zwar nicht nur in Fernost, wo die Dinge ganz offensichtlich anders laufen. Oftmals wird hierzulande unterschätzt, wie anders man auch im europäischen Ausland oder in den Vereinigten Staaten tickt – daran ist schon so manche Markterschließung gescheitert.

Angesichts der Sorgfalt, die bei der Eroberung der weltweiten Märkte walten muss, gilt es, sich Zeit zu lassen und sich zu fokussieren. Man kann mit seinem Unternehmen nicht schlagartig auf der ganzen Welt präsent und erfolgreich sein, sondern sollte sich ein Land nach dem anderen vornehmen, um den Markt dort kennenzulernen und erfolgreich zu erschließen.

Denkänderungen

Oftmals bedeutet die Internationalisierung eines Unternehmens aber nicht nur, andere besser zu verstehen. Sie erfordert auch, das eigene Verhalten zu überdenken, was die bei weitem größere, aber ebenso grundlegende Herausforderung ist, die es zu bewältigen gilt. Nichts ist hartnäckiger als eine alte Gewohnheit, das gilt auch für Unternehmen.

Im eigenen Unternehmen fremdes Terrain zu betreten, ist nicht minder folgenreich, als den Sprung in fremde Länder zu wagen. *»Unser Kopf ist rund, damit das Denken die Richtung wechseln kann«* – so formulierte es einst der französische Künstler Francis Picabia. Einen solchen Richtungswechsel im Kopf zu begleiten und zu steuern, ist eine facettenreiche, anspruchsvolle, aber auch sehr lohnenswerte Führungsaufgabe. Denkänderungen zu erreichen, wenn ein Unternehmen große Neuerungen bei den Produkten, in der Organisation oder auf anderen Feldern anstrebt, ist zugleich die größte Chance im Entwicklungsprozess eines Unternehmens.

Im Grunde bedeutet jeder Strategieprozess eine Neuausrichtung des Unternehmens. Gerade wenn – wie so oft – bereichsübergreifende Zusammenarbeit das Ziel ist, gilt es, Denkänderungen herbeizuführen und die Haltung im ganzen Organismus zu ändern. Wer sich hierauf einlässt und sein Augenmerk bewusst auf die für den Prozess nötigen Änderungen im Denken legt, kann viel gewinnen. Die Erfolge lassen sich messen und im Strategieprozess überprüfen.

Geschäftsprozesse

Auch im Hinblick auf die Geschäftsprozesse muss oft vieles neu gedacht und beständig verbessert werden, und zwar nicht nur in der Fertigung, an die oft zuerst gedacht wird, sondern auch in der Verwaltung und damit in der gesamten Wertschöpfungskette. Natürlich sieht man einem Produkt die Verbesserung eher an als einem Prozess, dennoch gehört es zu den wichtigsten internen Aufgaben, beides im Blick zu behalten. Denn oft können sogar gut funktionierende Prozesse mit ganz erstaunlichen Ergebnissen weiter optimiert werden.

Dies gilt auch und gerade für Unternehmen, die aus handwerklichen Strukturen heraus schnell wachsen oder sich global aufstellen. Oft bleibt den internen Prozessen und Strukturen, Werkzeugen und Regeln kaum Zeit, mit dem Wachstum Schritt zu halten. Damit das weltweite Netzwerk funktionieren kann, braucht es vom Nummernsystem über die Prozess- und Software-Landschaft bis hin zum Internetauftritt eine gut funktionierende Grundordnung.

Idealerweise wird die Verantwortung für die IT und für die Prozesse zusammengelegt, denn wenn die Ressourcen mittels einer neuen ERP-Software erfasst werden sollen, müssen die Prozesse stimmen. Oft müssen diese erst aufgeräumt werden – und offenbaren dabei viel ungenutztes Potential.

Entscheidend ist die Grundordnung auch im Hinblick auf die Digitalisierung der Prozesse; zugleich verändert umgekehrt die Digitalisierung viele Prozesse grundlegend. Smart Buildings und Smart Homes, die Vernetzung der Dinge und der Produktionseinheiten verändern nicht nur unseren Alltag, sondern auch die Wirtschaft. Die Technologien der vierten industriellen Revolution fördern die Dezentralität und die kleinen Einheiten – und damit letztlich den Mittelstand. Viele Mittelständler zeigen sich auf der Höhe der Zeit, andere Unternehmen müssen noch nachziehen und die Chance nutzen, um im internationalen Netz zu bestehen. Ist die Umstellung auf die digitalisierten Prozesse gelungen, ist es zum Beispiel möglich, von Deutschland aus nur noch die CAD-Daten zu liefern, damit in Argentinien per 3-D-Druck individuell gefertigte Ersatzteile produziert werden können.

Agieren statt Reagieren

Ein solch zukunftsgewandter Zulieferer hat auch die Chance, den Druck des Kunden zu mindern, denn oft ist das Geschäftsgebaren auf untergeordneten Zuliefererebenen hart. Um sich aus der Position des Getriebenen zu befreien, braucht es tiefgreifende Veränderungen. Das fängt schlicht damit an, dass zuallererst die Führungskräfte lernen müssen, nein zu sagen. Nicht selten gehen Kapazitäten verloren, weil man sich über Jahre mit schlechten Aufträgen regelrecht »zuschütten« lässt, anstatt strategisch zu agieren, indem man systematisch filtert.

Dafür gibt es verschiedene Ansatzpunkte: Um das Machtungleichgewicht in den Lieferketten auszugleichen, kann es beispielsweise ratsam sein, dem Zielkunden besondere Technologien anbieten zu können und über die Ebenen hinweg Kontakte zu diesem zu pflegen. Auch das Angebot aus einer Hand ist ein Großtrend; die meisten Kunden wünschen sich möglichst einfache Lieferbeziehungen. Um als Lieferant in Zukunft mithalten zu können, sollte man daher Lösungen anbieten, die sowohl Produkte als auch Dienstleistungen umfassen. Nicht zuletzt kann auch die letztlich oftmals ausschlaggebende Geschwindigkeit Kern-Vorteil in der Lieferkette sein.

Doch nicht nur, um sich aus ressourcenraubenden Kundenbeziehungen zu befreien, sollte jedes Unternehmen unabhängig von seiner Größe und Hierarchiestufe dafür sorgen, dass es in der Lage ist, zu agieren, statt zu reagieren. Lässt man sich von der Bilanz und den Kunden treiben, steht man rasch mit dem Rücken zur Wand und hat vor lauter Sechzig- oder Siebzigstundenwochen kaum noch Zeit, einen klaren Gedanken zu fassen, geschweige denn zu agieren. In einer solchen Situation landet man schnell in einer Spirale, in der der Horizont ausschließlich auf kurzfristige Schadensbegrenzung ausgerichtet ist. So erzielt man keine strategischen Erfolge, sondern löscht lediglich ständig irgendwelche Feuer. Sehr viel schneller als gedacht werden aus einem Monat viele Jahre, so dass der Feuerlöschaktionismus zur Normalität wird. Hier eine Veränderung herbeizuführen, ist ein mühsamer Prozess, gerade wenn weiterhin Aufträge gewonnen werden müssen, um die Maschinen auszulasten und die Mitarbeiter zu beschäftigen. Schlimmstenfalls ist man zwar in der operativen Qualität sehr gut, arbeitet aber leider am Falschen.

Immer nur schnell zu reagieren und hastig zu handeln, ist gefährlich, weil es allenfalls ein passives Vorwärtskommen erlaubt, aber keine nachhaltigen Erfolge. Zudem hat die operative Hektik oftmals mangelnden Überblick auf der Führungsebene zur Folge.

Erst ein Innehalten verschafft einem die Möglichkeit, selbst zu agieren, um strategisch handeln zu können. Je klarer das strategische Denken ist und je schärfer der Fokus, desto mehr Klarheit gewinnt man für die Umsetzung.

Akquisitionen

Ein weiterer, oft unterschätzter Prozess ist der Erwerb von anderen Unternehmen. Gerade im Mittelstand gründen Misserfolge oft darauf, dass die Unternehmenskultur des übernommenen Unternehmens nicht mit der eigenen Kultur kompatibel ist. Dabei ist es für das Überleben der Unternehmen ähnlich entscheidend wie bei einer Organtransplantation, ob der Organismus das fremde Organ akzeptiert oder abstößt. Erst nach der Zusammenführung stellt sich heraus, ob Allergien oder Synergien entstehen.

Wieder einmal sind es auch an diesem kritischen Punkt des Strategieprozesses nicht die Zahlen und Fakten, die den Ausschlag geben. Stattdessen handelt es sich um einen sehr sensiblen Prozess, für den es keine allgemeingültige Gebrauchsanleitung gibt.

Viele Firmen tätigen Akquisitionen, wenn sich über Nacht eine Übernahmechance bietet oder man es für das Gebot der

Stunde hält, bei einem Trend mitzuziehen, ohne zu prüfen, ob die Übernahme überhaupt in die langfristige Strategie passt.

Selbstverständlich kann eine Akquisition auch eine sehr gute Lösung sein, gerade wenn zum Strategieprozess die Internationalisierung gehört. Doch ist es hierzu unerlässlich, die Qualifikation des Managements zu evaluieren, denn es muss übernommen werden können, damit die Symbiose gelingen kann. Wenn man das Management entlässt, hat man die Hälfte seiner Investition bereits wieder verloren. Begegnet man dem Management hingegen mit Offenheit und vertraut auf seine Führungsqualitäten, anstatt ihm Fesseln anzulegen, ist es eine entscheidende Stütze im Akquisitionsprozess. Zu prüfen, ob man menschlich, kulturell und im strategischen Denken zueinander passt, und dies zuallererst in die Entscheidung miteinzubeziehen, macht sich sehr viel mehr bezahlt als komplizierte Kaufpreisermittlungen und zähe Preisverhandlungen.

Übereilte Übernahmen führen dazu, dass man sehr lange mit ihnen beschäftigt ist. Wenn ein Wettbewerber einen solchen Schritt macht – indem er etwa gleichzeitig Töchter in China und USA aufbaut –, eine Übernahme tätigt und eine neue Unternehmenssoftware einführt, kann man getrost darauf setzen, dass dort für die nächsten Jahre alle Kapazitäten gebunden sind. In dieser Zeit kann man selbst in aller Ruhe an der Konkurrenz vorbeiziehen.

Es gilt also, genau abzuwägen, ob das Unternehmen, das man übernehmen will, eine neue Technologie oder einen Marktanteil bietet, der von so großem Vorteil ist, dass sich die Mühe lohnt. Größerer Umsatz oder vermeintlich höhere Gewinne sind per se keine guten Argumente. Man benötigt eine klare Strategie, und erst wenn das Gesamtpaket zur Strategie passt, ist eine Übernahme überlegenswert.

Es gibt hier keine goldene Regel, die für alle Unternehmen gilt, sondern immer nur individuelle Lösungen. Kleineren Mittelständlern mangelt es hierfür verständlicherweise an Erfahrung.

Entscheidet sich zum Beispiel ein bayerisches Unternehmen, nach Norwegen und dann nach China zu expandieren, ist es unbedingt ratsam, dies nicht einer Mergers & Acquisitions-Agentur zu überlassen, sondern den Übernahmeprozess und den Post-Merger-Integrationsprozess sehr intensiv selbst zu gestalten. Nur so kann die Profitabilität gewährleistet werden. Gerade beim geplanten internationalen Wachstum braucht es enorme Ressourcen – vor allem personeller Art.

Die Segmentierung

Nicht nur, wenn es um Akquisitionen geht, gilt es, systematisch zu wachsen. Auch hinsichtlich der Geschäftsarten ist ein systematisches Wachstum erforderlich. Doch Prioritäten können nur bei guten Kenntnissen des Marktes gesetzt werden: Wie lässt sich der Markt strategisch segmentieren? Welches sind die Anwendungsfelder? Welche Wachstumsmatrix lässt sich daraus ableiten? Erst wenn die Spielfelder definiert sind, kann entschieden werden, wo mitgespielt werden soll. Erst wenn beantwortet wird, wo das eigene Unternehmen zu verorten ist, können Entscheidungen über das zukünftige Wachstum getroffen werden. Das ist weit mehr als Theorie: Die Kenntnis der Spielfelder, auf denen man sich bewegt, ist das Kernelement des Unternehmenskonzepts. Die Segmentierung ist der Schlüssel zur Neuausrichtung des Unternehmens und die Grundlage vieler Strategien und Follower.

Der Erfolg vieler mittelständischer Hidden Champions gründet darauf, dass sie im Zuge ihrer Internationalisierung statt in Produkten in Segmenten und Anwendungsfeldern denken, was beim ersten Mal keine leichte Hürde ist.

Wer seine Marktsegmente mit ihren Trends, Gesetzen und Regeln kennt, kann deren Muster erkennen und über seine Kunden hinausdenken: *Beyond the Consumer*. Er hat dann die Chance, Produkte zu erfinden, von denen der Kunde noch nicht weiß, dass er sie braucht. Der SimpliSqueeze®-Verschluss für Ketchup und Honig ist hierfür ein Beispiel. Bei Aptar hat man einige Jahre gebraucht, um die Kunden von SimpliSqueeze® zu überzeugen – heute ist der Verschluss aus den Regalen nicht mehr wegzudenken. Um zu erkennen, wie etwa die Kfz-Werkstatt der Zukunft aussieht, muss man wissen, was der Kunde übermorgen braucht. Man darf sich nicht in vielen kleinen Innovationsprojekten verzetteln, sondern muss die große und dann meist einfache Linie der Innovationsstrategie klar herausarbeiten.

Um die dafür nötige Segmentierung erfolgreich zu bewerkstelligen, muss zunächst klar sein, wo das Unternehmen steht, welche Marktposition es hat, welche Position die Wettbewerber einnehmen und über welche Fähigkeiten es verfügt. Hierfür sind Mitarbeiterworkshops ein sehr geeignetes Instrument, da im oft auch kontroversen Dialog das bereits vorhandene, verborgene Wissen der Mitarbeiter sehr umfassend abgerufen werden kann. Die gemeinsame Bestandsaufnahme sowohl der negativen als auch – und das ist meist noch wichtiger – der positiven Faktoren hilft nicht nur bei der Analyse, sondern kann auch eine ressourcenorientierte Rückversicherung sein. Oft sind die eigenen Stärken in der Routine so selbstverständlich geworden, dass sie den Teilnehmern in der Analyse der Ausgangssituation erst wieder bewusst werden müssen. So waren für die Führungskräfte eines Kfz-Zulieferanten höchste mathematische Fähigkeiten für die Berechnung von Verzahnungen normal. In der Strategie waren sie aber einer der künftigen Erfolgsfaktoren.

Die wichtigste Aufgabe, die bei der Analyse zu erfüllen ist, lautet, den Blick für Muster zu schärfen. Es ist nicht entscheidend, genaues Zahlenmaterial über die Absätze der Konkurrenz zu sammeln. Zu wissen, wie viele Parfümflakons Estée Lauder im letzten Jahr verkauft hat, ist zwar schön und gut, aber das Muster des Parfümmarkts in den USA zu erkennen und sich ein klares Bild davon zu machen, wie sich der Markt in den nächsten acht bis zwölf Jahren verändern wird, ist letztlich der tatsächlich ausschlaggebende Faktor. Welches Szenario lässt sich für die Zukunft ausmachen? Welches sind die Markt- und Wettbewerbsmuster? Wohin werden sich die Technologien entwickeln?

3. Die Führung

Ist die Vision klar umrissen und die Strategie gut ausgearbeitet, ist der Rest im Grunde genommen anspruchsvolles Handwerk: Inwiefern muss sich das Denken ändern? Wie kann der Organismus von einer Produktorientierung weg hin zu einer Marktorientierung geführt werden? Wie wird aus einem Schwarzwälder Mittelständler ein weltweit agierendes Unternehmen?

Simpel ist das freilich keineswegs, sondern höchste Handwerkskunst: Die Veränderungen im Denken und in der Haltung müssen schließlich bei jedem Einzelnen ankommen und auf allen Ebenen gelebt werden. Ob es nun darum geht, in Lateinamerika zu wachsen oder die Position in China zu stärken, eine neue Anlagentechnik einzuführen oder die Prozesse zu verschlanken – die Stoßrichtungen für die wichtigsten Bereiche müssen klar sein. Das oberste Gebot für die Umsetzung ist die Machbarkeit. Es braucht klare Projektpläne, jährliche Zielsetzungen und quantitativ messbare mittelfristige Meilensteine – nicht mehr und nicht weniger.

Beharrlichkeit und Flexibilität

Selbstverständlich muss man sich unterwegs ab und an vergewissern, dass die Strategie auch zum Ziel führt, und man muss sie weiterentwickeln. Dennoch sollte man von der einmal eingeschlagenen Route nicht abweichen: Opportunität ist kein guter Stratege.

In Strategiefragen sehr viel besser beraten ist, wer sich nicht von scheinbar attraktiven Optionen ablenken lässt oder seine Pläne gar jährlich neu ausrichtet, sondern mit Weitsicht, Beharrlichkeit und Flexibilität ans Werk geht. Geschwindigkeit ist weniger gefragt, wenn es um die strategische Umsetzung geht – ob das neue Werk in China im April oder erst im Juli eröffnet, ist meist unerheblich.

Es ist kein Widerspruch, auf dem einmal eingeschlagenen Strategie-Korridor zu beharren und dabei so agil wie möglich zu bleiben: Fehlerkorrektur bedeutet Führungsstärke. Bismarck fand mit seinen Worten das treffende Bild, indem er sagte, dass ein Staatsmann wie ein Wanderer im Wald sei, der die Richtung seines Marsches kennt, nicht aber den Punkt, an dem er aus dem Wald heraustreten wird.

Beiräte

Auch wenn Beraterstäbe, Agenturen und Marketingexperten mit Vorliebe immer wieder neue Pläne schmieden, sollte sich, wer sein Unternehmen langfristig in die Zukunft führen möchte, nicht vom Weg abbringen lassen: Nachhaltiges Management braucht keine hektischen Erfolge. Wenn in einem mittelständischen Unternehmen ein Beirat einen schnellen Erfolg fordert, ohne mit dem Unternehmen mitschwingen zu können, kann es gefährlich werden. Hier gilt es, die Besetzung des Beirats sorgfältig zu gestalten. Ein Beirat sollte nicht familiär oder anderweitig in das Unternehmensgeflecht verstrickt sein. Wer als Beirat einerseits Abstand zum Unternehmen hat und andererseits bereit ist, sich tief in das Unternehmen einzudenken, wird erfolgreich Impulse setzen können. Hier kann getrost der Rat von Älteren eingeholt werden: Unternehmer im Ruhestand, die gerne weiterhin aktiv sein möchten, eignen sich oft sehr gut als Beiratsmitglieder.

Beiratsrollen können sehr unterschiedlich sein. So kann man der Geschäftsführung als Beirat gute Ideen zuspielen, machtlos zusehen oder auch zu viel selbst entscheiden. Oft haben Beiräte zu wenige Informationen vom Unternehmen. Manchmal herrscht auch zu viel Höflichkeit vor, die eine zwingend notwendige Einmischung verhindert. Verständlicherweise hängt die Art der Einflussnahme meist damit zusammen, welches finanzielle Risiko besteht. In manchen Fällen wird der Beirat von der Geschäftsführung am Anfang als Unterstützer, später aber als Gegner gesehen. Wird der Beirat als Forum für Machtspiele oder Imponiergehabe missbraucht, schadet dies dem Werk enorm. Für die erfolgreiche Zusammenarbeit mit der Geschäftsführung ist Vertrauen die wichtigste Voraussetzung.

Grundsätzlich gilt, dass Beiräte ebenso unabhängig wie interessiert sein sollten, genügend Zeit haben und gut honoriert werden sollten.

Der Feind im Unternehmen

In der Regel sind es letztlich der oder die Geschäftsführer, die die Vision und Strategien im Blick behalten, sie sehr eng zusammenhalten und so den Erfolg des Unternehmens sichern. Misserfolg gründet oft nicht im Markt oder in anderen externen Faktoren, sondern im Unternehmen selbst. Wenn Misstrauen, Intrigen oder das Verharren in alten Denkmustern das Unternehmen von ganz oben her lähmen, dann wird es sich im entscheidenden Augenblick selbst im Weg stehen.

Gerade wenn ungewohnte Wege eingeschlagen werden sollen, braucht es den Zusammenhalt von oben: Wenn ein Medizintechnikhersteller seine Endoskope zur Kontrolle von Turbinentechnik in der Luftfahrt einsetzen möchte, werden die Umsätze diesen Schritt zunächst kaum rechtfertigen. Daher braucht er wie ein Neugeborenes anfangs besonderen Schutz und besondere Zuwendung. Die Führung muss diesen Schutzraum schaffen, in dem anfangs »Welpenschutz« für die Neuerung gilt.

Führen auf Basis von Vertrauen

Jedes Unternehmen ist auf das Engagement seiner Mitarbeiter angewiesen und sollte diese als Mitstreiter sehr ernst nehmen. Ist das Verständnis der Belegschaft für die Unternehmensvision einmal gewonnen, kann eine Vertrauenskultur Fuß fassen, innerhalb derer die Mitarbeiter Freiräume haben, um ungewöhnliche Strategien umzusetzen.

Erst wenn auf allen Hierarchiestufen Verantwortung vor Ort abgegeben werden kann, können das Wissen und das Knowhow der Mitarbeiter ausgeschöpft werden. Kleine Teams mit großer Kunden- und Prozessnähe können in hierarchiearmen Strukturen Wesentliches zum Unternehmenserfolg beitragen. Ein hoher Selbstorganisationsgrad verleiht dem Unternehmen Effektivität, Effizienz und damit Sicherheit. Kleine, flexible, sich selbst organisierende Einheiten sind ein weiterer wesentlicher Wettbewerbsvorteil mittelständischer Unternehmen.

Jeder Strategieprozess ist auch ein Teambildungs- und Führungsprozess. Allen Mitarbeitern sollten die langfristigen Ziele bekannt sein. Nur so kann eine Nähe zum Werk und zum Produkt entstehen und – statt Entfremdung und dem Absitzen von Wochenarbeitsstunden – eine Identifikation mit der Arbeit stattfinden.

Was Hänschen nicht lernt, lernt Hans nimmermehr, sagt der Volksmund. Das gilt auch für die Arbeit im Unternehmen. Es ist ungleich schwerer, nach vielen Jahren ein Umdenken zu erreichen, als frühzeitig, nämlich schon in der Ausbildung, Werte und Tugenden zu vermitteln. Besonders gut gelingt dies in der dualen Ausbildung, in der die theoretische Ausbildung von Anfang an in der Unternehmenspraxis erprobt wird. Hierbei gilt es, Talente zu finden und zu fördern.

Führung bedeutet, Verantwortung für die Mitarbeiter des Unternehmens, für die Mannschaft, zu tragen. Dabei sollte man mit gutem Beispiel vorangehen. Sicherheit, Zuverlässigkeit und Wertschätzung sind zentrale Aspekte guter Führung. Werden Mitarbeiter entlassen, mag zunächst der Börsenkurs steigen, doch das ist kein Grund, stolz zu sein. Im Gegenteil: Es ist Aufgabe des Managements, für die Mitarbeiter zu sorgen und Verantwortung zu tragen. Hierzu gehört auch, Arbeitsplätze zu erhalten und neue zu schaffen.

Darüber hinaus verlangt Führung die Disziplin des Vorlebens, sei es in der Familie, im Unternehmen oder in der Gesellschaft. Leben die Vorgesetzten die Werte und Führungsregeln in einer Vertrauenskultur vor, werden die Mitarbeiter diese Vertrauenskultur aufnehmen und verinnerlichen.

Die Verbundenheit gegenüber dem Werk und gegenüber den Mitarbeitern macht das Wesen der mittelständischen, auf Langfristigkeit ausgerichteten Führungsart aus. Doch wie alles andere lebt auch Loyalität vom Vorbild: Sind auf Führungsebene zahlen- statt menschenorientiertes Handeln, permanente Wechsel von Managern und egozentriertes Jobhopping an der Tagesordnung, ist auch auf den anderen Ebenen kaum auf Verbindlichkeit zu hoffen. Auch Zeitverträge schaffen weder Perspektive noch Verbundenheitsgefühle. Ebenfalls gefährlich ist die Entourage-Bildung, wenn Führungskräfte aus Ehrgeiz oder Machtstreben heraus Bereiche vergrößern und Mitarbeiter um sich scharen. Wenn sich die Macht Einzelner ausdehnt, nützt das dem Unternehmen nichts, sondern schadet ihm sehr und verstellt den Blick auf die wesentlichen Dinge. Gerade wenn sich solche Strukturen schleichend entwickeln, sind sie sehr schwer zu erkennen. Doch eine gute Führungskraft orientiert ihr Handeln nicht am eigenen Fortkommen, sondern am Unternehmen und seiner Vision, denn das Werk hat Vorrang.

Wenn es aber gelingt, Räume zu schaffen, innerhalb derer Entfaltung möglich ist, kann daraus eine Betriebsgemeinschaft wachsen, die das Arbeiten im Unternehmen als erfüllend und sinnstiftend erlebt. Hierzu gehört auch, als Führungskraft nein zu sagen, Machbarkeiten zu gewährleisten und klar begrenzte Felder abzustecken, in denen Erfolge möglich sind. Erst die Fokussierung erlaubt Freiräume.

Erst wenn dafür gesorgt ist, dass die weichen Faktoren (Loyalität, Vertrauenskultur) Raum haben, kann gewährleistet werden, dass auch die Zahlen und Fakten auf Dauer stimmen.

4. Die Innovation

Für die vierte Säule, auf der unternehmerischer Erfolg gründet, gilt es, ein Klima vorzuleben, in dem Querdenken erwünscht ist und Fehler erlaubt sind. Nur so kann Innovation ermöglicht und ein Gespür für den Kunden entwickelt werden.

Während dies in festgefahrenen, verkrusteten Strukturen schwierig ist, fällt es in offeneren, dezentralen Strukturen viel leichter, überdurchschnittliche Innovationsleistungen zu erbringen. Je größer ein Unternehmen wird, desto größer wird die Verkrustungsgefahr, wodurch die Innovationskraft dramatisch abnehmen kann. Dies zu verhindern, stellt eine Herausforderung an die Führung im Wachstum dar.

Eine Unternehmenskultur zu schaffen, die offen für Innnovationen ist, beginnt bereits in der Ausbildung. Wenn den Nachwuchskräften von Anfang an Offenheit für globale Strukturen und fremde Kulturen vermittelt wird, dann ist dies zunächst einmal eine soziale Innovation.

Doch die Offenheit für das andere oder Neue wird sich weitertragen, bis hinein in die Produkte, die Prozesse und die Organisation. Um Innovation zu gewährleisten, ist es von großem Vorteil, wenn die Entwicklung und die Produktion der Produkte im Unternehmen selbst stattfinden. Viele deutsche Mittelständler, die dem modischen Ruf nach dem Outsourcen von Produktionsschritten nicht gefolgt sind, sind heute klar im Vorteil. Langfristig ist die Produktion aus eigener Hand ihre Garantie für Innovationsfähigkeit. Und Produktion ist die Basis des Wirtschaftens.

Innovation betrifft aber nicht nur das Produkt. Auch in den Herstellungsprozessen liegt ein Schlüssel zum Erfolg. Der vielbeschworene Gegensatz von Innovation und Kostenreduzierung stimmt bei genauerem Hinsehen nämlich keineswegs: Produkt- und Prozessinnovationen können helfen, die Kosten derart zu senken, dass selbst in Deutschland Großserien weltmarktfähig produziert werden können und der asiatische Wettbewerb nicht gefürchtet werden muss. Eine innovative Prozessoptimierung kann unter Betrachtung aller Faktoren (Service, Geschwindigkeit, Mitarbeiterqualifikation, Flexibilität) so manche Outsourcing-Überlegung stoppen. Sind die Prozesse hocheffizient, automatisiert und flexibel, kann der Lohnkostenanteil so gering gehalten werden, dass die Waren am Ende so günstig sind, dass sie sogar in Billiglohnländer geliefert werden können.

Mindestens genauso wichtig wie der Raum für Innovation ist der Raum für Fehlertoleranz: Fehler und Kritik zuzulassen, sich zu korrigieren und sich permanent zu erneuern, fällt vielen Konzernen schwer. Der Raum für Innovation ist in vielen mittelständischen Unternehmen sehr groß. Hier könnten verkrustete Konzerne viel vom praxisorientierten Mittelstand lernen!

Innovation heißt nicht zuletzt auch, offen für Neues zu sein, ein offenes Klima im Unternehmen zu schaffen und dies von oben vorzuleben. Der German Mittelstand hat großartige Produkte, aber manches Unternehmen muss sie in viel stärkerem Maße länderspezifisch anpassen, im Zweifel mit nichtdeutschen Entwicklern vor Ort. Die internationale Vernetzung bedeutet auch, Mitarbeiter für das Unternehmen zu gewinnen, die reisebereit sind und sich nicht nur offen für fremde Länder zeigen, sondern auch für andere Unternehmenskulturen. Im Zweifel kann das heißen, einen mexikanischen Geschäftsführer nach Indien zu entsenden, weil er sich mit dem Aufbau von Unternehmen in einem Entwicklungsland auskennt und Neuerungen leichter einführen kann.

In der Praxis kann eine Innovation schnell eine zweite bewirken: Spricht man bereits zwei Fremdsprachen, fällt es leicht, noch eine dritte zu erlernen. Innovation bedeutet letztlich nichts anderes als Wissen und Wachstum. Ist Wissenstransfer gewährleistet, kann Wissensverwertung stattfinden, Innovationspotential genutzt und Neues auf den Markt gebracht werden.

5. Die Nachfolgeregelung

Nachhaltigkeit und der Bestand des Unternehmens über eine Generation hinaus sind dem Mittelstand ein großes Anliegen. Zum einen hat der mittelständische Unternehmensgründer typischerweise ein Lebenswerk geschaffen, das auch in Zukunft überdauern soll, zum anderen reicht der Lernprozess eines Unternehmens weit über die Arbeitslebensspanne des Einzelnen hinaus. Dennoch wird die Nachfolgegestaltung manchmal vernachlässigt und im Unternehmen nicht frühzeitig eingeleitet.

Doch in den allermeisten Fällen wird von vornherein sehr viel in die Familiennachfolge investiert. Neigungen werden abgeklopft, es folgen Studium, Auslandsaufenthalte sowie die Bewährungsprobe bei Fremdunternehmen. Der Einstieg des Juniors in das Familienunternehmen wird in der Regel übergangsweise vom sich bereits zurückhaltenden Senior flankiert. Dieser bekleidet eine ganz wesentliche Vorbildfunktion, denn es ist vor allem die Haltung des mittelständischen Unternehmers, die es dem Nachfolger oder der Nachfolgerin zu vermitteln gilt.

Die Kultur des German Mittelstands aufrechtzuerhalten, bedeutet auch, Einsatzwillen und Leistungsbereitschaft an die jüngere, wohlstandsgewöhntere Generation weiterzugeben. Der Junior braucht Disziplin und Loyalität, echtes Interesse für die Mitarbeiter und eine tiefe Verbundenheit mit der Unternehmensidee, um es erfolgreich in die Zukunft zu führen. Das alles ist schlicht unmöglich, wenn es nicht authentisch aus der Persönlichkeit des Juniors hervorgeht. Ist der Mittelstand eine Haltung, so ist die Wahl der Nachfolge vor allem eine Frage des Charakters.

Die Nachfolgeregelung sollte von innen erfolgen und ist extrem wichtig für die Mitarbeiter. Da auch alle anderen Schlüsselpositionen besetzt werden müssen, gilt es außerdem, Talente zu gewinnen, die sich im Betrieb (weiter)entwickeln können. Das Unternehmen muss daher lernen, sich als international attraktiver Arbeitgeber zu präsentieren. Auch in der Personalplanung und -entwicklung sollte die Persönlichkeit bei der Auswahl ausschlaggebend sein, denn die menschliche Qualifikation ist sehr viel höher zu bewerten als die fachliche. Fachwissen kann sehr viel einfacher erworben werden als Offenheit und Innovationsbereitschaft, die in der Umsetzung der Strategieprozesse von so entscheidender Bedeutung sind. Manchmal werden (potentielle) Führungskräfte aus fachlichen Gründen eingestellt und Jahre später aus menschlichen Gründen freigestellt.

Auch die globale Vernetzung der Mitarbeiter spielt eine wichtige Rolle für die Internationalisierung des Unternehmens. Die Wirkkraft persönlicher Netzwerke darf nicht unterschätzt werden: So manchem deutschen Unternehmen an der Schweizer Grenze wanderten die Ingenieure in die Schweiz aus. Ingenieurinnen und Ingenieure aus Osteuropa konnten angestellt werden, und bald gab es Absatzsteigerungen in den Herkunftsländern der neuen Mitarbeiter zu verzeichnen. So kann auch die Mitarbeiternachfolge ein Baustein im Strategieprozess sein, in diesem Falle der Globalisierung.

So sehen also die fünf Erfolgssäulen der Meister aus. Letztlich hängt jedoch, wie so oft, alles miteinander zusammen. Ohne Vision gibt es keine Strategie und ohne Strategie keine Führung. Ohne Führung fehlt es an Vision, Strategie und Innovation, und ohne Innovation kann ein Überdauern des Unternehmens in die nachfolgende Generation nicht gewährleistet werden.

Eine konsequent an den Werten und Tugenden des Mittelstands orientierte Unternehmenskultur ermöglicht es, sich den großen, immer wieder neuen Herausforderungen der Zukunft zu stellen. Derzeit sind vor allem durch die Digitalisierung und die Globalisierung Denk- und Prozessänderungen notwendig, um auf dem Weltmarkt erfolgreich zu agieren.

Im Anhang dieses Buches sind Werkzeuge für die Entwicklung von Strategien beschrieben. Doch alle Werkzeuge sind nutzlos, wenn sie nicht mit Herz und Verstand benutzt werden. Und so bleibt am Ende die entscheidende Lektion, dass die Unternehmenskultur ausschlaggebend ist: Es sind letztlich nicht die Zahlen, Fakten und Bilanzen, sondern die sehr viel schwieriger zu messenden Faktoren, nämlich die weichen Faktoren wie Vertrauen, Offenheit, Beharrlichkeit oder Innovationsfreude, die über den wirtschaftlichen Erfolg des mittelständischen Unternehmens entscheiden.

4. Die Aptar-Story

Im Gegensatz zu den 14 anonymisierten Fallbeispielen im zweiten Teil wird die Geschichte der Aptargroup realitätsgetreu beschrieben – bis zum Ende der »Periode Siebel« im Jahr 2007.

Themen
- Klare Vision und gelebte Werte
- Interner Wettbewerb auf Marktfeldern
- Weltweites Netz, Kulturen verstehen
- Innovation und Patente
- Firmenübernahmen
- Deutsche Mittelstandshaltung an der New Yorker Börse

Fakten
(bezogen auf die Jahre 1949 bis 2007)

• Produkte:	Spraypumpen, Gelpumpen, Sprayventile, Verschlüsse, Dosierventile
• Kunden:	Kosmetik-, Haushalts-, Getränke-, Pharmaindustrie
• Umsatz:	1993 beim Börsengang: 300 Millionen US-Dollar; 2007: 1,9 Milliarden US-Dollar
• Tätigkeitsgebiet:	weltweit
• Mitarbeiter 2007:	10 000
• Ebit:	stabil zweistellig
• Eigenkapitalquote:	> 60 %
• Inhaber / Aktionäre:	Institutionelle Investoren, an der NYSE (New York Stock Exchange) gelistet, Kürzel ATR

• Chairman of the Board:		Ervin J. LeCoque 1993–1995 King Harris seit 1996
• Officers:	CEO:	Ervin J. LeCoque 1993–1995
	President / COO:	Carl A. Siebel 1993–1995
	President / CEO:	Carl A. Siebel 1996–2007
	Vice Chairman:	Peter H. Pfeiffer
	CFO:	Stephen J. Hagge

Dies ist die Geschichte eines kleinen deutschen Unternehmens, das bereits in einem frühen Stadium von einem amerikanischen Investor gekauft wurde, später mit französischen, deutschen und italienischen Unternehmen fusionierte, an der amerikanischen Börse notiert wurde und zu einem Weltunternehmen mit 10 000 Mitarbeitern an etwa hundert Standorten rund um den Globus aufstieg – und dennoch im Kern seines Wesens ein großer deutscher Mittelständler blieb.

Die frühen Anfänge

Die Saat für Aptar wurde bereits in der Nachkriegszeit gelegt. Carl Gisbert Siebel hatte 1945 eine kleine in Konkurs gegangene Maschinenfabrik, die Firma Dr. Sommer, im Sauerland gekauft. Daraus erwuchs eine Tochtergesellschaft, die Spritztechnik GmbH, mit einer Produktion im westfälischen Dorf Valbert, in der damals noch jungen Kunststoffverarbeitung, deren Hauptgeschäft in der Herstellung von Haushaltsartikeln wie Eimern, Wannen, Schüsseln und Blumenkästen aus Kunststoff bestand. In den fünfziger Jahren war ein Zehn-Liter-Eimer aus Polyethylen noch eine sensationelle Innovation, und auch Blumenkästen hatte es bis dahin nur aus Beton oder Styropor, nicht aber aus leichtem farbigem Polystyrol gegeben. Entsprechend gut liefen die Geschäfte.

Eines Tages wurde Carl G. Siebel von Dr. Heinz Mittag, einem Bekannten, angesprochen, ob er ihm einen Pumpzerstäuber aus Kunststoff fabrizieren könnte. Dr. Mittag war Inhaber der Kosmetikfabrik Dr. Karl Hahn und hatte in Holland einen Zerstäuber aus Metall entdeckt, den er nunmehr, aber aus Kunststoff, für sein Haarglanzmittel Kemt verwenden wollte. Haarspray hatte man bis dato in Glasgefäßen aufbewahrt und mit einem Gummibalg als Pumpe aufs Haar gesprüht.

Ein Zerstäuber aus Kunststoff war also eine echte Innovation und in der Herstellung eine Herausforderung. Siebels Firma Dr. Sommer konstruierte den Zerstäuber aus Kunststoff und produzierte die für seine Herstellung erforderlichen Maschinen und Spritzgussformen. Als Heinz Mittag die anlaufende Fertigung seines Zerstäubers sah, erkannte er deren Komplexität und bat Carl G. Siebel, die Produktion zu übernehmen. Das Haarglanzmittel kam 1949 mit dem Werbeslogan »Kemt kommt« auf den Markt und wurde ein sehr großer Erfolg.

Die Firma Dr. Karl Hahn wiederum stand in Beziehung mit dem US-Unternehmen Airkem. Für deren Lufterfrischer sollte Anfang der fünfziger Jahre eine Sprühdose mit einem Aerosolventil entwickelt werden. Bob Abplanalp, Inhaber der Firma Precision Valve Corporation, gelang 1954 die Entwicklung eines Druckventils aus Kunststoff, das in preisgünstiger Massenproduktion gefertigt werden konnte. Diese Entwicklung ermöglichte den Siegeszug der Sprühdose, die dann jahrzehntelang der Standard war und die wir bis heute kennen.

Als Dr. Mittag eben diese ersten Sprühdosen bei einem Besuch in den USA das erste Mal sah, erkannte er sofort deren Potential. Airkem hatte von Abplanalp sämtliche Weltrechte erworben, mit Ausnahme der USA. Also fragte Heinz Mittag sämtliche Rechte für Deutschland an und bekam sie.

Auch Carl G. Siebel begriff unmittelbar, dass und in welche Konkurrenz diese Sprühtechnik zum Kemt-Spraysystem treten würde. Da Dr. Mittag zwar alle Rechte an dem Ventil von Abplanalp besaß, aber die Herstellung an Fremdunternehmen übertrug, hatte er keinerlei Probleme, jenseits der Vertriebsrechte die Herstellungsrechte abzutreten. Die sicherte sich Carl G. Siebel 1956 also per Vertrag exklusiv für Deutschland. Der Unterlizenznehmer Heinz Mittag war ein harter Verhandlungspartner und setzte durch, dass Siebel sämtliche Investitionen und Kosten für die Produktion übernahm. Obgleich er damit ein erhebliches Risiko einging, stimmte Siebel obendrein einer Kündigungsfrist von sechs Monaten zum Jahresende 1960 zu. Siebel lief Gefahr, dass er die Lizenz verlöre, wenn er die Aufbauphase gerade abgeschlossen hätte. Das war eine harte Regelung, die so heutzutage vermutlich nicht mehr zustande käme. Heute würde man den Erfinder treffen, um ihn kennenzulernen und persönlich mit ihm zu verhandeln, doch damals lief alles über den Kontakt von Dr. Mittag, und da hieß es: *Take it or leave it.*

Und es lief gut, besser als erwartet.

1959 heuerte der Sohn Carl A. Siebel nach seinem Studium beim damaligen Lizenzgeber von Airkem, der Precision Valve Corporation, in den USA an. Nach neun Monaten war er Ende 1959 mit frischem unternehmerischem Knowhow nach Valbert zurückgekehrt. Im väterlichen Betrieb als Handlungsbevollmächtigter beschäftigt, erstellte er als Erstes ein »Quality Control Book«, ein Handbuch für die Qualitätskontrolle, ganz so, wie er es gerade in den modernen Staaten kennengelernt hatte.

Natürlich hatte man in den USA auch über die Zukunft gesprochen, schließlich sollte der Vertrag zwischen Abplanalp und Airkem 1960 auslaufen. Im persönlichen Gespräch hatte Abplanalp dem jungen Carl A. Siebel zugesichert, die Zusammenarbeit langfristig zu verlängern, selbst wenn Airkem nicht weitermachen sollte. Der Junior war begeistert und hatte dem Vater stolz davon berichtet.

Doch Siebel senior blieb skeptisch und ließ den Sohn prüfen, was sich juristisch machen ließe, wenn der Vertrag nicht verlängert würde. Siebel junior suchte etwas widerwillig den Rat des

Patentanwaltes Hans W. Gröning. Der prüfte die Konditionen gründlich und fand heraus, dass die Patentrechte in Deutschland sehr weit reichten und fast jedes neue Ventil darunter fallen würde. Seiner Ansicht nach gäbe es – anders als in den USA – kaum Möglichkeiten, hierzulande etwas Eigenes zu entwickeln.

Währenddessen hatten Siebel und Abplanalp die Verhandlungen aufgenommen, um zu diskutieren, wie die Verträge mit der Verlängerung im Detail ausgestaltet werden sollten. Die Verhandlungen zogen sich hin, und irgendwann waren die Verträge endlich unterschriftsreif. Doch dann kam am 30.6.1960 kurz vor Mitternacht ein Einschreiben in Valbert an: Abplanalp kündigte den Vertrag fristgerecht mit sechs Monaten zum Jahresende. Das war ein harter Schlag!

Carl A. Siebel fiel aus allen Wolken. Die mündlichen Zusagen, die Verhandlungen und die unterschriftsreifen Verträge waren nur ein cleveres Ablenkungsmanöver gewesen. In Wahrheit hatte Abplanalp nie beabsichtigt, den Vertrag zu verlängern. Stattdessen hatte er bereits über Monate hinweg heimlich eine Fabrik in Deutschland aufgebaut, um auf eigene Faust die Ventile in Deutschland herzustellen. Der Markt war bereitet und die Kunden akquiriert – für ihn war der Markteinstieg jetzt ein fast risikofreies Kinderspiel. Schließlich war Abplanalp einer der reichsten Männer Amerikas, der quasi nebenbei den Wahlkampf des damaligen Vizepräsidenten von Amerika finanziert hatte: Richard Nixon war sein Anwalt.

Für Vater und Sohn Siebel hingegen stand jetzt die Existenz auf dem Spiel. Durch die bisherigen Investitionen, die erforderlichen Abschreibungen und den nunmehr anstehenden Totalausfall in der Ventilproduktion drohten erhebliche Verluste, wenn nicht sogar die Insolvenz. Das war eine harte Lektion für den jungen Siebel, der nunmehr begriff, dass die Skepsis seines Vaters keineswegs abwegig gewesen war.

Jetzt jedoch galt es, keine Zeit zu verlieren. Die Uhr tickte. Es blieben gerade einmal sechs Monate, um ein eigenes Ventil zu entwickeln, das nicht die Patentrechte von Abplanalp verletzte. Dank der Vorarbeit des Patentanwaltes wussten sie ja, dass es da, wenn überhaupt, nur sehr kleine Spielräume gab.

Also krempelte Siebel junior die Ärmel hoch und startete mit dem technischen Leiter des Unternehmens, Federico Carlos Hilgenfeldt, ein Rettungskommando. Sie richteten in Hilgenfeldts privaten Kellerräumen ein Labor ein und tüftelten Tag und Nacht an der Entwicklung des neuen Ventils.

Das klingt einfacher, als es ist. Ein Ventil besteht aus sieben Einzelteilen. Es ist quasi eine kleine Maschine, die aus verschiedenen Bestandteilen aus Kunststoff, Metall und Gummi zusammengesetzt ist. Diese komplexen Konstruktionen werden heute für sechzig Euro pro tausend Stück verkauft.

Der Austritt der zu versprühenden Flüssigkeit erfolgt dabei über 0,4 mm große Bohrungen. Für die Befüllung sind diese Öffnungen zu klein, sonst würde es schließlich genauso lange dauern, eine Spraydose zu befüllen, wie es braucht, um sie wieder leerzusprühen. Das wäre unwirtschaftlich. Also musste man andere Methoden der Befüllung finden. Aerosolventile waren für die Kaltfüllmethode entwickelt worden. Bei dieser wird die Sprühdose in einer Maschine mit Flüssigkeit befüllt, zuerst mit dem Wirkstoff, dann mit dem Treibgas, das so stark gekühlt ist, dass es keinen Druck entwickelt. Zuletzt kommt das Ventil drauf. Sobald sich die Flüssigkeit in der Dose auf Zimmertemperatur erwärmt hat, entwickelt das Treibgas ausreichend Druck, damit der Sprühmechanismus funktioniert.

Abplanalps Neuerung bestand darin, die rein metallenen Aerosolventile in Kunststoff zu übertragen. Siebel und sein Kollege gingen nun einen Schritt weiter. Sie bedachten nicht nur die Funktion des Ventils beim Endverbraucher, sondern auch die Gesamtproduktion der Spraydose in der Herstellung – und kamen hier auf die entscheidende und bis heute erfolgreiche Innovation. Die Ventilkonstruktion von Abplanalp war nicht für die in Europa übliche Methode der Druckbefüllung durch das

Ventil entwickelt worden, so dass die Abfüllung beim Kunden zu langsam war.

Bislang war bei der herkömmlichen Produktionsmethode im Befüllvorgang nämlich relativ viel Treibgas verlorengegangen, was aufgrund der hohen Preise für Treibgas ein ganz entscheidender Kostenfaktor war. Deswegen entwickelten Siebel und Hilgenfeldt ein für die Druckfüllmethode besser geeignetes Ventil, das bis heute eingesetzt wird. Der große Vorteil war, dass hier zunächst der Wirkstoff eingefüllt und das Ventil aufgesetzt wird, bevor man das Ganze verschließt. Erst danach wird das Treibgas durch einen Ringspalt an der Seite des Ventils hineingedrückt. Das Ventil von Siebel und seinem Kollegen war so entwickelt, dass die Dosen doppelt so schnell befüllt werden konnten wie bisher – und führte im Ergebnis zu einer enormen Produktionsgeschwindigkeit von bis zu tausend Stück pro Minute.

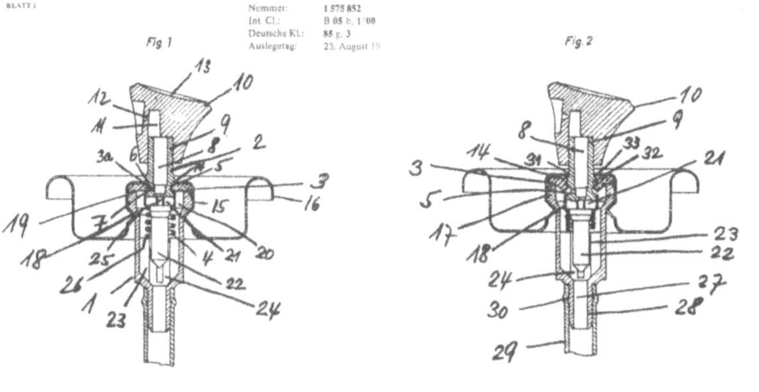

Fig. 1 und 2 aus der Patentschrift Selbstschließendes Sprühventil aus 1961

Die Entwicklung war nicht nur bahnbrechend für die Branche, sondern kam darüber hinaus auch rechtzeitig. Bis zum Jahresende wurden in Valbert noch die Lizenz-Ventile produziert, aber schon am 2. Januar 1961 wurde das erste eigene Ventil hergestellt. Sämtliche Maschinen und Produktionsabläufe waren pünktlich eingerichtet worden; auch die ersten Kunden waren für das innovative Produkt geworben. Und selbst juristisch hatte sich die deutsche Mannschaft auf den starken Gegner aus den USA vorbereitet.

Um der erwarteten Verletzungsklage Abplanalps zuvorzukommen, reichte man selbstbewusst eine Klage auf Nichtigkeit des Patentes von Abplanalp beim Bundespatentgericht ein. Der Prozess brauchte seine Zeit.

Drei Jahre später urteilte das Bundespatentgericht in München zu Gunsten von Siebels Spritztechnik GmbH. Abplanalp ging in Berufung. Würde der Bundesgerichtshof in zweiter Instanz das erste Urteil bestätigen oder nicht?

Über sechs Jahre arbeitete das kleine Unternehmen in Valbert also im Ungewissen, immer mit dem patentrechtlichen Damoklesschwert über dem Kopf. Würde das Abplanalp-Patent endgültig für nichtig erklärt werden? Eine gerichtliche Niederlage würde die Insolvenz des Unternehmens und das Ende der erst so kurzen Unternehmensgeschichte bedeuten.

Am Tag der Urteilsfindung im Jahr 1967 fuhr Abplanalp mit einem großen Tross schwarzer Limousinen in Karlsruhe vor und erschien mit ungefähr 20 Mann im Gerichtssaal. Für alle Beteiligten war dies ein bedeutender Tag. Auch Sohn Siebel war erschienen, begleitet von seinem Kollegen Hilgenfeldt und ihrem Patentanwalt. Am Nachmittag wurde um 15 Uhr das Urteil gesprochen.

Der Bundesgerichtshof bestätigte in zweiter Instanz das erste Urteil der Nichtigkeit des Patentes von Abplanalp. Vater und Sohn Siebel und seinem Kollegen fiel ein Stein vom Herzen, Abplanalp brach in Tränen aus. Die Entscheidung war für ihn nicht existentiell, aber teuer. Niederlagen war er nicht gewohnt, doch er nahm sie hin und zahlte auch die Gerichtskosten ohne zu murren. 1969 brachte Abplanalps deutscher Geschäftsführer persönlich den Scheck über 800 000 Mark nach Dortmund.

Nun hatte man also ein patentiertes Ventil, das weltweit angeboten werden konnte. Für Produktion und Vertrieb gründete Siebel die Firma Perfect Ventil GmbH. Letztlich erwiesen sich somit die gescheiterten Verträge als große Chance und legten die Basis für den Welterfolg der Aptar-Ventile.

Als zwanzig Jahre später die Patentrechte von Siebel abliefen, wurden die Ventile sofort von Precision Valve und Lindal nachgebaut. Bis heute wird weltweit fast ausschließlich diese Ventilart verwendet. Im Kern ist es immer noch genau die Ventilkonstruktion, die damals in langen Nächten im Keller des technischen Leiters Hilgenfeldt entstanden war.

Verhandlungspoker und Nachfolgedynamik

Als Mitte der sechziger Jahre im Tochterunternehmen Spritztechnik GmbH große Managementprobleme zu Tage traten, übernahm der Sohn die Geschäftsführung. Inzwischen hatte Carl A. Siebel die kompletten Patentrechte für ein aus nur drei Kunststoffteilen bestehendes Aerosolventil erworben. Die Rechte galten weltweit, aber die Spritztechnik GmbH war damals noch lange nicht international aufgestellt. Also fuhr der Amerika-Liebhaber Siebel in die USA, um dort die Rechte weiter zu veräußern. So kam der 32-jährige Jungunternehmer 1967 auch zu Seaquist Valve, dessen Präsident Ervin J. LeCoque sich allerdings nur wenig für das angebotene Ventil interessierte. Stattdessen wollte er wissen, was für eine Firma sich hinter Perfect Ventil verbarg. Er wollte nach Europa expandieren und suchte Kaufoptionen. Carl Siebel sah für das inzwischen auf zweihundert Mitarbeiter gewachsene deutsche Ventilunternehmen durchaus die Chance, im deutschen Markt zu bestehen, hatte aber Bedenken, ob die Fähigkeiten des Unternehmens für eine internationale Expansion ausreichen würden. Er fand es deswegen erwägenswert, zumindest Anteile an der Firma zu verkaufen. Der Vater teilte diese Ansicht nicht.

Inzwischen nahm das Unternehmen Fahrt auf und hatte am Standort Valbert Probleme, genügend Arbeitskräfte zu finden. So wurde die Ventilproduktion nach Dortmund verlagert.

Ein halbes Jahr später meldete sich ein gewisser Neison Harris bei Siebel junior telefonisch in Lüdenscheid. Er hatte bereits in den fünfziger Jahren zusammen mit seinem Bruder Irving Harris in Chicago die Pittway Corporation gegründet und war durch diese Alleinaktionär der Seaquist Valve. Neison Harris schlug vor, Vater und Sohn Siebel in London zu treffen, wo er gerade beruflich unterwegs wäre.

Obgleich Siebel senior an einem Verkauf nicht interessiert war, ließ er sich vom Sohn zu der Reise überreden. Noch im Flugzeug stritten sie über die Frage, ob ein Minderheitenverkauf möglich und der vom Sohn geschätzte Unternehmenswert von drei Millionen Mark für eine Minderheitsbeteiligung realistisch wäre. Der Vater hielt das für ein Hirngespinst des unerfahrenen Jünglings. Doch der Sohn behielt Recht: Keine zwölf Monate später, im Dezember 1968, waren 49 Prozent der Firma Perfect Ventil zu diesem Preis verkauft.

Drei Jahre später gingen auch die restlichen 51 Prozent an Pittway. Siebel junior hatte dem Vater zugesagt, in Dortmund aufzuhören und die väterliche Firma im Sauerland weiterzuführen. In der familiären Unternehmensnachfolge hatte sich der jüngere Bruder bereits frühzeitig aus dem Studium an der Technischen Hochschule verabschiedet und in Frankfurt Soziologie studiert. Insofern traf es den 69 Jahre alten Vater hart, als der Erstgeborene seine Zusage zurückzog und lieber in der amerikanischen Company als Geschäftsführer verblieb, statt unter dem Vater auf engstem Spielraum zu agieren.

1972 war die langjährige Nachfolgefrage entschieden: Siebel senior verkaufte seine Firma an einen Schweizer Konkurrenten. Siebel junior blieb in der Ventilproduktion, die nunmehr zu Pittway gehörte.

Schon ein Jahr zuvor hatte der amerikanische Investor das

französische, sehr profitable Unternehmen Valois in der Normandie gekauft, die als Nummer eins in der Herstellung von Ventilen für Parfümflaschen galt. Als Nachfolger für den geschäftsführenden Gründer, der das Unternehmen nach einem Unfall seiner Frau aus persönlichen Gründen verkauft hatte, hatte sich Pittway den amerikanischen Prototypen des erfolgreichen Managers ausgesucht: einen intelligenten, französischen Absolventen der Northwestern University in Chicago mit guten Englischkenntnissen im Alter von Ende zwanzig. Doch der junge Chef bekam mit den etwa 200 Mitarbeitern, die einen gestandenen Unternehmer als Vorgesetzten gewohnt waren, schnell Probleme, zumal der alte Chef keineswegs die Absicht hatte, aus dem operativen Geschäft auszuscheiden, den jungen Kollegen betrieblich isolierte und ohne jede Einarbeitung in der Verwaltung darben ließ. Nach einem Jahr kündigte der junge Bursche frustriert. Die amerikanischen Gesellschafter machten dasselbe ein zweites Mal. Der neue Mann hatte das gleiche Profil, ging genauso vor wie der junge Franzose vor ihm und erzielte folgerichtig auch das gleiche Ergebnis. Beim dritten Versuch gab es insofern eine Veränderung, als dass die Amerikaner diesmal Carl A. Siebel, den Geschäftsführer des deutschen Schwesterunternehmens, um seine Meinung baten. Der bekannte frei heraus, dass das System falsch wäre. In einem hierarchiebetonten Land wie Frankreich bräuchte man nicht jemanden, der gut Englisch konnte, sondern jemanden mit Erfahrung und Führungsfähigkeiten.

Europa-Expansion eines jungen Deutschen von Paris aus

Der Einwand überzeugte die Amerikaner nicht. Sie stellten wieder einen jungen High Potential ein, der allerdings seine betriebliche Isolation dazu nutzte, gründlich die Akten zu studieren. Er stieß auf Ungereimtheiten in den Verträgen mit Pittway, woraufhin der frühere Inhaber entlassen wurde. Doch gegen die alten Seilschaften kam der junge Chef trotzdem nicht an. Abgesehen von der zu geringen Erfahrung hatte er auch wenig Lust, zu den Kunden zu gehen. Der Firma ging es immer schlechter. So erinnerte man sich wieder an den jungen Deutschen, der das Unternehmen in Dortmund gut führte, und berief ihn im November 1975 zum Director European Operations mit Sitz in Paris – und zwar im Firmensitz von Valois.

Das Management bestand nun aus dem halbwegs unerfahrenen Deutschen Siebel, dem jungen französischen Directeur Général, dem ziemlich unerfahrenen, knapp 30-jährigen hochintelligenten Verkaufsleiter, einem versierten Laborleiter und dem gestandenen Betriebsleiter, der demnächst in Rente ging, obgleich er der Einzige war, der bei den Meistern in der Produktion echte Akzeptanz fand. Es war ein besonderer Schachzug der Führung, den Siebel nun wählte und der ihm für die nächsten Jahre ausreichend Spielraum verschaffte, das Unternehmen wieder auf gesunde Füße zu stellen: Er überzeugte den Betriebsleiter davon, seinen Renteneintritt um drei Jahre zu verschieben. Dafür müsste er zwar den bereits benannten Nachfolger als Betriebsleiter zumindest bis zum Jahresende akzeptieren, dürfte aber als übergeordneter Directeur Général die Richtung vorgeben. Außerdem würde er gemeinsam mit Siebel seinen Nachfolger auswählen und einarbeiten, bevor er das Unternehmen verlassen würde.

So war eine wichtige Freundschaft auf Managementebene geschlossen worden. Die personellen Weichen für eine erfolgreiche Unternehmenszukunft waren gestellt.

Frühe Europäisierung mit internem Wettbewerb der eigenständigen Schwesterfirmen

In den sechziger Jahren konnte man in der Industrie durchaus noch mit einem allein auf den deutschen Markt ausgerichteten Unternehmen erfolgreich sein. Das änderte sich allmählich in den siebziger Jahren, und spätestens in den achtziger Jahren musste ein Unternehmen europaweit blicken. Auf die Pittway-Akquisitionen, Perfect Ventil 1968 und Valois 1971, folgten 1975 der Erwerb von 35 Prozent des Pumpenherstellers Pfeiffer in Radolfzell und der Kauf von 25 Prozent Anteilen an dem französischen Unternehmen Graphocolor. Letzteres gemeinsam mit einem französischen Wettbewerber, der ebenfalls 25 Prozent übernahm.

Europa-Chef Siebel stellte nunmehr zwei Aspekte ins Zentrum der europäischen Strategie: Zum einen musste das Geschäft auf alle europäischen Länder ausgerichtet und zum anderen eine gemeinsame Führung der europäischen Tochtergesellschaften etabliert werden.

Zudem formulierte er einen Führungsgrundsatz, der ein Maximum an Selbständigkeit und Delegation von Verantwortung bis auf die unterste Arbeitsebene forderte. Er war der festen Überzeugung, dass Menschen nur dann Freude an der Arbeit haben und kreativ und erfolgreich sein können, wenn sie selbst etwas bewirken können. Er erhoffte sich auf diese Weise eine maximale Motivation der Mitarbeiter auf allen Ebenen.

Zugleich etablierte er eine interne Konkurrenz zwischen den vier europäischen Firmen – und zwar bewusst ergänzend zur ohnehin existierenden externen Konkurrenz. Bei Letzterer fehlten, so war er überzeugt, für einen echten Wettbewerb zu viele Informationen. Man kann immer nur in der Rückschau und meist nur sehr zeitversetzt beurteilen, inwiefern der eine oder andere Wettbewerber leistungsstärker war. Die interne Konkurrenz ist dagegen stimulierender, weil man schneller und zeitnah reagieren kann. Dies betraf besonders die Firmen Valois und Pfeiffer.

Das war ungewöhnlich, weil die amerikanischen Führungsprinzipien einen solchen Konkurrenzkampf innerhalb einer Gruppe nicht vorsahen. Stattdessen versuchte man, durch klar definierte Vorgaben möglichst wenig Varianz zuzulassen. Doch

Siebels Modell des internen Wettbewerbs erwies sich durchgehend als fruchtbar. Einzig und strengstens verboten war eine Preiskonkurrenz, sonst hätten sich die vier Unternehmen ja wechselseitig unterboten und so die Preise kaputtgemacht. Außerdem bedarf es wenig Kreativität, die Preise herabzusetzen. Die interne Konkurrenz hatte aber als Ziel, die Kreativität bei der Entwicklung von Produkten zu fördern und einen optimalen Service für die Kunden zu gewährleisten. Die Firmen unterschieden sich in der Leistung deutlich – und zwar mit Absicht.

Den Amerikanern blieb der tiefere Sinn dieser Art des Wettbewerbs lange verborgen. Sie verstanden unter Konkurrenz nur Preiskonkurrenz. Doch der amerikanische Chef überließ Siebel großzügig das Feld, nach dem Motto: Der eine kümmert sich um Europa, der andere um die USA.

So entstand innerhalb der Pittway Corporation ein Nebeneinander unterschiedlicher Führungsprinzipien und Strategien: Dezentralität im Verbund und Delegieren von Verantwortung in Europa; Top-down-Prinzip in der Führung und starkes Kennzahlenmanagement in den USA.

Die FCKW-freie Welt und die Folgen für die Ventilbranche

Um 1974 kam der Ventilmarkt erheblich in Bewegung. Seit Anfang der siebziger Jahre hatten Wissenschaftler vermeldet, dass sich in der Erdatmosphäre ein Ozonloch bildete. Die Entwicklung schien dramatisch, als die Wissenschaftler zweifelsfrei Beweise dafür fanden, dass die Ursache dafür der Einsatz von FCKW (Fluorchlorkohlenwasserstoffe) in der Industrie war. So kam es 1987 zum so genannten Montreal-Protokoll, bei dem sich knapp 200 Nationen rund um den Globus verpflichteten, *»[...] geeignete Maßnahmen zu treffen, um die menschliche Gesundheit und die Umwelt vor schädlichen Auswirkungen zu schützen, die* *durch menschliche Tätigkeiten, welche die Ozonschicht verändern, wahrscheinlich verändern, verursacht werden oder wahrscheinlich verursacht werden.«*[4]

Im Klartext bedeutete das ein weltweites Verbot von FCKW. Aber für die Industrie hieß das schon in den siebziger Jahren, sich darauf einzustellen, dass es bald keine Spraydosen mehr geben könnte – weder für Farben und Lacke noch für Haarfestiger oder Parfüm –, wenn die Ventilhersteller nicht mechanische Zerstäuber entwickelten und auf den Markt brächten oder alternative Treibgase für die Spraydose einsetzten.

Nun hatte die Firma Pfeiffer schon viel früher eine mechanische Pumpe im Produktportfolio. Dies war einer der Gründe, warum sich Pittway überhaupt zu 35 Prozent am Unternehmen beteiligt hatte. Damit hatte Pittway nämlich exklusiv die Lizenz für die USA und das exklusive Vertriebsrecht für den europäischen Kosmetikmarkt erworben.

Doch eben weil in den langen politischen Diskussionen absehbar war, dass es früher oder später zu einem FCKW-Verbot kommen würde, hatten sich auch die Wettbewerber frühzeitig in Stellung gebracht. So hatte die französische Firma Step einen Gerichtsprozess eröffnet und Pfeiffer beschuldigt, bei den mechanischen Zerstäubern gegen Patentrechte verstoßen zu haben, die bei Step lägen. Der Prozess zog sich über mehrere Jahre hin. Währenddessen und unabhängig davon war Step in wirtschaftliche Schwierigkeiten geraten und stand mittlerweile zum Verkauf. Bei Valois gab es Überlegungen, Step zu übernehmen. Doch die Geschäftsstrategien von Step und Valois passten eigentlich nicht zusammen: Step konzentrierte sich auf die Her-

4 Präambel des Montreal-Protokolls über Stoffe, die zu einem Abbau der Ozonschicht führen. Ein völkerrechtlich verbindlicher Vertrag, der am 16.9.1987 von den Vertragsparteien des Wiener Übereinkommens zum Schutz der Ozonschicht angenommen wurde und am 1.1.1989 in Kraft trat.

stellung und den Vertrieb von Glasflakons und Ähnlichem an den Einzelhandel, also ein B2C-Geschäft. Das Valois-Business operierte jedoch ausschließlich Business to Business.

Noch während man 1983 in diesen Kaufüberlegungen steckte, kam die Nachricht, dass Pfeiffer den Prozess gegen Step verloren hatte. Das war eine Katastrophe. In dieser Situation reifte blitzschnell eine neue Idee: Valois kaufte Step als Ganzes, behielt das Zerstäuber-Geschäft und verkaufte den attraktiven Flakonbereich an Pfeiffer. Im selben Atemzug würde Valois eine Vereinbarung über die Beendigung des Patentprozesses zwischen Pfeiffer und Step abschließen.

Damit war nicht nur das akute Problem gelöst, sondern – wie sich im Nachhinein herausstellte – auch eine Vielzahl an Patenten gewonnen, die Step außerdem besaß, darunter auch eines, das Valois das Leben zur Hölle hätte machen können, weil Valois dagegen verstieß. Der Kauf hatte also nicht nur die Rechte an dem mechanischen Zerstäuber gebracht, sondern nebenbei andere juristische Auseinandersetzungen verhindert.

Die Ergebnisse der Tochtergesellschaft Pfeiffer entsprachen nicht immer den Erwartungen von Neison Harris, weswegen dieser den Bereich irgendwann abfällig eine »Mickey Mouse Factory« genannt hatte. Irgendwann hatte er Carl A. Siebel sogar aufgefordert, den Bereich wieder zu verkaufen, doch aus irgendwelchen Gründen hatte der frühzeitig den richtigen Riecher. Vertraulich ließ er Herrn Pfeiffer wissen, dass er persönlich die Rückgabe der Gesellschaft an Pfeiffer für keine gute Idee hielt. Ohne Herrn Pfeiffers Zustimmung – so war es vereinbart – konnte nicht verkauft werden.

Die zum Teil extrem schwierigen und gelegentlich auch heiklen Auseinandersetzungen mit Wettbewerbern spielten in diesem Fall, unabhängig von den strategischen Diskussionen, den Pumpenherstellern Pfeiffer und Valois glücklich in die Hände. So war man einige Jahre später gut für den neuen FCKW-freien Sprühdosenmarkt aufgestellt, der sich vor allem auf das USA-

Geschäft auswirkte und wesentlichen Einfluss auf die Entwicklung der Pittway-Tochter Seaquist nahm.

Eine besondere amerikanische Erfolgsstory

Neison Harris und Ervin J. LeCoque, weltweit für die Seaquist Group Division von Pittway verantwortlich, suchten, konfrontiert mit der Gefahr eines Verbotes der Sprühdose, neben den mechanischen Zerstäubern und den Aerosol-Ventilen ein drittes Standbein für die Zukunft von Seaquist.

Sie machten sich also auf die Suche nach einem neuen Verschlusssystem und nach Konkurrenten, die man kaufen konnte. Ihr Augenmerk lag auf der Firma US Caps and Closures, doch da der Preis zu hoch war, ließ man sich eine andere Strategie einfallen. Kurzerhand wurde der Verkaufsleiter der Firma abgeworben und eingestellt, um mit dessen Hilfe ein Closure-Geschäft aus dem Nichts aufzubauen. Der wiederum suchte sich zunächst einmal einen Verkäufer. Er fand Eric Ruskoski, dem er im Einstellungsgespräch frei heraus erklärte: *»I am going to hire you for a no-name-no-product-company.«*

Und genauso war es: Bislang gab es weder einen Namen noch – und das wog schwerer – einen Verschluss.

Der »Klodeckel« für Luxusverschlüsse

Bei einer Deutschlandreise mit Carl A. Siebel in den siebziger Jahren entdeckte Ervin J. LeCoque zufällig in der Illustrierten *Stern* einen für ihn neuartigen »Snaptop«-Verschluss, der firmenintern immer den etwas unziemlichen Spitznamen »Klodeckel« trug, weil er nach demselben Prinzip funktionierte. Carl Siebel kannte den deutschen Patentinhaber, und so gelang es LeCoque und Siebel noch in derselben Woche, die Lizenz für den amerikanischen Markt zu bekommen.

Die Seaquist Closure Division wurde in wenigen Jahren der

Marktführer für Verschlüsse, die nicht nur abdichten, sondern im Einhandbetrieb geschlossen und geöffnet werden können. Daraus erwuchs dann im Laufe der Jahre die Seaquist Closures, die mit einem Umsatz von nahezu 500 Millionen Dollar in 2007 eine der wichtigsten Stützen der Aptargroup weltweit war.

Doch die Patente für den Snaptop-Verschluss liefen in den neunziger Jahren aus, und so stellte Entwicklungsleiter Bruce Müller in einem Meeting ein neues Produkt vor, den Simpli-Squeeze-Verschluss, der den bisherigen Erfolgsbringer ablösen sollte. Wie gewohnt fragte Carl Siebel alles ab. Er wollte wissen, ob das Produkt patentiert wäre. Die Antwort war Nein, der Lieferant besaß die Patente. Auch die Frage, ob die Patente erworben werden konnten, wurde verneint. Die Frage nach den Exklusivrechten ergab, dass es einen anderen Liefervertrag auf drei Jahre gab. Der andere Kunde war Zeller Plastik. Siebel fragte daraufhin, ob man versucht habe, den Lieferanten und Patentinhaber für diesen neuen Verschluss zu kaufen. Auch diese Frage wurde verneint. Schließlich befand Carl Siebel: *»Dann haben wir kein neues Produkt. Das Ding kann jeder haben.«*

Wenn man nicht die Patentrechte kaufen kann, dann muss man eben das Unternehmen kaufen, das die Patentrechte besitzt! Auf diesen einfachen Nenner lässt sich die Maßnahme bringen, die Ervin J. LeCoque und Carl A. Siebel angesichts der schwierigen Patentsituation ergriffen: Als sie begriffen, dass die Zukunftschancen für Seaquist ohne den exklusiven Zugriff auf die SimpliSqueeze-Patente eher weniger rosig aussähen, kauften sie kurzerhand den Lieferanten und erwarben damit die Patentrechte. Somit war die Zukunft des Seaquist-Closure-Geschäftes wieder gesichert.

Neison Harris und Ervin J. LeCoque hatten rechtzeitig die Notwendigkeit erkannt, nach Europa zu expandieren. LeCoque hat ebenso rechtzeitig auf die FCKW-Herausforderung reagiert und Funktionsverschlüsse und Pumpzerstäuber ins Programm aufgenommen. Und sein Führungsstil hat sich in der amerikanischen Kultur bewährt; gleichzeitig hat er der moderierenden europäischen Führungskultur Raum gelassen. So schuf er mit Seaquist eine weltweite Erfolgsstory, die ihre Anfänge in Cary, Illinois, und im regnerischen Sauerland nahm.

Doch es gab nur die amerikanische Präsenz, außerhalb von Amerika gab es keine Verschlussaktivitäten. Bei nahezu jedem Meeting forderte LeCoque Carl A. Siebel auf, ebenfalls in das Closure Business einzusteigen. Seaquist hatte die Rechte an dem Zeller-Plastik-Verschluss ausschließlich in den USA, für Europa hätte man einen anderen Verschluss produzieren müssen.

Anfang der achtziger Jahre wurde mit Jochen Köhn von Zeller Plastik über den Kauf seiner Firma verhandelt, aber Neison Harris war das zu teuer. Carl Siebel machte Ervin J. LeCoque daraufhin auf den Verschlusshersteller Finke aufmerksam, doch auch diese Firma war Neison Harris zu teuer.

Stattdessen stieß der ehemalige Verkaufsleiter von US Caps and Closures auf die Firma Bielsteiner, die von Siebel zwar sehr günstig eingekauft wurde, sich aber als eine der größeren Fehlentscheidungen entpuppen sollte. Das Risiko, dass die Firma nicht zu Seaquist passte, wurde verkannt, denn Bielsteiner stellte Luxusverschlüsse für die Parfümerie her und erzielte bei genauerem Hinsehen keineswegs die scheinbar guten Ergebnisse, sondern schrieb jährlich Verluste. Später wurde der Betrieb von Pfeiffer übernommen, was auf den ersten Blick sehr viel besser passte, aber auch im Luxussegment wurde daraus keine Erfolgsgeschichte.

Schließlich wurde über eine Beratungsfirma nach geeigneten Kaufoptionen in Europa gesucht, bevorzugt in Großbritannien. Im Ergebnis wurde davon aber angesichts der interessanten Akquisitionsmöglichkeiten in Deutschland abgeraten. Lange nach Bielsteiner kam schließlich die Firma Löffler hinzu.

Unabhängig von diesen Rückschlägen in Europa baute Eric Ruskoski mit ganz anderem Stil als in Europa das Geschäft in den USA sehr erfolgreich aus, nämlich produktbezogen und zahlenorientiert. Die Führungsart war amerikanisch direkt und wurde seit Mitte der neunziger Jahre weltweit durch den Berater Heiner Kübler in der Moderation unterstützt. Dies ergab eine spannende Kombination aus US-amerikanischer Führung und mittelstandsgeprägter Moderation.

Konflikt USA – Europa

Die Konflikte begannen in dem Moment, als Anfang der achtziger Jahre der europäische Geschäftsteil so erfolgreich wurde, dass die weltweit agierenden Kunden die europäischen Produkte auch in Amerika kaufen wollten. Zuerst meldeten sich die Kunden der Parfümbranche, dann die Pharma-Kunden. Schließlich drängte auch der französische Staatskonzern Pechiney, Hersteller von Verpackungen aller Art und Kunde von Valois, auf eine Auslieferung der Valois-Ventile in die USA. Die amerikanischen Kunden wollten die europäischen Produkte haben, und wenn die amerikanischen Töchter von Pittway sie dort nicht verkaufen wollten, dann mussten die Europäer eben einen anderen Weg finden.

Siebel schloss mit Pechiney einen Vertretungsvertrag für den Verkauf der Valois-Produkte für die USA ab, ohne dass Valois selbst als Verkäufer dort auftrat.

Als das Management von Seaquist beobachtete, wie erfolgreich Valois mit Hilfe von Pechiney in den USA war, forderten die Geschäftsführer der amerikanischen Tochter Seaquist die Übernahme der Vertriebsrechte von Valois in den USA und somit die Beendigung der Vertretung mit Pechiney. Damit war das Valois-Management nicht einverstanden, da Seaquist aus Sicht von Valois keine guten Kontakte mit den amerikanischen Valois-Kunden hatte.

Madame M., für den Vertrieb der Valois-Produkte in den USA verantwortliche Mitarbeiterin bei Pechiney, kündigte dort und schlug vor, dass Valois eine Tochter Valois of America gründen sollte, deren Geschäftsführung sie übernehmen würde. Es war eine knifflige Situation.

So gab es ein langes Hin und Her, das damit endete, dass Ervin J. LeCoque, der amerikanische President of Seaquist Group, zustimmte, wenn sich Madame M. selbständig machen würde – auf eigenes Risiko. Sie war so überzeugt von den Valois-Produkten, dass sie dazu bereit war. Risikobereit und entschlossen gründete sie die Firma BM Packaging. Um die dafür notwendigen Bankkredite bedienen zu können, bekam sie von den Europäern durch entsprechende Margen und Zahlungsziele großzügige Unterstützung. Madame M. hatte unglaubliche Erfolge und erhöhte Umsatz und Gewinn von Jahr zu Jahr. Die Firma wurde hochprofitabel.

Das weckte neue Begehrlichkeiten. Nun trat Ervin J. LeCoque an und forderte, die Firma möglichst preiswert kaufen zu dürfen – schließlich hätte sich Madame M. ihren Erfolg ja auf Kosten von Valois erarbeitet. Da prallten Welten aufeinander – die eine netzwerkdenkend, die andere Hierarchie pur. Es kam erneut zum Streit, der damit endete, dass Madame M. tatsächlich verkaufte, aber einen fairen Preis für ihr Unternehmen bekam. Nun gehörte der amerikanische Zweig des europäischen Geschäfts wieder offiziell der Pittway Corporation.

So begann Mitte der achtziger Jahre das Transatlantik-Geschäft, und es ergab sich die Notwendigkeit der weltweiten Koordination aller Geschäftsteile. Binnen zehn Jahren hatten sich die Gewichte verschoben: Während in den siebziger Jahren das amerikanische Geschäft noch doppelt so groß wie das europäische Geschäft war (zwei Drittel zu einem Drittel des weltweiten Umsatzes), war es Ende der achtziger Jahre umgekehrt, und zwar nicht, weil die amerikanischen Geschäftsteile nicht gewachsen wären, sondern weil die europäischen, auch durch Zukäufe, sehr viel mehr gewachsen waren.

Hinzu kamen erfolgreiche Akquisitionen, der erfolgreiche Aufbau eines starken Pharmageschäfts und ein boomendes

Parfümgeschäft. Im oberen Segment des Parfümgeschäftes waren die Europäer bereits Weltmarktführer. Noch produzierten die europäischen Kunden nicht weltweit, aber sie exportierten in alle Welt – der französische Umsatz ging in Wahrheit zu 70 Prozent in den Export der Kunden. Valois lebte vom indirekten Export.

Die Übernahme von SAR

Eine der wesentlichen Entscheidungen der achtziger Jahre war der Kauf von SAR, einem bis dahin gefährlichen Konkurrenten in Italien, der seine Produkte (Kopien der französischen Produkte) 30 Prozent billiger anbot.

Vor dem Kauf liefen die Pittway-Töchter permanent Gefahr, die großen Margen zu verlieren. Nur durch eine sehr konsequente Produktentwicklung, begleitet und geschützt durch Patentanmeldungen, ließ sich die Billigkonkurrenz auf Distanz halten. Doch selbst das half nur begrenzt, denn der italienische Konkurrent verletzte immer wieder die Patente, machte sogar dreiste Kopien der Hauptprodukte und hoffte, damit durchzukommen. Jetzt zeigte sich erneut der Wert des Kaufes der Firma Step. Mit Hilfe eines der Step-Patente konnte Valois die Firma SAR mit einer Verletzungsklage überziehen und ernsthaft in Bedrängnis bringen.

Um in den sich nun anbahnenden Verhandlungen mit SAR ein bisschen Spielraum zu gewinnen, übernahm Siebel den harten Part und stellte Maximalforderungen, während Peter Pfeiffer sich moderat vermittelnd zeigte. Bei einem Meeting aller Geschäftspartner in München brachten die beiden den Vorschlag auf den Tisch, dass man zu einem Vergleich über die Patentrechte bereit wäre, wenn SAR Pittway eine Beteiligung einräumte.

Neison Harris war ursprünglich gegen eine solche Beteiligung gewesen, weil er Geschäfte in Italien grundsätzlich für verdächtig hielt. Pfeiffer und Siebel hingegen scheuten den italienischen

Markt nicht, da sie die seriöse Geschäftswelt aus nächster Nähe kannten.

Und sie wussten, dass sich der in der Tat sehr hohe Preis, den Mr. T für SAR forderte, dadurch amortisieren würde, dass Valois und Pfeiffer künftig weniger Preisnachlässe geben müssten. Siebel gelang es, die Amerikaner zu überzeugen – auch weil Peter Pfeiffer bereit war, die Hälfte des Risikos zu übernehmen. Pittway und Pfeiffer erwarben daraufhin also jeweils 20 Prozent an SAR. Dazu kam eine *Earn-out*-Klausel, die festlegte, dass bei Erreichung bestimmter Ziele nochmals bestimmte Zahlungen fällig würden. Die Ziele wurden bei Weitem erreicht, so dass man nochmals drauflegen musste. Drei Jahre später bot Mr. T weitere 40 Prozent an. Die Firma blühte und gedieh, die Gewinne waren hoch. Für die zweiten 40 Prozent zahlte Pittway nunmehr fast doppelt so viel wie zu Beginn.

Der Gründer Mr. T ließ sich davon überzeugen, dass Verkaufspreise von 30 Prozent unter dem Marktpreis nicht positiv, sondern negativ beim Kunden ankommen. Mr. T erhöhte also seine Preise, blieb nur noch 10 Prozent unter dem Marktpreis und verkaufte zu seiner eigenen Überraschung fortan nicht weniger, sondern mehr. Die Erklärung für dieses scheinbar unlogische Phänomen lag für einen Branchenkenner auf der Hand: Der Grundgedanke »Kostet nichts, ist nicht viel wert« führte im Geschäft mit teuren Parfüms zu einer gewissen Zahlungsbereitschaft. Schließlich wollte man die Kunden, die mit teuren Flakons gewonnen wurden, nicht aufgrund von fehlerhaften Billigpümpchen wieder verlieren. Die Hersteller von Premiumware legten Wert auf den Zero-Defect-Effect. Deshalb wollte man am Pümpchen nicht sparen.

Aufgrund der ständig steigenden Nachfrage nach Parfüms in der praktischen Sprühverpackung schossen auch die Gewinne von SAR durch die Decke.

Aufbruch zu neuen Pharma-Ufern

Auf Basis des überaus erfolgreichen Parfümgeschäftes konnte Siebel sich an anderer Stelle eine mühsame Entwicklungsarbeit erlauben: Er glaubte an den Aufbau eines lukrativen Pharmageschäftes und nahm dafür zehn Jahre lang hohe Entwicklungs- und Vertriebskosten hin, die nicht durch die bisher sehr niedrigen Umsätze des Pharmageschäftes gedeckt waren. Für ihn waren es Investitionen in die Zukunft. Den hohen Aufwand konnte er mit den blendend guten Gewinnzahlen aus dem Parfümgeschäft ausgleichen. Vermutlich wäre es ihm ansonsten schwergefallen, eine derart langfristige Aufbauarbeit für ein zweites Standbein zu leisten. Hier kommt der Erfolgsfaktor Beharrlichkeit ins Spiel.

Siebel hatte 1976 begonnen, den heutigen Großkunden GlaxoSmithKline, Hersteller von Asthmasprays, zu besuchen. Fortan trat er dort im Zwei-Jahres-Takt an. Anfang der neunziger Jahre gab es die ersten Aufträge.

Die größte Herausforderung waren die unvergleichlich strengeren Qualitätsanforderungen der Pharmakunden gegenüber den Parfümkunden. Beim Parfüm war es nicht wesentlich, ob eine Pumpe etwas mehr oder weniger Flüssigkeit versprühte. Im medizinischen Bereich ging es aber um jedes Tröpfchen. Um die hohen Kundenansprüche erfüllen zu können, entstand eine Extra-Qualitäts-Abteilung *on the floor*, eine Produktionszelle mit Parfümleuten, die nun Pharma-Qualität bringen mussten. In der Folge stiegen die Kosten insgesamt, auch für das Parfümgeschäft. Trotzdem blieben die Schwierigkeiten, die Qualitätsanforderungen zu erfüllen.

Beim jährlichen Business-Review-Meeting, das GlaxoSmithKline routinemäßig durchführte, erschien beim abendlichen Cocktailempfang der COO von Glaxo persönlich und hielt eine Art Strafpredigt.

Für Siebel war auf Anhieb klar, dass man es mit der derzeitigen Strategie nicht schaffen würde. Noch in der Nacht versammelte er die Führungsmannschaft um sich und diskutierte, was zu tun war. Das Nebenher und die Vermischung von Parfüm- und Pharmageschäft würden nicht länger funktionieren. Die Alternative hieß »*Quitte ou double*! – Steig aus oder verdopple!«. Man bräuchte für die Pharmaproduktion eine eigene Entwicklungsmannschaft, eine eigene Produktion und einen eigenen Vertrieb – über kurz oder lang also ein neues Unternehmen mit eigenem Gebäude!

Die Experten überschlugen die Zahlen. Was würde das kosten? 30 Millionen Franc! Wo könnte man das realisieren? Nicht am bisherigen Standort! Mit wem? Nicht mit denselben Leuten!

Das Fazit lautete also zunächst, dass es eine schöne Phantasie war, man es aber nicht hinbekäme. Doch Siebel, der so lange für das Pharmageschäft gekämpft hatte, wollte das Handtuch nicht gleich werfen. Nach kurzen, aber schwierigen Überlegungen entschloss sich Siebel, das Risiko auf sich zu nehmen und erklärte: *»Das kriegen wir hin!«*

Durch seinen Mut angesteckt, einigten sich die Führungskräfte darauf, am nächsten Tag gegenüber Glaxo nicht aufzugeben, sondern Farbe zu bekennen. Man habe die Botschaft verstanden und sich entschieden, die Aufgabe anzupacken. Der COO von Glaxo war begeistert und bot seine Unterstützung an. Jetzt herrschte pure Aufbruchsstimmung.

Auch die Amerikaner zogen mit. Auf diese Weise entstand eine Fabrik, die es bis dahin nicht gegeben hatte – einige Jahre später war Valois beinahe Alleinlieferant von Glaxo für Asthmasprays. Und mit diesem starken Referenzkunden im Gepäck waren bald auch alle anderen Pharmaunternehmen auf der Kundenliste. Den langfristigen Erfolg dieser Sparte zeigen die Zahlen aus 2007: 40 Prozent des Gewinns der Aptargroup trug der Pharmabereich bei.

Vom Traum einer weltweiten Gruppe und dem Ordnen der Spiele

Das Produkt Pumpe spielte wirtschaftlich eine wachsende Rolle im Gesamtunternehmen. Doch die Marktspiele und Strukturen waren nicht geordnet. Die einzelnen Töchter agierten auf getrennten Märkten, die sich aber mit zunehmender Größe immer mehr überlappten. Über allem thronte die gemeinsame Mutter, Pittway Corporation, die aber organisatorisch das gesamte Packaging-Geschäft der amerikanischen Tochter Seaquist unterstellt hatte.

Ervin J. LeCoque führte selber sehr direkt die amerikanischen Tochtergesellschaften und überließ Carl A. Siebel weitgehende Freiheit im Management des europäischen Geschäftes. Dadurch gab es fast keine Kooperation und Koordination zwischen den amerikanischen Töchtern auf der einen und den europäischen Töchtern auf der anderen Seite. Es gab damit auch keine Gesamtstrategie für die Gruppe, und die Schwerpunkte bei Märkten und Produkten waren sehr unterschiedlich.

Siebel, der beim Schwesterunternehmen Pfeiffer für Pittway im Beirat saß, lernte dort den jungen Unternehmensberater Heiner Kübler kennen. Dieser hatte dort 1985 einen Strategieprozess moderiert, der schnell Erfolge zeigte und somit die Neugier Siebels weckte. Siebel fragte Kübler, ob er bereit wäre, auch die europäischen Tochtergesellschaften von Seaquist zu beraten. Im August 1987 kam es schließlich zu einem ersten Kennenlernen und zu einer ersten Diskussion.

»Ich brauche Ihre Strategie auf Papier!«, forderte Kübler. *»Aber ich habe sie doch im Kopf«*, erwiderte der inzwischen gestandene Unternehmer Siebel, für den bürokratischer Papierkram im Widerspruch zum notwendigen betrieblichen Tatendrang stand. *»Wenn Sie sie im Kopf haben, kennt niemand sonst im Unternehmen Ihre Strategie«*, erklärte Kübler. *»Und dann ist es genauso, als hätten Sie keine Strategie.«*

Der kurze Dialog hinterließ eine mächtige Wirkung. Denn Siebel leuchtete nach kurzem Nachdenken ein, dass der Berater recht hatte. Wie sollten die Mitarbeiter eine Strategie umsetzen, die nur er im Kopf hatte? So vereinbarte er mit Kübler per Handschlag, dass sie Siebels Plan, das Unternehmen zum internationalen Konzern zu machen, gemeinsam umsetzen würden, erst in Europa, dann weltweit.

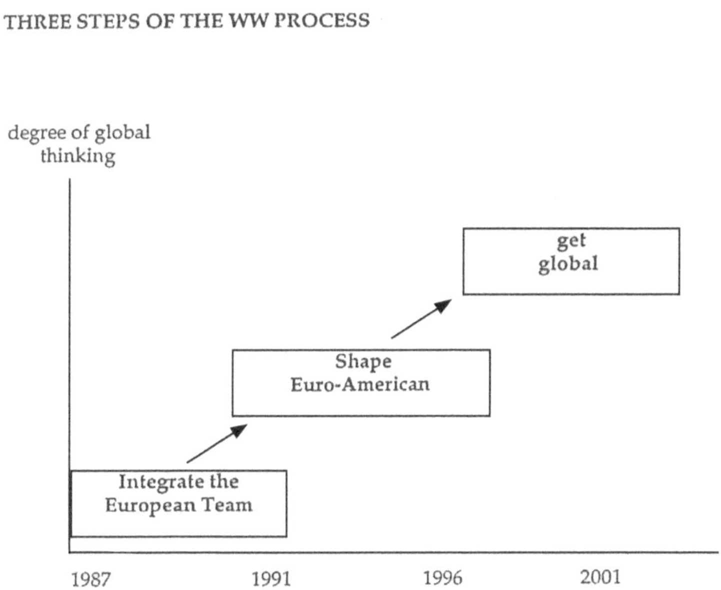

Der Traum von einer weltweiten Gruppe, aufgezeichnet nach dem Handschlag im August 1987

In der Rückschau auf die geradezu unheimliche Erfolgsgeschichte, die damals einsetzte, war das ein legendärer Moment, auf den viele, lange, teilweise auch mühsame Jahre steter Arbeit folgten, inklusive Rückschlägen und Niederlagen. Am Ende dieses gemeinsamen Weges aber würde 20 Jahre später tatsächlich ein globaler Konzern mit über 10 000 Mitarbeitern und einem Jahresumsatz von 1,9 Milliarden US-Dollar stehen.

Die Firma Pfeiffer, an der Pittway nur mit einer Minderheit beteiligt war, nahm auf diese Weise von Anfang an wesentlichen Einfluss auf die Entwicklung des Gesamtsystems. Über fast drei Jahre hinweg (1988–1991) wurde in jeweils zweitägigen Sitzungen, die im Abstand von etwa zwei bis drei Monaten in Baden-Baden stattfanden, mit dem gesamten Management der europäischen Tochtergesellschaften die Strategie erarbeitet.

So erkannte man schnell die ersten entscheidenden Probleme. Bislang hatten sich die Unternehmen nur in Bezug auf die Märkte wechselseitig geschont. Die Produkte jedoch waren in allen Firmen sehr ähnlich und standen in Konkurrenz, sobald sich die Märkte überschnitten. Jeder verkaufte sein Produkt – egal ob Ventil für Insektenspray, für Parfüm, für Haarspray oder für ein pharmazeutisches Nasenspray – an alle, die es haben wollten. Das war eine rein produktorientierte Strategie, die immer stärker dazu führte, dass man sich gegenseitig den Markt abgrub und in keinem Bereich wirklich durch exzellente Qualität überzeugen konnte.

Hier gab es die durchgreifendste Änderung der Strategie. Fortan sollten sich die Tochtergesellschaften in Europa auf Marktfelder spezialisieren. Jede Firma sollte sich auf bestimmte Marktfelder konzentrieren und dem Kunden dieses Segments je nach Bedarf im Marktfeld »Pharma« Pumpen für Nasensprays und/oder Dosierventile liefern und im Marktfeld »Kosmetik« Ventile für Deosprays und/oder Gelpumpen für Hautcremes. So konnte sich jede Firma auf die Bedürfnisse der Kunden spezialisieren.

Die erste Änderung vom Produktdenken hin zum Markt- *und* Produktdenken wurde 1988 eingeleitet. Das folgende Chart zeigt diesen Wandel, der von grundlegender Bedeutung war:

PITTWAY-EUROPE 23.11.87

the market-fields (MF) Nr. 11.1

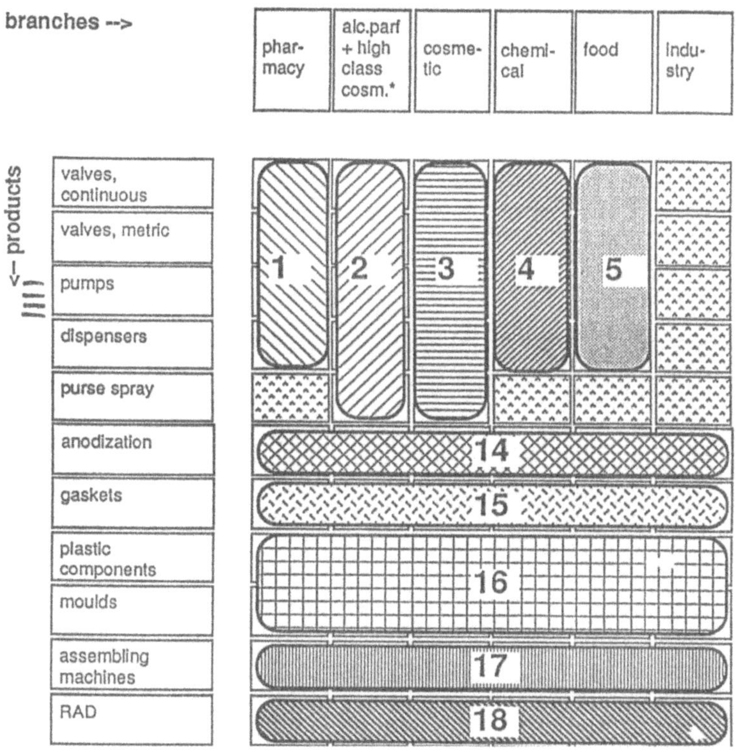

Umdenken, vom reinen Produktdenken hin zu einem Markt- und Produktdenken, 1987 in Baden-Baden durch das europäische Führungsteam konzipiert

Die Vorteile lagen auf der Hand. Entwickler wie Verkäufer hatten Zeit, um zu verstehen, was der Kunde brauchte – und die Produkte waren spezifisch für dieses Kundensegment entwickelt worden und konnten über die Zeit in erstklassiger Qualität zu einem wettbewerbsfähigen Preis angeboten werden. Allerdings wurde durch diese Neuaufstellung erstmals die interne Konkurrenz eingeschränkt, worüber die Manager lange diskutierten. Schließlich hatten sie genau diese interne Konkurrenz bislang als förderlich erlebt. Nur waren durch die gestiegenen Kundenansprüche und die gewachsenen Märkte die Überlappungen zu groß geworden. Um den förderlichen Wettbewerb nicht völlig abzuschaffen, wurde deswegen entschieden, dass im selben Marktfeld immer zwei oder drei Gruppengesellschaften aktiv sein sollten.

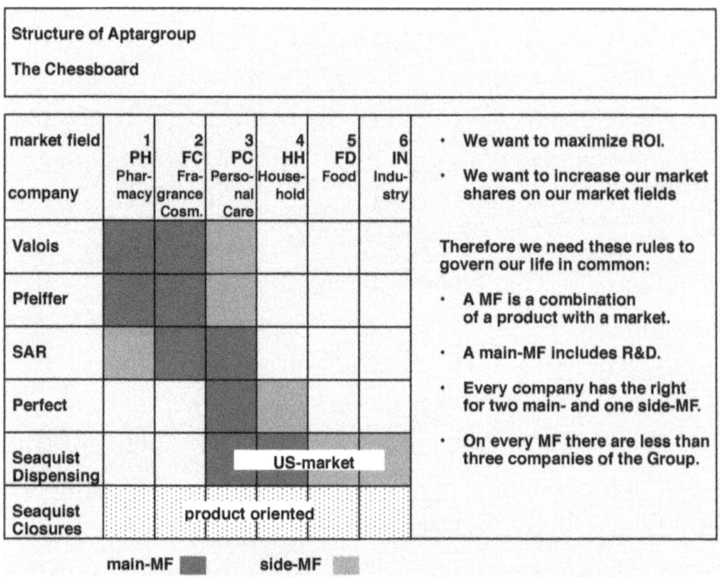

Umdenken, hin zur Ordnung der Spielfelder und Spieler im Schachbrett, 1993

So blieb die interne Konkurrenz erhalten. Und die externe Konkurrenz war damit endgültig in den Schatten gestellt. Die Branche wagte den Schwenk von der Produkt- zur Marktstrategie auch später nicht. Noch heute verharren fast alle Ventil-Wettbewerber in der wenig fruchtbaren Mono-Produktstrategie.

Ein solch radikaler Strategiewechsel verlief natürlich nicht ohne Konflikte, vor allem weil mancher Manager liebgewordene profitable Kunden abgeben musste, die nach der Abkehr vom Produktdenken hin zum Marktdenken nicht mehr zu seinem Spielfeld gehörten. Doch nach einer gewissen Zeit hatte jeder verstanden, dass der Wechsel zu einem Gewinn für jeden Einzelnen führte.

SAR und ein übles Intrigenspiel

Valois und Pfeiffer waren über die Jahre zu einer immer engeren Partnerschaft zusammengewachsen. Die Beziehung mit SAR und speziell seinem Gründer und Geschäftsführer Mr. T gestaltete sich jedoch nach wie vor schwierig.

So trudelte das Unternehmen in eine sehr schwierige Phase. Mr. T übertrug das Pharmageschäft von SAR auf eine Schweizer Tochtergesellschaft, an der er persönlich direkt beteiligt war, womit er seinen Ausstieg aus SAR vorzubereiten und einen Konkurrenten zu SAR aufzubauen schien. Sollten Neison Harris' schlimmste Befürchtungen wahr werden?

Es stellte sich heraus, dass Mr. T es bewusst darauf anlegte, rauszufliegen. Er plante, ein Konkurrenzunternehmen aufzuziehen und seine früheren Mitarbeiter mitzunehmen. Deswegen ließ er die Auseinandersetzungen permanent eskalieren. Es ging dramatisch zu und führte sogar zu gesundheitlichen Problemen in der obersten Führungsmannschaft. Irgendwann einigte man sich tatsächlich darauf, dass auch die letzten 20 Prozent der Unternehmensanteile an Pittway gingen wie auch sämtliche Anteile an der Schweizer Tochtergesellschaft. Mr. T verließ das Unternehmen und bekam dafür einen zweistelligen Millionenbetrag, was durchaus gerechtfertigt war, da die Firma unter ihm extrem gewachsen war und große Gewinne gemacht hatte. Die Investitionen sollten sich später tatsächlich auch schnell amortisieren.

Doch Mr. Ts eigentlicher Plan scheiterte. Am letzten Tag seiner Tätigkeit rief er alle Mitarbeiter in sein Büro, hielt eine schwungvolle Rede, in der er auch mit Schmähungen der früheren Partner und jetzigen Inhaber nicht sparte, und bot dem gesamten Management an, in eine inzwischen heimlich gegründete andere Firma zu wechseln. Wären die wichtigsten Führungskräfte gefolgt, hätte er nicht nur den Kaufpreis und die Kompetenz der Mitarbeiter kassiert, sondern im selben Atemzug das alte Unternehmen stark gefährdet und freie Bahn für seine Neugründung gehabt. Die Mitarbeiter durchschauten jedoch das üble Intrigenspiel und blieben lieber bei Carl Siebel, den sie inzwischen als vertrauenswürdigen Chef erlebt und schätzen gelernt hatten.

1993 – der Börsengang an der NYSE (New York Stock Exchange)

Durch die Kooperation zwischen Pfeiffer und Valois und die Übernahme von SAR war die Marktmacht der Seaquist Group in den USA und Europa so stark geworden, dass Neison und King Harris 1991 und 1992 an eine Verselbständigung des Bereichs denken konnten.

Die große Aufgabe bestand darin, die nunmehr gut sortierten Einzelteile zu einem großen Ganzen zusammenzuführen. Es war vollkommen unstrittig, dass man international agieren musste – und zwar weltweit. Schließlich eroberten die amerikanischen, deutschen, französischen und englischen Kunden nicht mehr nur die Märkte in Belgien oder Dänemark, sie agierten auch in Südamerika und in Asien und exportierten nicht nur, sondern verlagerten auch ihre Produktion und später sogar die Entwicklung in die Abnehmer-Länder. Genau das hatte ja zu den Überschneidungen im Markt geführt. Insofern mussten die Töchter jetzt auch ihre unterschiedlichen nationalen Strategien unter einen Hut bringen. Und damit ging es ans Eingemachte!

In dieser Situation wurde plötzlich von Bedeutung, was leise seit längerem schwelte: Pittway hatte im Prinzip von Anfang an schon das Ziel verfolgt, die 35-Prozent-Beteiligung an Pfeiffer in eine 100-Prozent-Beteiligung umzuwandeln, was der Inhaber Pfeiffer aber stets abgelehnt hatte. Irgendwann kam Pfeiffer aber auf die Idee, seine Firma an die Börse zu bringen, um Kapital für weiteres Wachstum zu beschaffen.

King Harris, der die Pittway Corporation inzwischen von seinem Vater übernommen hatte, bekam davon Wind, erkannte sofort den Reiz der Idee und drehte das Gedankenspiel eine Runde weiter. »*Wie wäre es, wenn Sie alle vier Firmen Seaquist, Pfeiffer, Valois und SAR fusionieren und wir das Ganze an die Börse bringen?*«, schlug er deswegen vor. Und vermutlich schwebte ihm in größter Selbstverständlichkeit vor, dass die US-Gesellschafter dabei die Vormachtstellung behielten und das neue börsennotierte Unternehmen unter amerikanischer Führung stehen würde.

Pfeiffer hatte jedoch klare Vorstellungen. Das Gesamtunternehmen sollte als deutsche Aktiengesellschaft in Frankfurt an die Börse gehen. Die Forderung schien verwegen, aber zur großen Überraschung aller sagte Harris sofort zu. Strategisch und personell war alles geklärt. Doch dann kam vollkommen unerwartet ein steuerliches Problem dazwischen.

In der konkreten Umsetzung prüften die Amerikaner auch die steuerlichen Konsequenzen der Fusion und des Börsengangs und stellten fest, dass auf die amerikanischen Pittway-Aktionäre bei einem Zusammenschluss in einer deutschen Aktiengesellschaft eine gewaltige Steuerzahlung zukäme. Das würde den Gesellschaftern ganz sicher die Zustimmung erschweren. Kurze Zeit schien die Fusion vom Tisch, bis einer der Berater mit der Lösung aufwartete, das Ganze ginge steuerfrei, wenn man das fusionierte Unternehmen an die amerikanische Börse brächte. Und genauso wurde es dann gemacht.

Neison Harris hatte stets angestrebt, seine Firma in den USA durch fortwährende Akquisitionen zu erweitern. Immer wieder misslangen Akquisitionen oder wurden aus verschiedensten Gründen verworfen, wobei sich manche Übernahme im Nachhinein als verschenkte Gelegenheit erwies.

Aber es gab auch viele überaus gelungene Akquisitionen. 1993 war die Pittway Corporation ein Sammelsurium an Unternehmensbeteiligungen und einer Produktionspalette von Alarmanlagen, Rauchmeldern, Ventilen, Pumpen und Verschlüssen. Sie verfügte über die beiden größten amerikanischen Industrieverlage und besaß große Immobilien in der Innenstadt von Chicago sowie ein Ferienresort in Florida. Der Gesamtumsatz betrug mehrere Milliarden Dollar. Nun sollten die Pumpen- und Verschlussfirmen, also das gesamte Packaging-Geschäft, aus der Pittway Group herausgelöst werden. Dabei ging es um einen Umsatz von etwa 300 Millionen Dollar weltweit.

Am 23. April 1993 war es so weit, die Aptargroup Inc. wurde ins Leben gerufen. Die Familie Pfeiffer hielt 8 Prozent, die Familie Harris etwa 25 Prozent. Der Rest war Streubesitz.

Ervin J. LeCoque war der Gründungs-CEO und Aufsichtsratsvorsitzende, Carl Siebel COO, Peter Pfeiffer Vice Chairman und Stephen Hagge CFO. Am 1. Januar 1996 übernahm Carl Siebel als erster Deutscher überhaupt den Vorstandsvorsitz eines an der amerikanischen Börse gelisteten Unternehmens. Er hielt diese Position für einen ungewöhnlich langen Zeitraum inne, nämlich zwölf Jahre lang bis Ende 2007.

Durch den Börsengang hatte man dem Unternehmenswachstum, salopp gesagt, einen Turbo untergeschnallt: Binnen drei Jahrzehnten war aus Seaquist aus Cary, Illinois, und der kleinen Dortmunder Tochtergesellschaft Perfect Ventil, die die Pittway Corporation 1968 gekauft hatte, die weltweite Aptargroup erwachsen.

Als 1993 Aptar gegründet wurde, machte die Gruppe einen Umsatz von 300 Millionen Dollar. Schon Ende 1995, als Carl Siebel den Posten des CEO von Aptargroup übernahm, waren es 500 Millionen, und als er ihn 2007 wieder abgab, waren es stattliche 1,9 Milliarden Dollar.

Nach dem Zusammenschluss und dem Börsengang in den USA entwickelte Ervin J. LeCoque reges Interesse an einer gemeinsamen Strategie, weshalb namhafte amerikanische Beratungsunternehmen engagiert wurden. Als Ervin LeCoque in Pension ging, wurde der deutsche Strategieberater Kübler engagiert, der mit den Strukturen und der Kultur des deutschen Mittelstandes im Allgemeinen bestens vertraut war und auch schon den strategischen Zusammenschluss der europäischen Firmen begleitet hatte.

Im Zentrum aller Überlegungen stand nun die weitere Internationalisierung. In den USA und in Europa war man gut im Geschäft, aber es war klar, dass Aptar ein Weltunternehmen werden und auch in Brasilien, Argentinien, Mexiko, China und Indien aktiv werden musste. In all diesen Ländern mussten nun Standorte und Partner gesucht werden.

Das Amerika-Geschäft durch die Hintertür

Das amerikanische Pumpengeschäft nahm erst in den neunziger Jahren richtig Fahrt auf. Bis dahin gab es in den USA dank Madame M. ein Importgeschäft, aber kein eigenes Produktionsgeschäft. Außerdem war Aptar dort nur im Luxussegment präsent, also bei den teuren und hochwertigen Parfüms von Calvin Klein oder Lancôme von L'Oréal.

Das amerikanische Geschäft von z. B. Estée Lauder oder Coty, das in Europa durch SAR beliefert wurde, hatten die Pittway-Töchter nie bedient. Ervin J. LeCoque hatte entschieden, in den USA keine eigene Produktion für den Parfümsektor aufzubauen und sich auf die Produktion der europäischen Töchter zu stützen, und so war man im unteren und mittleren Segment der Parfüms und Lotions nicht präsent und hatte den Markt Wettbewerbern wie Emson und Risdon überlassen. Ein Strategiewechsel war lange nicht denkbar und auch nicht gewollt. Die beiden Wettbewerber hatten sich fest im Massenmarkt etabliert. Dafür glaubte man sich im europäischen Markt vermeintlich sicher.

Erst als Emson in den achtziger Jahren den Markt in Europa

angriff, reagierte Seaquist: Um den Expansionsdrang des Wettbewerbers zu stoppen, wählte man eine sehr amerikanische Strategie. Man versuchte, Emson zu kaufen. Doch die Eigentümer wollten nicht verkaufen. Ende der neunziger Jahre gelang endlich die Akquisition, und Emson wurde mit der italienischen SAR zu EMSAR fusioniert. Der Kaufpreis betrug einen knapp dreistelligen Millionenbetrag; eine Summe, die man niemals hätte aufbringen müssen, wenn man frühzeitig eine eigene US-Produktion aufgebaut hätte. Doch ein entscheidender Gedanke hatte damals gefehlt: Die beste Methode, um zu verhindern, dass ein Wettbewerber ins eigene Gebiet vordringt, ist die, dass man selbst auf dessen Gebiet vordringt.

Werteorientierung und Führungsstil

In der Rückschau zeigt sich, dass die wertvollste Investition in all den Jahren diejenige war, die kein Geld gekostet hat. Bei allem Ringen um Margen, Zahlen und Renditen ist unterm Strich die Einstellung, die man als Führungskraft zu den Mitarbeitern hat, von wesentlicher Bedeutung. Werteorientierung beginnt mit dem Vorbild. Wer als Verantwortlicher führen will, muss eine Gefolgschaft finden – »*Create followers*!«. Dafür muss man für die Mitarbeiter glaubwürdig und langfristig vorhersehbar sein, nicht sprunghaft. Und man muss sich wirklich glaubhaft für das Wohl der Mitarbeiter interessieren.

Die Grundhaltung des Vorgesetzten gegenüber dem Mitarbeiter sollte lauten: »Ich vertraue dir, solange du mir nicht das Gegenteil zeigst.« Aus solchem Vertrauen und Zutrauen erwachsen automatisch Selbständigkeit und Verantwortung. Wer seine Mitarbeiter so weit wie möglich selbst darüber entscheiden lässt, was sie tun – natürlich im Rahmen grundsätzlicher Werte, über die man offen und klar gesprochen hat, sowie mit einer gut kommunizierten Strategie –, der wird bald mit einem motivierten und selbstorganisierten Team arbeiten.

Dafür reicht es nicht, dem Mitarbeiter floskelhaft einen guten Morgen zu wünschen und ihn nach dem Befinden zu fragen. Das Interesse muss echt sein. Auch Lob und Anerkennung müssen ehrlich und authentisch sein, genauso wie Hilfe und Unterstützung in schwierigen Situationen. Phrasen haben genau den gegenteiligen Effekt.

Eine solche Führungskultur hat das Aptar-Management in all den Jahren sehr bewusst und sehr aktiv gepflegt. Die Mitarbeiter wollten wissen, wo der Weg hingeht, und das Management hat es sie immer wissen lassen. Dadurch bekamen sie Sicherheit im Job und erlebten, dass sie der Führung vertrauen können. Es wurde nicht nur zugelassen, dass die Mitarbeiter eigene Ideen einbrachten, es wurde begrüßt und wertgeschätzt. So entstand eine Aptar-Unternehmenskultur, die den Rahmen spannte, so dass alle stets ihre Kraft für das Werk einbringen konnten.

Die Werte wurden nach der Aptar-Gründung vom weltweiten Führungsteam unter der Moderation des Beraters Kübler entwickelt:

The Aptar Values

- We believe in the self-worth of individuals regardless of their status.
- We strive for relationships that are based on openness, honesty, and feedback.
- We promote teamwork and cooperation at all levels.
- We challenge people to develop their potential and to take initiative.
- We practice business relationships that are based on responsibility and on long-term and mutual interests to all stakeholders.
- We respect and trust people.

Die Werte wurden gemeinsam mit den Mitarbeitern ins Deutsche und ins Französische übersetzt. Anstatt der dafür vorgesehenen zwei Stunden hat die Arbeit an der Übersetzung jeweils zwei Tage in Anspruch genommen. Denn die Übersetzungsarbeit entwickelte sich schnell zu einer Diskussion über die Bedeutung und Folgenschwere einzelner Formulierungen und Worte: Was ist genau gemeint? Und wann spielt das eine Rolle? Und was bedeutet das in der konkreten Situation? Auf diese Weise wurde die Werteorientierung schon bei der Formulierung erstmals gelebt und später immer wieder aufs Neue diskutiert und hinterfragt – nur so kann man Werte leben. Zudem muss bei der Formulierung der Werte die jeweilige Kultur des Landes sehr intensiv beachtet werden.

Auch die Akquisitionen und Erweiterungen in außereuropäische Märkte haben dieser von Anfang an Pfeiffer- und damit deutsch-geprägten Unternehmenskultur nichts anhaben können. In Delhi sagte dann irgendwann einmal ein indischer Aptar-Geschäftsführer, in den Sanskrit-Schriften stünde Sinngemäßes, aber er habe nie so gründlich darüber nachgedacht.

Damit solch eine Vertrauenskultur dauerhaft funktionierte, musste es konsequenterweise eine Aptar-eigene Personalentwicklung geben. Schließlich ist es demotivierend zu sehen, wenn Positionen in der oberen Hierarchie mit externen Leuten besetzt werden. Bei Aptar wurde jungen Mitarbeitern bewusst vermittelt, dass sie ihre Karriereplanung innerhalb des Unternehmens machen können. Anders als in internationalen Konzernen oft üblich wurden hier die obersten Stellen bewusst nicht mit Personen besetzt, die von außen kamen. Stattdessen ging es darum, möglichst begabte junge Leute im Alter von Anfang bis Ende 20 einzustellen, die mit wachsender Erfahrung im Unternehmen aufsteigen konnten. Das Risiko einer Fehlbeurteilung bei der Auswahl eines Kandidaten für eine wichtige Führungsposition ist bei der Einstellung von innen naturgemäß sehr viel geringer.

Es gab auch den Fall, wo in einem Werk die Personalleiterin die Plakate mit den Unternehmenswerten von der Wand nahm – mit der Erklärung, der Widerspruch zum Führungsstil des dortigen Werksleiters sei zu groß. Dieser war zu sehr von der Navy geprägt und pflegte einen harten Kommandostil. Als seine Führungsart und der Widerspruch zu den Aptar-Werten der Führung auffielen, wurde der Werksleiter direkt darauf angesprochen. Er zeigte sich uneinsichtig, weigerte sich, seinen Stil zu ändern, und zog es vor, das Unternehmen zu verlassen. Er fand es unangemessen, als Vorgesetzter mit Angestellten über ihre Arbeitsinhalte zu diskutieren, und prophezeite, dass Aptar mit dieser Führungsmethode im globalen Maßstab keinen Erfolg haben würde.

Das Gegenteil war richtig. Gerade dieses Prinzip der Wertschätzung und Selbstverantwortung erwies sich als der beste Führungsstil, um das weit verzweigte Netzwerk unter einem Führungsteam zusammenzuhalten. Das Aptar-Topmanagement war durch seine Glaubwürdigkeit und seinen Zusammenhalt das Vorbild in Strategie und Werten.

Nicht zuletzt spielte dabei der Anspruch eine Rolle, dass jeder, der Verantwortung für eine größere Organisation trägt, unweigerlich gefordert wird, persönliche Opfer zu bringen. Das sind keine heroischen Taten, sondern so simple Dinge wie sich am Freitagnachmittag noch zum Meeting zu treffen, statt sich früh ins Wochenende zu verabschieden. Wenn die Mitarbeiter sehen, dass der Vorgesetzte im Interesse des Unternehmens bereit ist, nicht nur Vorteile und Boni zu kassieren, sondern auch persönliche Nachteile zu tragen, wirkt das vorbildhaft und motivierend.

Carl A. Siebel hinterließ beispielsweise bei den Italienern besonderen Eindruck, als nach dem Beginn des Irakkriegs niemand mehr unbesorgt ins Flugzeug stieg. Es gab sogar eine persönliche Anweisung von Neison Harris, dass keiner mehr fliegen sollte. Siebel zeigte sich davon unbeeindruckt und flog wie geplant mit seiner Frau nach Italien, wo ein wichtiges Meeting angesetzt war. Im Nachhinein gab er zu, dass er Angst hatte, aber er wollte nicht den Eindruck vermitteln, dass er kneift, wenn es ernst wird.

Förderlich für die Unternehmenskultur war sicher auch, dass die Vorstände lange im Amt waren. Siebel war zwölf Jahre CEO, und auch Peter Pfeiffer, sein Nachfolger, war lange dabei. Das war 1993 bei der Gründung von Aptar so entschieden worden, natürlich unter der Voraussetzung, dass es »klappte« und die Zahlen stimmten. Steve Hagge war erst CFO und ist seit 2012 CEO. Die Vorstände führten sich niemals wie hochbezahlte Schönwetter-Piloten auf, die mehr Interesse an Headhuntern und am Golfspielen haben als am Unternehmen. Stattdessen waren alle persönlich tief ins Unternehmen eingebunden und betrachteten die Zeit bei Aptar nicht als Zwischenstation einer Managerkarriere, sondern als wesentlichen Teil ihrer persönlichen Biographie.

Das Dach über diesen formulierten, aber vor allem gelebten Werten bildete die 2001 in einem Zweitageprozess erarbeitete »Vision 2020«. Der erste Satz lautete: »*The human being is in the center.* – Der Mensch steht im Mittelpunkt.« Was andernorts eine billige Phrase ist, war hier ein ernstgemeinter Anspruch. Jedes Wort wurde auf die Goldwaage gelegt. Wichtiger als das, was am Ende auf dem Papier stand, war in gewisser Weise das, was dort nicht stand. Es gab lange Diskussionen, bis die Formulierungen standen, die dann erst in der Anwendung ihre volle Wirkung entfalteten. Doch weil diese Vision emotional verstanden worden war, blieb sie in den folgenden Jahren Dreh- und Angelpunkt für die alltäglichen Handlungsentscheidungen.

In den Jahren 2005 und 2006 wurden die Anwendungsfelder neu diskutiert und geordnet. Hatte man sich zuletzt darauf besonnen, bestimmte Bereiche fokussiert und in höchster Qualität zu bedienen, so ging es nun darum, erfolgreiche Produkte aus dem einen Bereich in einen anderen zu transferieren.

Die Idee war, dass die Aptar-Geschäftsbereiche dem Kunden innerhalb ihres definierten Marktfeldes Vorschläge machten, wo die Produkte sinnvoll und für seine eigenen Interessen wertschöpfend einsetzbar sind. Damit bediente man nicht allein die Nachfrage, sondern machte kreative Angebote, die den Kunden auf neue Ideen brachten. Die Entwicklung eines feingliedrigen »Schachbretts« für die Anwendungsfelder förderte die gezielte Entwicklungs- und Vertriebsarbeit: Jeder Verkäufer fühlte sich bei einer bestimmten Anwendung für den Einsatz *aller* Produkte zuständig.

Das war eine Art Schlussstein im strategischen Gesamtgebäude.

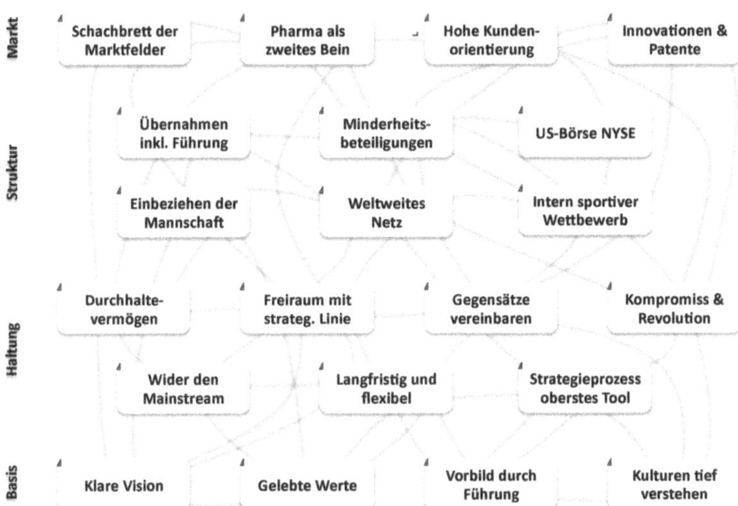

Strategiengeflecht der Aptargroup, wie es bis 2007 entstanden ist

Über die Jahre avancierte Aptar sowohl zum Führer in Innovation als auch in Marktanteilen, weil es sowohl in Anwendungsfeldern als auch in Regionalmärkten, den beiden wesentlichen Wachstumsachsen – also quasi doppelt – wachsen konnte.

Dass sich Unternehmenskultur und Strategie in dieser besonderen Weise ergänzten, lag auch am persönlichen Zusammenspiel von CEO Carl Siebel, Vice Chairman Peter Pfeiffer, CFO Stephen Hagge und Heiner Kübler über 20 Jahre hinweg. In zahlreichen Klausuren und Workshops war die Aptar-Führung immer wieder bereit, Ideen aus der Gruppe aufzunehmen und weiterzudenken. Diese Arbeitsweise entsprang einer deutschen Prägung.

Das Erfolgsmodell des deutschen industriellen Mittelstands, das auf Langfristigkeit und Subsidiarität basiert, wurde auch im US-börsennotierten Unternehmen gelebt und weiterentwickelt.

Insofern ist Aptar ein Top-Beispiel für den deutschen Mittelstand, dem es trotz zahlreicher Rückschläge, Probleme und Niederlagen auch im globalen Wettbewerb und unter anspruchsvollen Gesellschafter-Konstellationen relativ früh gelungen ist, den Geist des deutschen Mittelstands weiterleben zu lassen.

Der Periode von Siebel, die von 1996 bis 2007 andauerte, folgte die erfolgreiche Periode 2008 bis 2011 von Peter Pfeiffer als CEO. Seit 2012 setzt Steve Hagge den Erfolgsweg von Aptar als CEO fort. Diese »CEO-Folge« ist ein Zeichen für langfristiges Handeln und Kontinuität.

5. Herausforderungen für den deutschen industriellen Mittelstand

Erfolgsgeschichten anderer hören wir nicht nur gern, sie helfen auch, den eigenen Weg zu finden. Dabei sind Erfolge vor allem eins, und zwar die Folge unseres Handelns in der Vergangenheit. Doch als Unternehmer richtet man sein Tun nicht an dem aus, was gewesen ist, sondern an dem, was geschehen wird. Man denkt nach vorn, ins Ungewisse, nicht an das Vergangene. Das ist nicht leicht. Bislang ist die Glaskugel, mit der man in die Zukunft schauen kann, noch nicht erfunden worden. Keiner kennt die Herausforderungen von morgen. Und doch entscheidet sich der wirtschaftliche Erfolg erst zeitverzögert. Wir handeln jetzt und ernten morgen. Deswegen lebt und arbeitet der erfolgreiche Unternehmer nicht nur im Hier und Jetzt, sondern vor allem mit den Produkten von morgen in den Märkten der Zukunft.

Für einen wachen Geist ist durchaus absehbar, was in naher Zukunft – ja schon jetzt – auf den German Mittelstand zukommt. Als Megatrends gelten weltweit die gleichen Themen: Globalisierung vieler und Digitalisierung fast aller Lebensbereiche, Klimaerwärmung, Energie, demographischer Wandel, neue Technologien, Wasserknappheit, die Flüchtlingsbewegung.

Was heißt das für den deutschen Mittelstand? Ist er vom Aussterben bedroht, weil die Industrie an Bedeutung verliert? Sicher nicht, denn auch die Landwirtschaft hat zwar in Relation zu anderen Branchen an Gewicht verloren, aber nicht an Bedeutung – ganz im Gegenteil. Um die Weltbevölkerung zu ernähren, brauchen wir nach wie vor eine funktionierende Agrarwirtschaft. Statt um herkömmlichen Ackerbau und traditionelle Viehzucht geht es heute um ökologisch und ökonomisch nachhaltige Lebensmittelerzeugung, die weit mehr ist als Säen und Ernten. Dasselbe gilt für die Industrie. Selbst wenn die heutigen Global

Player wie Apple, Google und Facebook überwiegend Dienstleistungen und virtuelle Waren produzieren, so steckt dahinter immer noch ein gewaltiger Produktionsapparat, der den Umgang mit Social Media und kulturellen Gütern erst ermöglicht.

Die Industrie wird sich durch intelligente Prozesse immer stärker darauf einstellen, individuelle Fertigung in kleinstmöglichen Losgrößen bewerkstelligen zu können. Der Geschäftserfolg wird vielleicht weniger an der Schraube an sich als vielmehr in der Gewinnung der Rohstoffe, in den Fertigungsmethoden und den Vermarktungsprozessen liegen – aber das wird die wirtschaftlichen Chancen nicht schmälern, sondern im Gegenteil vergrößern. Denn die Qualität der Produkte mag sich auf höchstem Niveau immer mehr angleichen; im stetigen Wettbewerb um den Kunden werden die Unternehmen neue Differenzierungswege finden müssen und auch finden. Dafür braucht es angepasste oder neue Geschäftsmodelle, hervorragende Innovationsprozesse, eine fortdauernde Weiterbildung der Mitarbeiter und intelligente soziale Erneuerungen in der internen Organisation, damit sich die Menschen mit ihren Fähigkeiten voll entfalten können.

Acht große Herausforderungen für den deutschen industriellen Mittelstand sollen deswegen in diesem Buch abschließend betrachtet werden.

1 Globalisierung und weltweite Netzwerke

Beginnen wir mit der Globalisierung. Schon heute, das haben die vielen Beispiele in diesem Buch gezeigt, ist der deutsche industrielle Mittelstand in vielen Ländern aktiv. Auch wenn es bei dem einen oder anderen Unternehmen inzwischen mehr Niederlassungen in anderen Ländern gibt als im heimischen Ursprungsmarkt, so bleiben die Unternehmen trotzdem »Made in Germany« – und zwar nicht nur aus falsch verstandener patriotischer Nostalgie. Der »German Mittelstand« wird nicht durch Pass oder Staatsangehörigkeit ausgewiesen, sondern entstand aus dem deutschen föderalen Subsidiaritätsdenken und einer historisch gewachsenen Haltung. Die Kleinstaaterei des Heiligen Römischen Reichs Deutscher Nation brachte ein über Jahrhunderte geübtes Miteinander unterschiedlichster Teilorganisationen hervor. Genau das kann und muss im noch viel bunteren globalen Zusammenhang erhalten bleiben, damit die große weltumspannende Einheit der international agierenden Unternehmung zum wirklichen Netzwerk wird.

Globalisierung heißt demnach für den klugen Mittelständler nicht, ein in Deutschland geschaffenes System und eine hier entstandene Unternehmenskultur in die weite Welt zu verbreiten und anderen Kulturen ein quasi-missionarisches Vorgehen überzustülpen. Stattdessen geht es um eine Art »Spinnennetz«, in dem alle Einheiten im Sinne eines übergeordneten Ganzen kooperieren.

Unternehmen aus dem deutschen industriellen Mittelstand werden ihre weltweiten Netze ausbauen, um auf den globalen Märkten zu bestehen, und zwar in allen Bereichen der Wertschöpfung – in der IT, im Personalwesen inklusive der Personalbeschaffung, im Einkauf, im Qualitätswesen und in den Prozessen. Die Systeme des Unternehmens müssen weltweit kulturgerecht ausgerollt werden. Und die Prozesse müssen weltweit vereinheitlicht werden, in Marketing und Vertrieb, in der Entwicklung, Produktion und in der Verwaltung – denn die Prozesse haben eine für das Unternehmen ganz wesentliche Aufgabe: Sie sollen in der weltweiten Organisation Klarheit schaffen. Hierzu gehören insbesondere auch individuelle Ausgestaltungen im Detail, denn so paradox es klingt: Die konsequent zusammenführende Netzdisziplin schafft Freiraum für die verschiedensten Vor-Ort-Unternehmer. Je mehr Disziplin es im Netz gibt, desto mehr Freiheit ist vor Ort gewonnen.

Zusätzlich zu dieser »harten« Vernetzung ist die »weiche« Vernetzung ausschlaggebend. Ein vereinheitlichtes IT-System ist so wenig teambildend wie das Tragen desselben Trikots in einer Fußballmannschaft oder der Gleichschritt in einer Armee. Zusammengehörigkeit entsteht nicht durch Gleichmacherei, sondern durch die persönliche Verbindung aller Beteiligten. Geschäftsführung, Führungskräfte und die gesamte Belegschaft müssen emotional zusammenfinden, damit sie rational miteinander arbeiten und wirken können. Dazu gehören scheinbar simple Verhaltensweisen. Man muss bereit sein, zum Telefonhörer zu greifen, wenn das notwendig ist, und ins Flugzeug zu steigen, um beim Meeting vor Ort zu sein. Man muss aufeinander zugehen wollen.

Auch in Zeiten von immer besser funktionierender Sprachsoftware ist bei allen sprachlichen Missverständnissen das Vertrauen aller Handlungsbeteiligten zueinander ausschlaggebend. Selbst Ehen zerbrechen an missverständlichen Formulierungen, wenn die Emotionen ihre bindende Kraft verlieren. Im persönlichen Kontakt und in der realen Begegnung können Missverständnisse, unterschiedliche Sichtweisen oder auch schlichte Übersetzungsfehler ausgeglichen werden.

Eine solche Herangehensweise bedeutet auch, bereit zu sein, die jeweils anderen und ihre mehr oder weniger fremden Kulturen verstehen zu wollen. Dies ist die größte Herausforderung der wachsenden Globalisierung. Schien es in der Vergangenheit bereits schwierig genug, die kulturellen Unterschiede zwischen Bayern und Preußen zu überwinden, obgleich beide Länder fast dieselbe deutsche Sprache hatten, so sind es im globalen Wirtschaftszusammenhang schnell zehn, fünfzehn verschiedene Länder, die es kulturell zu begreifen gilt.

Das ist eine Aufgabe, die gern unterschätzt wird. Jeder handelt aus seinem eigenen kulturellen Kontext heraus, erkennt diesen aber oft erst in der Konfrontation mit anderen Kulturen. Insofern gehören zum wechselseitigen Verständnis gleichermaßen kritische Selbstreflexion wie Offenheit, Neugier und Toleranz gegenüber anderen. Menschen in ihren Kulturen wirklich verstehen zu können, heißt auch, die Geschichte des jeweiligen Landes zu kennen und nachvollziehen zu können. Das ist ein sehr großes Aufgabenfeld, das nie gänzlich erkundet, aber persönlich sehr bereichernd sein kann.

Aus einem interessierten kulturellen Austausch, der Offenheit für das andere und dem Wechselspiel der unterschiedlichen Kulturen kann mit den Jahren eine ganz eigene, weltweite Unternehmenskultur erwachsen, insbesondere, wenn alle beteiligten Führungskräfte ein Bündnis eingehen. Obwohl es eine große Herausforderung ist, ist das Verstehen der Kulturen eine sehr erfüllende Aufgabe.

Mancher Mittelständler wird hier vielleicht eine Abkürzung suchen und international erfahrene Manager aus der Großindustriewelt engagieren wollen. Doch häufig ist deren Prägung vollkommen inkompatibel mit der Werteorientierung im Mittelstand – diese ist ein Kulturgut, das erlernt und geübt sein will. Auch ein erfahrener Konzernmanager, der noch so gut Englisch oder Chinesisch spricht, wird im Verständigungsprozess scheitern, wenn er nicht weiß, wie anders ein mittelständischer Werksleiter denkt und handelt. Kulturelle Lernfähigkeit meint mehr als Sprachkenntnisse. Kulturelle Ignoranz birgt in sich eine große Gefahr, denn sie ist ansteckend. Schon beim Einstellungsprozess ist daher auf die Lernfreude und Offenheit der Mitarbeiter zu achten.

2 Digitalisierung

Neben der wachsenden Globalisierung ist die immer weiter fortschreitende Digitalisierung der Wirtschaftsprozesse die zweite tiefgreifende Veränderung, der sich Unternehmen stellen müssen. Es ist eine Herausforderung für die Zukunft, die alles bisher Gewohnte auf den Kopf stellt, ganz wie es die Erfindung der Dampfmaschine getan hat.

Die Informationstechnologie (IT) erhält im Zuge der Digitalisierung einen immer wichtigeren Stellenwert, im Arbeitsleben ebenso wie in unserem Alltag. Die Vernetzung von Haustechnik, Haushaltsgeräten und Unterhaltungselektronik in unseren Wohn- und Arbeitsumgebungen, das intelligente Wohnen und Arbeiten in Smart Homes und Smart Buildings, gewinnen zunehmend an Bedeutung.

Die vierte industrielle Revolution ist in vollem Gange, und es zeichnet sich deutlich ab, wie grundlegend der Umbruch ist, in welchem Ausmaß sich unsere Geschäfts- und Wertschöpfungsprozesse verändern werden und welches Umdenken zum Beispiel für die Vernetzung und Automatisierung der Verfahren für die Smart Factory der »Industrie 4.0« notwendig ist.

Radikale Umbrüche erfordern radikales Umdenken. Viele mittelständische Hoheitsgebiete werden derzeit angegriffen, die Märkte verändern sich drastisch. Noch blickt die deutsche Industrie zuweilen sehr skeptisch auf die Produkte und Neuerungen, die aus Kalifornien auf den Markt schwappen, auf all die Googles, Apples und Teslas der neuen Wirtschaftswelt. Gerade der Angriff auf die Kfz-Industrie ist immens, die Abkehr vom traditionellen Verbrennungsmotor wird radikal werden. Trotz aller Startprobleme wird die Vision des selbstfahrenden Elektrofahrzeugs für jedermann entwickelt werden.

Die Herausforderung der vierten industriellen Revolution besteht darin, die digitalisierten Prozesse in die Unternehmensabläufe zu integrieren, die Geschäftsprozesse neu zu gestalten und die weltweite Vernetzung perfekt zu machen. Der Umbruch birgt große Chancen. So könnten sich viele mittelständische Unternehmen mittels der individualisierbaren Prozesse als Dienstleister profilieren. Im Ersatzteilgeschäft wird der 3-D-Druck eine der großen Zukunftschancen sein: Die Teile von morgen werden einfach individuell und nach Bedarf gedruckt.

Die Aufgabe des deutschen industriellen Mittelständlers von heute ist es, sein weltweites Netz für die Zukunft zu knüpfen. Dabei fördert die Digitalisierung das Dezentrale – und damit ist der deutsche industrielle Mittelstand schließlich seit jeher bestens vertraut.

Das kann ihm nur zum Vorteil gereichen, denn er verfügt über einen weiteren, kaum einholbaren Vorsprung in Form von umfassendem Materialwissen und dem erforderlichen Know-how rund um die notwendigen Prozesse. Beides ist – bei aller IT-Orientierung – auch in einer digitalisierten Welt unerlässlich. Der deutsche Mittelstand wird dank seiner Flexibilität, seines Erfindungsreichtums und seiner Schaffenskraft auch diese Revolution meistern.

3 Business Development

In vielen Unternehmen ist es in den letzten Jahren üblich geworden, sich sehr bewusst um die Entwicklung der Geschäftsfelder zu bemühen. Im Wesentlichen heißt das, sich in die Märkte und Kundenbedürfnisse von übermorgen hineinzudenken, hinter die Kulissen zu schauen und frühzeitig neue Geschäftsideen zu erkennen. Die so gewonnenen Einsichten und Erkenntnisse in den Innovationsprozess einfließen zu lassen, sorgfältig zu analysieren, zu evaluieren und geeignete Maßnahmen zu ergreifen, ist eine anspruchsvolle Herausforderung. Schließlich braucht es Kreativität, Mut und Entschlossenheit, um erfolgreiche Produkte, altbewährte Prozesse und gewohnte Denkmuster in Frage zu stellen.

Wer sich aber auf die Kunst des Business Development einlässt, schafft für sein Unternehmen ein strategisches Radar, mit Hilfe dessen sich die Herausforderungen der Zukunft leichter meistern lassen. Business Development als Zukunftsradar ist für das Bestehen des deutschen industriellen Mittelstands unerlässlich, denn gerade im internationalen Wettbewerb müssen sich die mittelständischen Unternehmen vor allem über ihre Innovationen differenzieren.

4 Innovationskraft

Obwohl der deutsche industrielle Mittelstand als ausgesprochen innovationsstark gilt, ist in Sachen Innovation noch viel Potential vorhanden. Die Herausforderung wird es sein, die in manchen Firmen unzureichenden Innovationsprozesse – von der Produktidee bis zum ersten Umsatz – zu optimieren. Oftmals wird, ohne sich lange mit Marktstudien aufzuhalten, sogleich mit der Entwicklung begonnen, ohne Innovationsstrategie und Richtungsvorgabe, aber mit hoher Geschwindigkeit. Dabei ist eine gut durchdachte, klare Innovations-Roadmap, die die wichtigsten Innovationsprojekte in der Gesamtsicht vorzeichnet, essentiell, um erfolgreich auf Kurs zu sein.

Oftmals werden Ideen von außerhalb von den Unternehmen nur zögerlich aufgegriffen. Sobald Innovationsprojekte ein wenig außergewöhnlicher sind, werden sie gemieden, zu sehr scheut die Geschäftsführung das Risiko. Lieber setzt man auf Altbekanntes und Vertrautes. Doch wer nichts wagt, gewinnt bekanntlich auch nichts – und erreicht allenfalls solides Mittelmaß. Über die eigene Risikoscheu hinauszuwachsen und die Herausforderung echter Innovation anzunehmen, ist eine der größten Chancen für den deutschen industriellen Mittelstand.

Dieser Herausforderung sollten sich all jene innovationsschwachen Unternehmen stellen, bei denen die sonst so vielgelobte Innovationsfreude des German Mittelstands als durchaus ausbaufähig zu bezeichnen ist. Nur so sichern sie auch in Zeiten von globaler Finanzkrise und konjunkturellem Stillstand in Europa die eigene Zukunft. Denn nur durch ihre Innovationskraft kann die deutsche Wirtschaft im internationalen Wettbewerb bestehen und der Standort Deutschland attraktiv bleiben.

5 Permanente Verbesserung

Das Leben ist ein ewiges Lernen, sagt der Volksmund. Und was für den Einzelnen gilt, gilt auch für Unternehmen. Lernlust ist deswegen nicht nur höchste Mitarbeitertugend, sondern gehört auch zu den Kerneigenschaften eines erfolgreichen Mittelständlers. Man wird nie fertig. Es hört nie auf. »*Got it, git's it*«, sagt der Alemanne – »Geht nicht, gibt's nicht.« Der größte Feind des Guten ist das Bessere, alles lässt sich immer weiter optimieren. Und so heißt es auch im German Mittelstand: Nur wer sich ändert, bleibt sich treu. Im kontinuierlichen Verbesserungsprozess werden alle technischen und geschäftlichen Verfahren immer weiter verbessert. Ziel ist die Steigerung der Produktivität – nicht nur in der Fertigung, auch in der Verwaltung.

Was der German Mittelstand in den letzten Jahren hier an Knowhow erworben hat, ist beeindruckend, aber die weltweiten Wettbewerber schlafen nicht und holen auf. Insofern wäre es fatal, sich auf dem Vorsprung auszuruhen, stattdessen muss man sich jeden Tag aufs Neue fragen, wo Verbesserungspotential zu erkennen ist. Methoden, mit Hilfe derer die Geschäftsprozesse analysiert und modelliert werden können, sind zur Genüge vorhanden und haben sich bewährt. Doch wie beim Sport hält auch in der Wirtschaft nur tägliches Training wirklich fit und leistungsbereit. Das ist umso mehr der Fall, da die IT- und Prozessverbesserungen zunehmend zusammenfließen. So lassen sich mit wachsendem technischen Leistungspotential auch die Prozesse immer schneller bündeln, kürzen und straffen. Gerade hier sind bei vielen Firmen noch große Reserven versteckt.

6 Nachfolge

Eine weitere, nicht zu unterschätzende Herausforderung, vor der typischerweise gerade mittelständische Unternehmen, die ja meist familien- bzw. inhabergeführt sind, irgendwann stehen, ist die Klärung der Unternehmensnachfolge. Oft handelt es sich dabei nicht um eine Frage, sondern um ein folgenreiches Problem. So mag in manchen Unternehmen der Senior nicht oder nicht ganz loslassen, in anderen Fällen hapert es an der Eignung und/oder Qualifizierung des Juniors, und nicht selten spielen familiäre Konstellationen eine Rolle, etwa wenn Vater und Sohn oder Vater und Tochter ein problematisches Verhältnis zueinander haben.

Das Erbe, das es anzutreten gilt, hat in den allermeisten Fällen nicht nur einen großen wirtschaftlichen, sondern auch einen sehr hohen emotionalen Wert. Doch was nützt das jahrzehntelange Engagement des Unternehmers, der sein Werk mit viel Herzblut durch Höhen und Tiefen geführt hat, wenn es am Ende mit der Nachfolge nicht klappt?

Um die Herausforderung der Nachfolge nicht zu einem Problem werden zu lassen, ist es für die Generationen unerlässlich, sich an einen Tisch zu setzen, um das offene Gespräch zu suchen und alle offenen Punkte anzusprechen, die geklärt werden müssen, um den Fortbestand des Unternehmens zu sichern. Schließlich ist die Zukunftsfähigkeit des Unternehmens das eigentliche Ziel der Nachfolgestrategie. So muss nicht per se die Familiennachfolge die ideale Lösung sein, auch eine fremde Geschäftsführung kann in Betracht gezogen werden. Schlussendlich geht es bei dem Erbe, das hier anzutreten ist, um mehr als um eine Frage der Ehre. Es geht um ein Lebenswerk und um die Verantwortung für zahlreiche Mitarbeiter und deren Familien.

7 Gute Leute finden und halten

Aber nicht nur die Nachfolgefrage muss geregelt werden, auch geeignete Mitarbeiter für die im Unternehmen zu besetzenden Stellen wollen gewonnen werden. Schließlich ist der Fachkräftemangel in Deutschland schon heute eine große Herausforderung. Mehr denn je sind die Personalabteilungen gefordert, qualifizierte Leute zu finden und an das Unternehmen zu binden. Es gilt, gute Auszubildende zu finden und zu qualifizieren und sich an den Hochschulen nach Nachwuchskräften umzusehen.

Denn zu den globalen Entwicklungen gehört auch der immer schärfere *War for Talents*, der in den kommenden Jahren weiter zunehmen wird. Der deutsche industrielle Mittelstand ist daher gefordert, hochqualifizierte Kräfte nicht den Großunternehmen oder den gerade in der Rekrutierung von High Potentials überaus agilen Unternehmensberatern und Wirtschaftsprüfern zu überlassen. Im Zuge dessen müssen die Unternehmen auch aktiv an die Universitäten gehen und an den Fachhochschulen präsent sein, beispielweise an der Dualen Hochschule Baden-Württemberg, einer der größten Hochschulen dieses Bundeslands.

Bei alledem sollten sich die deutschen Unternehmen dringend darauf einstellen, sich zunehmend auch im Ausland nach geeigneten Kräften umzusehen. Gerade bei der Nachwuchsfrage haben die mittelständischen Unternehmen die Chance, weltweit zu agieren, sei es, indem sie deutsche Auszubildende ins Ausland entsenden und dort qualifizieren, sei es, dass sie sich im Ausland nach geeigneten Fachkräften umsehen, die das Unternehmen zudem bei der weltweiten Vernetzung unterstützen können.

8 Der German Mittelstand als attraktiver Arbeitgeber

Viele Mittelständler müssen erst lernen, die Werbetrommel in eigener Sache zu rühren und sich als Arbeitgeber vorteilhaft zu präsentieren. Was macht den German Mittelstand für junge Menschen in Deutschland und dem Rest der Welt so interessant? Welche Vorteile bietet das Unternehmen seinen Nachwuchskräften? Warum ist das Unternehmen ein guter Arbeitgeber, und welche Karrierechancen hat es zu bieten? Diesen Fragen muss man sich stellen, und man muss viel versprechende Antworten darauf finden, schließlich gilt es, Auszubildende wie Studierende zu begeistern und an das Unternehmen zu binden.

Gerade dem German Mittelstand sollte das nicht schwerfallen. Traditionsbewusstsein und Innovationsfreude, gepaart mit Werteorientierung und internationaler Ausrichtung zeichnen den Mittelständler aus, der sich als Arbeitgeber keineswegs verstecken muss.

Schließlich gibt es in mittelständischen Unternehmen oft sehr viel größere Handlungsspielräume als in zentral organisierten Großunternehmen. Im Mittelstand sind Hands-on-Mentalität, Tatendrang und flexibles Handeln gefragt und erwünscht, Ideen sollen und können schnell umgesetzt werden. Das alles trägt zur Attraktivität des Mittelstands als Arbeitgeber bei.

Manche Unternehmen müssen noch lernen, sich selbst als Arbeitgebermarke zu gestalten und aktiv zu werden. Bisher tun das noch zu wenige, doch der deutsche industrielle Mittelstand wird hierin nachziehen.

6. Unsere zehn wichtigsten Erfolgsfaktoren

Der German Mittelstand braucht die Zukunft nicht zu fürchten. Im Gegenteil, gerade mittelständische Unternehmen bringen allerbeste Voraussetzungen mit, tragfähige Zukunftsstrategien zu entwickeln, um die Herausforderungen von Globalisierung und Digitalisierung erfolgreich zu meistern.

Die Aufgabe des Mittelstands besteht gegenwärtig darin, sich diesen Herausforderungen aktiv zu stellen und sich auf die Veränderungen einzulassen. Dazu gibt dieses Buch zahlreiche Praxisbeispiele und Tipps. Und obwohl es mit den Erfolgsrezepten so eine Sache ist, sind wir doch überzeugt, dass die richtige Haltung wesentlich ist und vor allem die folgenden zehn Faktoren für den Unternehmenserfolg wichtig sind.

1 Wissen, wo man steht

Selbsterkenntnis heißt, unsere Wünsche, Motivationen und inneren Antriebe zu erkennen. Selbsterkenntnis bedeutet aber auch, die eigene Position im Markt, die Stärken und Schwächen besser einschätzen zu können. Dies ist der Beginn einer klaren Vision und einer guten Strategie.

2 Wissen, wo man hin will

Eine Vision zu haben, sie deutlich vor Augen zu haben, aus ihr einen klaren Handlungsrahmen abzuleiten und diesen in eine erfolgreiche Umsetzung zu bringen, ist die wichtigste Voraussetzung für zielführendes unternehmerisches Handeln. Die Vision ist Herz und Anker der Unternehmensausrichtung und stiftet für alle Mitwirkenden Sinn.

3 Vertrauenskultur und Werte schaffen

Eine Vertrauenskultur zu schaffen und Werte zu pflegen, kann davor schützen, sich selbst zum schlimmsten Feind zu werden. Wer Werte teilt, kann offen miteinander kommunizieren.

4 Werte leben

Nur wer Werte selbst vorlebt, ist glaubwürdig und kann sie weitergeben – in der Familie genauso wie in der Gesellschaft oder in einem Unternehmen.

5 Die Spiele kennen

Wer gewinnen will, muss seine Spiele und deren Regeln kennen: Es ist daher unerlässlich, den Markt in seine »Spielfelder« zu unterteilen. Für die Praxis ist diese Segmentierung ein wichtiger strategischer Schlüssel in der Unternehmensführung.

6 Muster erkennen

Muster zu erkennen, sei es von Märkten, Technologien, Verhaltensweisen der Wettbewerber oder internen Fähigkeiten, ist eine Grundlage strategischen Denkens. Entscheidend ist nicht das Detail, sondern das Verstehen des jeweiligen Systems, seiner Wirkfaktoren und deren Vernetzung.

7 Fokussieren

Eine klare Strategie hilft, die Kräfte zu fokussieren. Die Ressourcen werden besser eingesetzt. Die Fokussierung führt zu einem stärkeren Wachstum des Unternehmens.

8 Durchhaltevermögen zeigen

Beharrlichkeit gehört zu den wichtigsten Tugenden eines erfolgreichen Unternehmers. Erfolg stellt sich nun mal nicht quartalsweise ein. Wirtschaft ist ein Marathon- und kein Hundertmeterlauf. Daher braucht man nicht allein Kraft, sondern vor allem einen langen Atem. Zähigkeit ist gefordert.

9 Humor erhalten

Humor ist bekanntlich, wenn man trotzdem lacht. Wer nur lacht, wenn er jubeln kann, wird im Wirtschaftsleben nicht weit kommen. Niederlagen gehören zum Geschäft wie der Sturz zum Reitsport. Hinfallen, aufstehen, Helm zurechtrücken, weitermachen – und dabei ab und zu ein wenig über sich selbst lächeln können.

10 Last but not least: Subsidiarität

Das dezentrale Denken gehört zum Wesenskern des mittelständischen Unternehmertums. Es bedeutet, in hohem Grade selbstbestimmt und eigenverantwortlich zu handeln und dies auch im gesamten Unternehmen zu ermöglichen.

Erst wenn ein Gutteil dieser Verhaltensweisen in der Unternehmensführung verinnerlicht und beherzigt wird, kann sich daraus eine Mannschaft entwickeln, welche die Unternehmensvision in der Unternehmenspraxis umsetzt.

Es ist leicht, sich an Zahlen und Fakten zu orientieren, diese »harte« Seite des Geschäfts ist leicht zu bearbeiten. Doch erst wer den Stellenwert der »weichen« Seite des Geschäfts erfasst und in der Führung berücksichtigt, erkennt an, dass wir immer nur die Spitze des Eisbergs sehen, während uns sechs Siebtel verborgen bleiben. Wenn man berücksichtigt, wie viele Dinge unter der Oberfläche verborgen bleiben, und zulässt, dass es intuitiv zu erfassende Veränderungen zu berücksichtigen gilt, ist dies der beste Weg, auch die »weiche« Seite des Geschäfts aufzunehmen und zu verstehen. Denn diese Stimmungen, Trendänderungen und Bedarfsänderungen aus der »Tiefe des Eisbergs« sind zwar schwierig zu verstehen, haben aber einen immensen Einfluss.

Auch in Zukunft ein Erfolgsfaktor: Der German Mittelstand

Zusammenfassend lässt sich sagen, dass der andauernde Erfolg des German Mittelstand historisch gewachsen und regional verankert ist. Ein Rezept, das leicht zu kopieren wäre, gibt es nicht. Es ist ein ganzes Bündel an Faktoren, das den Erfolg eines Mittelständlers ausmacht. Entscheidend ist seine Haltung.

Der moderne Mittelständler ist sich seiner unternehmerischen Verantwortung in jeder Hinsicht bewusst, er handelt mit Weitblick und plant langfristig, er baut sein Unternehmen auf soliden Finanzierungsmodellen auf, treibt immer wieder Innovationen voran, gibt seinen Mitarbeitern eine berufliche Heimat, pflegt Tugenden und Werte und baut gut funktionierende, regionale Netzwerke zu seinen Stakeholdern auf. Vor allem aber gestaltet er seine Unternehmensführung so, dass er das Unternehmen als dezentral organisiertes System zum Erfolg führen kann.

Nur wer mit beiden Beinen stabil auf dem Boden der Tatsachen steht, kann flexibel auf sich wandelnde Anforderungen der Zukunft reagieren. Der Mittelständler handelt aus einem tief verwurzelten Traditionsbewusstsein heraus zukunftsweisend und nachhaltig im besten Sinne.

Der German Mittelstand, der stille Treiber, wird noch sehr lange in der ersten Liga spielen und Welterfolge feiern!

Dank

Dieses Buch basiert auf unserer langjährigen Erfahrung vor allem in deutschen, aber auch in französischen, italienischen, amerikanischen und asiatischen mittleren Industrieunternehmen.

Um diese Erfahrungen lesbar zu machen, haben wir uns Claudia Cornelsen ins Boot geholt, die uns sehr wertvolle Unterstützung geleistet hat. Wir bedanken uns sehr für ihre Art zu schreiben und für ihr außergewöhnliches Hineindenken in unsere Welt, für ihre hohe Kreativität und ihre konstruktive Kritik.

Wir bedanken uns bei den Unternehmern, die dieses Buchprojekt bereits im Vorfeld einhellig begrüßt haben. Darüber hinaus gilt unser Dank Peter Pfeiffer und Steve Hagge, den Nachfolgern von Carl A. Siebel als CEOs der Aptargroup, die das Buchkonzept speziell im Hinblick auf die Aptar-Story unterstützt haben. Ebenfalls bedanken wir uns herzlich bei King Harris, dem Chairman der Aptargroup, der uns die Freiheit gab, den Weg von Aptar bis 2007 im Detail zu beschreiben. Ein herzliches Dankeschön senden wir nach Freiburg an Klaus Endress, den Präsidenten, und Dr. Christoph Münzer, den Geschäftsführer des Wirtschaftsverbands Industrieller Unternehmen Baden e. V. (wvib). Sie haben das Buchprojekt aufgrund ihrer tiefen Kenntnis des industriellen Mittelstands sofort unterstützt. Auch danken wir Michael Roesen für seine kritische Prüfung des Textes. Die Zusammenarbeit mit dem Econ-Verlag war für uns inspirierend, vertrauensvoll und pragmatisch. Ein herzliches Dankeschön geht an Jürgen Diessl und sein Team. Herzlich bedanken wir uns außerdem bei Astrid Roggen-Lohmann für ihre gekonnte Hintergrundunterstützung.

Und schließlich geht ein ganz besonderes Dankeschön an

unsere Ehefrauen Carla Siebel und Petra Kübler, die mit manchen kritischen Fragen und hilfreichen Hinweisen geholfen haben.

Heiner Kübler und Carl A. Siebel im Juni 2016

Anhang

Zwölf Gründe für den Erfolgsweg des deutschen industriellen Mittelstands

Es gibt tiefe, zum Teil historische Gründe, warum der deutsche Mittelstand seine heutige Bedeutung aufbauen konnte. Wir sehen seinen Erfolg vor allem in den folgenden zwölf Punkten begründet:

1 Dauerhaft erfolgreich: Tradition und Innovation

Der mittelständische Unternehmer operiert mit Weitblick, und zwar in jeder Hinsicht – schon aus eigenem Interesse, schließlich gehört das Unternehmen in aller Regel ihm selbst. Eine solche Art der Unternehmensführung hat in Deutschland eine lange Tradition. Es überrascht insofern nicht, dass sehr oft Traditionsunternehmen daraus hervorgehen, die seit mehreren Jahrzehnten, ja Jahrhunderten am Markt etabliert sind. Altersschwäche zeigen sie deswegen noch lange nicht, im Gegenteil, es handelt sich meist um sehr gesunde Unternehmen, die aus dem deutschen und internationalen Wirtschaftsgeschehen nicht wegzudenken sind.

Die Innovationsfreude und Technikbegeisterung, die zu Beginn des 20. Jahrhunderts mit zahlreichen bahnbrechenden Erfindungen und technischen Neuerungen über Europa schwappten, brachten einige mittelständische Erfolgsgeschichten hervor, deren Namen bis heute bekannt sind.

Zu den in dieser Zeit entstandenen Traditionsunternehmen gehört etwa der Waiblinger Gerätehersteller Stihl, gegründet 1926 von der Familie Stihl, die bis heute im Beirat des Unternehmens die Premiumqualität der Produkte sicherstellt. Begonnen hatte kurz nach Unternehmensgründung alles mit der damals weltweit ersten Elektrokettensäge. Das Unternehmen ist der weltweit größte Hersteller von Motorsägen, der eine hohe Innovationskraft hat. So entwickelt man heute zum Beispiel möglichst leise und abgasfreie Geräte.

Bahnbrechend sollte zum Beispiel die 1894 unter der Nummer 18788 im Deutschen Patentamt in Berlin eingetragene Erfindung von Johann Vaillant sein: ein Gasbadeofen, der erstmals für warmes Wasser in den Badezimmern sorgen sollte. In jüngster Vergangenheit führte die Firma Vaillant eine weitere Neuerung ein: ein Kraft-Wärme-Kopplungssystem, das in Ein- und Zweifamilienhäusern gleichzeitig Wärme und Strom erzeugen kann. Das Unternehmen beschäftigt heute weltweit über 12 000 Mitarbeiter.

Doch Unternehmen wie Stihl oder Vaillant sind im Grunde junge Newcomer – jedenfalls im Vergleich zu vielen anderen, sehr viel älteren deutschen Unternehmen, die sich zum Teil seit fünf Jahrhunderten am Markt behaupten.

Das Unternehmen William Prym GmbH & Co. KG, das vor allem Kurzwaren, aber auch Elektroelemente herstellt, gibt es bereits seit 1530. Vom Goldschmied Wilhelm Prym gegründet, gehören weltweit 40 Produktions- und Vertriebsstandorte dazu.

Kochmesser, Scheren, Haushaltswaren, Kochtöpfe, Küchenhelfer, Bestecke, Beauty-Artikel – die Erfolgsgeschichte, aus der all diese Produkte hervorgingen, begann 1731, als der Solinger Messermacher Peter Henckels den Zwilling als Handwerkszeichen in die Solinger Messermacherrolle eintragen ließ. 2014 verzeichnete die Zwilling J. A. Henckels AG einen Umsatz von über 650 Millionen Euro.

Es ließen sich noch viele Seiten mit den Erfolgsgeschichten solcher weltweit agierenden, mittelständischen Traditionsunternehmen aus Deutschland auflisten – doch sie alle würden immer wieder das eine zeigen: Tradition und Innovation sind im deutschen Mittelstand untrennbar miteinander verknüpft.

2 Die duale Ausbildung

Mit Weitblick zu wirtschaften, das heißt für den typischen Mittelständler, zunächst im Unternehmen selbst für Langfristigkeit zu sorgen und die Beziehung zu den Mitarbeitern sorgfältig zu pflegen. Die positiven Effekte, die eine solche Vorgehensweise für den wirtschaftlichen Erfolg des Unternehmens hat, sind hoch zu schätzen. Im besten Falle bleibt der Mitarbeiter ein Leben lang – von der Werkbank bis zur Rente – in »seinem« Unternehmen.

Der Mittelstand stellt nicht nur einen Großteil der Ausbildungsplätze in Deutschland, er bildet auch auf ganz besondere Art und Weise, nämlich dual aus. Diese Ausbildungsform gibt es so nur im deutschsprachigen Raum, in Deutschland, der Schweiz, Österreich sowie in einigen Gegenden in Südtirol. In Deutschland gab es 2012 mehr als 1,4 Millionen Auszubildende in etwa 340 Berufen; viele Unternehmen kooperieren sehr eng mit den Ausbildungsstätten.

Das Besondere ist, dass die theoretische Ausbildung und die berufspraktische Erfahrung Hand in Hand gehen. Die Auszubildenden sammeln also von Anfang an Praxiserfahrung. Durchschnittlich vier Tage pro Woche arbeiten die Auszubildenden im Betrieb, einen Tag besuchen sie die Berufsschule. Im Wechsel zwischen Schul- und Werkbank werden die Lehrlinge in ihren Unternehmen schon nach kurzer Zeit mit den »echten« Bedingungen des Berufsalltags konfrontiert.

Die dual ausgebildeten Facharbeiter und Handwerker werden zu begehrten Fachkräften, die genau die Fertigkeiten lernen, die gebraucht werden. Vor allem aber sichern sie die Qualität und wissen, worauf es im Unternehmen ankommt. Das schlägt sich nicht zuletzt auch in der Arbeitseinstellung der Nachwuchskräfte nieder, in den guten alten Tugenden. Dazu gehören Fleiß, Gründlichkeit, Ehrlichkeit, Anständigkeit, Qualitätsanspruch und Bescheidenheit. Es mag altmodisch klingen, doch die früh vermittelten Grundtugenden sind hochmodern und tragen wesentlich zum erfolgreichen Wirtschaften bei.

Die duale Ausbildung ist für beide Seiten von Vorteil, denn natürlich ist das Interesse des Arbeitgebers, der seinen Lehrling kennt, groß, ihn im Anschluss an die Ausbildung auch zu übernehmen. Die Unternehmen stellen gerne eine ausgebildete Fachkraft ein und binden den frisch von der Werkbank übernommenen Lehrling gern langfristig an sich. Wer sich gut einbringt, hat gute Aussichten darauf, lange in seinem Unternehmen zu bleiben, um sich dort zu entwickeln.

Der Grundgedanke der dualen Ausbildung war schon im Zunftwesen des Mittelalters angelegt. Dabei hatten sich Handwerker zusammengeschlossen, um sich gegenüber dem Adel und dem Bürgertum gemeinsam Rechte und politische Macht zu sichern. Dies wurde ihnen zugestanden, um durch die Ansiedlung selbstbewusster Handwerksmeister die Wirtschaftskraft der Regionen zu stärken. Den angesehenen Meistern zur Seite standen die Gesellen und neben ihnen die Lehrlinge, denen allen ein hohes Selbstbewusstsein gemein war. Wer in einer Zunft organisiert war, genoss rechtliche Privilegien, und so erstarkten die Zunftbetriebe mit der Zeit immer mehr. Auch aus ihnen erwuchsen bald städtische Bündnisse, die in ihrem Kern immer auf wechselseitigem Vertrauen und einem Höchstmaß an Mitspracherechten für jeden Einzelnen basierten.

Während sich im angelsächsischen Raum das Lehrlingswesen im Zuge der Industrialisierung verlor und die teure langwierige Berufsausbildung staatlichen Institutionen überlassen wurde, hielt sich im deutschsprachigen Raum das duale Ausbildungssystem bis heute und half dabei, einen industriellen Mittelstand zu etablieren, bei dem traditionell-handwerkliche Berufe mit staatlich geregelten Bildungssystemen kombiniert werden.

Die duale Ausbildung ist aber nicht nur für die einzelnen Unternehmen ein Gewinn, sondern stärkt die Produktionskraft des ganzen Landes. Es ist also kein Wunder, dass die so selbstverständlich gewordene duale Ausbildung aus Deutschland anderswo gefeiert wird. So hofft der amerikanische Präsident Barack Obama, mit dem dualen Ausbildungssystem die jungen Leute von der Straße und in die Unternehmen zu bringen.

Denn während sich das duale Ausbildungssystem in Deutschland über viele Jahrzehnte bewährt hat, wird in anderen Ländern bislang oft ausschließlich in den Berufsschulen ausgebildet; die theoretische Ausbildung erfolgt zentralisiert. Praxiserfahrung wird im Anschluss an die Theorie in Lehrwerkstätten gesammelt, wo sich die Auszubildenden zwar an allerlei Dingen versuchen, allerdings weitgehend ohne Praxisrelevanz. Weder lernen sie den Arbeitsalltag in den Unternehmen kennen, noch knüpfen sie Kontakte. Der Eintritt in die reale Arbeitswelt ist dann – anders als bei den praxiserprobten, dual ausgebildeten Fachkräften – oft ein Schock.

Dabei wurde die duale Ausbildung international lange geschmäht. Gerade die OECD in Paris vertrat viele Jahre lang die Ansicht, dass Deutschland mehr Studierende bräuchte und weniger Azubis. Jeder *Dottore* aus Italien war mehr wert als der Facharbeiter aus dem Badischen. Was zählte, war der Titel, nicht die Befähigung. Doch inzwischen sind die Deutschen sehr gefragt, wenn es um Anschauungsunterricht in Sachen Berufsausbildung geht. Besonders viel Hoffnung setzt man in die duale Ausbildung, wenn es um die Reduzierung der hohen Jugendarbeitslosigkeit zum Beispiel in Südeuropa geht.

Und so ist das Interesse an der dualen Ausbildung mit der Krise in Europa gestiegen. Dabei ist die Idee, die duale Ausbildung auch in anderen Ländern einzuführen, nicht neu. Der Deutsche Industrie- und Handelskammertag (DIHK) unterstützt den Export nach Portugal bereits seit den achtziger Jahren und führt inzwischen mit mehr als 200 Ausbildungsunternehmen eine an das deutsche System angelehnte duale Ausbildung durch.

Doch ganz so einfach lässt sich die duale Ausbildung nicht

exportieren, denn die Anforderungen sind hoch. Es braucht eine Kooperationskultur in den Berufsschulen wie in den Unternehmen, die sich nicht aus dem Boden stampfen lässt. Oft fehlen qualifizierte Ausbilder und einheitliche Standards, um die Qualität der Lehre zu garantieren. Nicht zuletzt deshalb ist die Einführung des dualen Systems in anderen Ländern, wie z. B. China, schwierig. In Deutschland spielen in diesem Zusammenhang die Handwerks-, Ärzte-, Industrie- und Handelskammern eine tragende Rolle. Doch die Mitgliedschaft in diesen Kammern ist hierzulande bekanntlich zwingend. Wie sollte man ein solches System etwa auf die Vereinigten Staaten übertragen?

Und noch etwas wird gern übersehen: Die duale Ausbildung, die sich im deutschsprachigen Raum über Jahrzehnte bewährt hat, sichert den Fachkräftenachschub der Unternehmen. Einen Beitrag zum Abbau der Jugendarbeitslosigkeit wird die duale Ausbildung in anderen Ländern nur leisten, wenn sie dort sorgfältig an örtliche Besonderheiten angepasst wird. Dafür braucht es Ausdauer und Geduld. Das deutsche System eins zu eins zu übertragen, ist nicht das Ziel.

3 Mit den Mitarbeitern

Die gelungene Beziehung zu den Mitarbeitern beginnt mit der dualen Ausbildung und mündet in der Regel in ein langjähriges Anstellungsverhältnis. Was darin auch zum Ausdruck kommt, ist die große Wertschätzung gegenüber den Mitarbeitern. Auch in dieser Hinsicht ist die Haltung des Mittelständlers, dass er sich seiner langfristigen, sozialen und menschlichen Verantwortung sehr bewusst ist. Er denkt im Zehn-Jahres-Zeitraum und hat daher auch die Familien seiner Mitarbeiter im Blick. Das soziale Engagement ist hoch. Der Mittelstand betreibt auch insofern eine moderne und weltoffene Unternehmenspolitik, als er seinen Fachkräften sehr gute Entwicklungschancen bietet und in

Arbeitsplätze investiert. Auch dies macht den Mittelstand zu einem guten Geschäftspartner für den Rest der Welt.

4 Finanzierungsmodelle mit Weitblick

Doch von den guten Zeugnissen in Sachen »Social Skills« einmal abgesehen, ist ein Mittelständler natürlich in erster Linie ein Geschäftsmann – wie er es schon aus eigenem Interesse, aber auch aus seiner verantwortungsvollen Haltung heraus sein muss. Vor allem in Finanzangelegenheiten zeigt sich, dass mittelständische Langfristigkeit mehr ist als ein trendorientiertes Lippenbekenntnis.

Das Finanzierungsverhalten der mittelständischen Unternehmen in Deutschland weist eine bemerkenswerte Konstanz auf – trotz Finanzmarktkrise und trotz des starken Wachstums der Kapitalmärkte. Eigenkapitalfinanzierung und Bankkredite zählen weiterhin zu den Kernelementen der Finanzierung.

Die weltweite Finanzkrise von 2008 brachte nicht nur das Bankensystem, sondern auch die Realwirtschaft in Bedrängnis. Die bis heute währende europäische Staatsschuldenkrise befeuert den Vertrauensschock. Die eigentliche Krise scheint zumindest vorläufig gebändigt, doch viele Unternehmen arbeiten immer noch an den schmerzhaften Folgen. Um sich für künftige systemische Bankenkrisen zu wappnen, erhöhen viele Unternehmen ihre Eigenkapitalbasis, vergrößern die Liquiditätsreserven und berücksichtigen stärker die Erfordernisse der Kapitalmärkte.

Die mittelständischen Unternehmen haben ihre Lektion gelernt und wissen, wie stark sie von einer funktionierenden Versorgung mit Fremdkapital abhängig sind. So mancher Mittelständler konnte geplante Investitionen mangels Verfügbarkeit von frischem Fremdkapital nicht stemmen. Es gab die Angst vor einer flächendeckenden Kreditklemme. Auch wenn diese nicht eintrat: Die Finanzkrise hat im Mittelstand ihre Spuren hinterlassen – die Finanzierung ist bei vielen Unternehmen zu einem strategischen Faktor geworden.

5 Netzwerke in den Heimatregionen

Der Mittelstand praktiziert also seit Jahrzehnten, wenn nicht Jahrhunderten, genau jene Methoden, die unter der Überschrift Nachhaltigkeit auch in modernen Managementlehrbüchern Erfolg versprechen: Nur ist das nachhaltige Wirtschaften im Mittelstand keine Managementmode, es ist Teil seines Wesenskerns.

Es ist kein Zufall, dass der »German Mittelstand« den Volkswirtschaften international als Vorbild gilt und man seinem Erfolgsgeheimnis in aller Welt auf die Spur zu kommen sucht. Neben der Innovationsorientierung, Kooperationen mit Ausbildungsstätten, Hochschulen und Forschungsinstituten sowie der verantwortungsvollen Führung des Unternehmens in Sachen Mitarbeiter und Finanzen gehört zu den Stärken des deutschen Mittelstands ein weiterer Aspekt, und zwar ein gut funktionierendes, regionales Netzwerk.

Ein mittelständisches Unternehmen ist in der Regel eng verbunden mit der Region, in der es – im besten Sinne – beheimatet ist. Zum Führungsstil des typischen Mittelständlers gehört es nicht nur, die guten Kontakte zu seinen Kunden und Mitarbeitern zu pflegen, sondern zu allen Beteiligten (Stakeholder) des Unternehmens ein engmaschiges Netzwerk zu knüpfen. Dieses Netzwerk ist eng an die Heimatregion gebunden, in der das Unternehmen ansässig ist. Dazu gehört meist eine Hausbank aus der Heimatregion des Unternehmens, aber natürlich auch Zulieferer oder kleinere Firmen, die das Unternehmen in Produktion, Entwicklung und Dienstleistung unterstützen. Im Zuge des Wandels in der vierten industriellen Revolution werden solche Netzwerke in Zukunft weiter wachsen und an Bedeutung gewinnen.

Doch so gern man dem »German Mittelstand« nacheifern

möchte, zuverlässig funktionierende Beziehungen lassen sich kaum am Reißbrett entwerfen und nachahmen. Meist ist das Netzwerk über einen sehr langen Zeitraum gewachsen, und zwar unter persönlichen, wirtschaftlichen und politischen Bedingungen, die weit zurückreichen.

6 Föderaler Nährboden für dezentrale Strukturen

Um zu verstehen, weshalb der Mittelstand gerade in Deutschland einen so fruchtbaren Nährboden fand, muss man bis ins Mittelalter zurückgehen. Wer im Heiligen Römischen Reich Deutscher Nation mit seinen Hunderten von Kleinstaaten erfolgreich Handel betreiben wollte, musste sich zum einen über Grenzen wagen und zum anderen ein sehr gut funktionierendes Netzwerk von Handelspartnern und Verbündeten aufbauen. Vor allem aber musste er zum Experten für die regionalen Erfordernisse und Besonderheiten vor Ort werden. Denn das wesentliche Strukturmerkmal, das er vorfand und das Deutschland wie kaum ein anderes Land bis heute prägt, ist der Föderalismus.

Bereits das Heilige Römische Reich trug föderale Züge. Weil es den Ottonen, Saliern und Staufern an Instrumenten fehlte, ihre Macht zentral auszuüben, da es an Kommunikation, schriftlicher Verwaltung und an Beamten mangelte, waren sie auf föderative Machtdurchsetzung angewiesen. Selbst die Kaiser hatten es mit regionalen Gewalten zu tun, denen gegenüber eine straffe, zentralistische Herrschaft kaum möglich war. Ihre Herrschaft war also, davon geht die moderne Mittelalterkunde inzwischen aus, konsensorientiert statt autoritär. Im Spätmittelalter wurden den Fürsten und reichsständischen Herrschern zunehmend Eigenständigkeit und Mitbestimmungsrecht zugesprochen. Durch zunehmende Abschottung sollte sich die Neuverteilung der Macht aber – im wahrsten Sinne des Wortes – bald verselbständigen und letztlich in Kleinstaaterei münden.

Neu geordnet werden sollten die Verhältnisse mit der Aufklärung, die gemeinhin als Beginn der Moderne in Europa gilt. Das 18. Jahrhundert markiert aber nicht nur die Geburtsstunde der Moderne, sondern auch ein Jahrhundert, in dem mehr als 20 Kriege geführt wurden. Erbittert wurde um die Verteilung der Machtverhältnisse in Europa gekämpft, angesichts der über 300 Kleinstaaten allein in Deutschland und angesichts der Fürstenhäuser, freien Städte und kleinen Rittergüter, die nicht selten untereinander zerstritten und verfeindet waren, ein kompliziertes Unterfangen.

Der moderne Föderalismus Deutschlands fand seine praktische Ausformung schließlich 1815, als der Deutsche Bund entstand, der sich bewusst nicht als Konföderation bezeichnete, um keinen »aufklärerischen Geruch« zu verströmen. Dennoch ist dies der historische Beginn des Föderalismus, wie er sich in den Bundesstaaten der heutigen Bundesrepublik Deutschland widerspiegelt.

7 Dezentrales Denken

Der Drang, sich über Grenzen zu wagen, ist im Zuge der deutschen Kleinstaaterei über viele Jahrhunderte gewachsen und reicht bis in die Gegenwart. Nur wenige Länder sind so ausgewogen dezentral strukturiert wie Deutschland. Letztlich bedeutet das für den langfristig orientierten Mittelständler einen Wettbewerbsvorteil, der sich anderswo kaum so einfach vorfinden oder aufholen lässt. Dezentral untereinander vernetzte Subsysteme sind um ein Vielfaches stabiler, als es ein großes, zentral voneinander abhängiges System jemals sein kann.

Dezentralität bedeutet aber nicht nur Stabilität, sie bedeutet im Zuge der größeren Verwurzelung in einer Region auch, sehr viel näher an den Problemen dran zu sein, spezielle Anforderungen besser zu kennen und sehr viel direkter führen zu können. So lassen sich Stakeholder vor Ort und in der Region ungleich besser einbinden und motivieren.

Eine dezentrale Struktur erlaubt eine größere Vielfalt an Lösungen, lässt einer Organisation Raum, zu lernen, Prozesse zu verbessern und die Lösungsgüte zu erhöhen. Davon profitiert das ganze Land, und auch für die Industrieunternehmen des »German Mittelstand« ist die dezentrale Struktur ein großer Vorteil. Vor allem im internationalen Wettbewerb zeigt sich, dass das Dezentrale ein Kernpunkt deutschen Unternehmerdenkens ist.

8 Vertrauenskultur statt Verkrustung

Im dezentralen Denken erkennen wir den mittelständischen Unternehmer auch insofern wieder, als eine solche Denkweise letztlich nichts anderes bedeutet, als in hohem Grade selbstbestimmt und eigenverantwortlich zu handeln und dies auch im gesamten Unternehmen zu ermöglichen. Gerade angesichts der vielen verkrusteten Strukturen, die sich in Europa und überall auf der Welt gebildet haben und weiter bilden, hat der deutsche Mittelstand in dieser Hinsicht einen enormen Vorsprung: Das historisch gewachsene, dezentrale Denken macht ihn im Vergleich enorm flexibel und lebendig.

Dezentralen Strukturen wohnt ein hoher Grad an Subsidiarität inne. Davon profitiert und partizipiert im Zuge der regionalen Verankerung und des Handelns im Interesse aller Stakeholder letztlich das ganze Unternehmen.

Wachsen zentrale Systeme und werden die Zentralen immer größer, so ist es normal, dass sich Grüppchen bilden und Entouragen finden. Gerade in größer werdenden Unternehmen ist der Fokus auf eine möglichst kleine Zentrale notwendig, um dem Trend zum Zentralismus entgegenzuwirken. Gelingt dies nicht, werden von der großen Zentrale – um ihre eigene Existenzberechtigung zu untermauern – den produktiven Einheiten immer mehr Aufgaben zugewiesen. Das hat dann enorme Folgen: Die Organisation wird immer unbeweglicher. Nicht das Miteinander wird gefördert, sondern es entsteht ein Gegeneinander. Nimmt eine solche Verkrustung erst einmal ihren Lauf, wächst sie meist weiter und breitet sich wie ein Krebsgeschwür im ganzen Organismus aus.

Die Überzeugung aber, dass die Zentrale so klein als möglich sein soll, muss von oben implementiert werden. Es braucht Stärke und Souveränität, um das Prinzip der Minimalzentrale von oben durchzusetzen und den produktiven Einheiten zu vertrauen. Gelingt es, eine Kultur des Vertrauens zu schaffen, ist diese die beste Waffe, um Frust in den produktiven Einheiten gar nicht erst aufkommen zu lassen und Verkrustung im ganzen Unternehmen zu vermeiden.

9 Dezentral führen heißt moderieren

Es ist elementar, im Unternehmen dezentrale Strukturen zu schaffen, innerhalb derer die einzelnen Einheiten voneinander lernen können. Auf diesem Wege können auf freiwilliger Basis Lernprozesse in Gang gesetzt werden. Im weiteren Vorgehen werden die besten Lösungen dupliziert und weitergetragen. Innerhalb solcher Strukturen hat die Unternehmenszentrale dann keine bestimmende Rolle, sondern eine moderierende Funktion.

Für viele Führungskräfte, die aus dem Operativen kommen und nichts als direkte Weisungen kennen, ist das zunächst einmal eine ungewohnte Herangehensweise. Anfänglich überfordert, müssen sie sich erst einmal an ihre ungewohnte Rolle als Moderator, Berater und Helfer gewöhnen. Gelingt es, die dezentralen Strukturen fruchtbar zu machen, kann das Unternehmen als lebendiger Organismus zwischen Tradition und Innovation bestehen und in veränderten Umgebungen, in der Industrie 4.0 ebenso wie auf einem sich wandelnden weltweiten Markt, flexibel bestehen.

10 German Mittelstand: im Herzen Europas

Seit dem Fall der Mauer liegt Deutschland mitten in Europa und ist offen für die europäischen Märkte im Westen, Osten, Süden und Norden, offen für die Kulturen, die hier aus allen Himmelsrichtungen aufeinandertreffen. Im Herzen Europas kreuzen sich viele Handelswege, und der Standort eignet sich ideal dafür, die preiswerte Zulieferung aus Osteuropa in die deutsche Produktion zu übertragen. Im weltweiten Kostenwettbewerb ist das für die mittelständischen deutschen Industrieunternehmen ein entscheidender Wettbewerbsvorteil.

Zu einigen Nachbarn scheinen die Grenzübergänge einladend weit offenzustehen, bei anderen zeigen sich bis heute Gräben. So tickt beispielsweise Frankreich sehr viel anders als viele andere Länder. Es ist vielleicht kein Zufall, dass Frankreich wie kaum ein anderes Land auf eine Geschichte zurückblickt, die von Zentralität geprägt ist. Ohne diese tief verankerten Strukturen wäre das Land ein anderes. Das Beispiel bleibt einzigartig: In keinem europäischen Land wird die Industrie so sehr gelenkt und geplant wie bei unseren französischen Nachbarn.

11 Lektionen in Flexibilität

Ganz anders ist es in Deutschland, denn durch die großen Niederlagen und Umbrüche hat man hierzulande vor allem eins gelernt: Flexibilität. Und das Vermögen, flexibel zu bleiben, komme, was da wolle, hat das Land geprägt – nach zwei Weltkriegen, nach zwei Inflationen und durch die Wiedervereinigung. Die permanent im Umbruch befindliche Gesellschaft war gefordert, alte Werte immer wieder neu zu denken, sich immer wieder neu aufzustellen. Eliten wurden hinterfragt, und man hatte kaum Gelegenheit, Strukturen verkrusten zu lassen. Verkrustung hat im geschichtsbewegten Deutschland erst vor kurzer Zeit eingesetzt.

12 Kompetenzzentren im regionalen Wettbewerb

Ein Blick auf die Deutschlandkarte zeigt, dass es innovative mittlere Unternehmen in allen Gemeinde- und Regionstypen gibt. Zwar haben knapp die Hälfte der Weltmarktführer ihren Unternehmenssitz in deutschen Ballungsräumen, und ein weiteres knappes Drittel ist in »zentral« gelegenen Gemeinden zu finden, doch immerhin fast 20 Prozent haben sich in peripheren Räumen angesiedelt. Im Umkehrschluss bedeutet dies, dass jedes Unternehmen in Deutschland unabhängig von seinem Standort Weltmarktführer werden kann.

Einer der Effekte der Ansiedlung eines Weltmarktführers ist – ob im Speckgürtel einer Metropole oder in der Provinz –, dass sich in unmittelbarer Nähe weitere Firmen ansiedeln. So bildet sich im Umkreis oft ein spezialisiertes Regional-Cluster für einen sehr speziellen Wirtschaftszweig heraus.

Das gebündelte Knowhow und die große Nähe der Wettbewerber haben wiederum zur Folge, dass sich regionale Kompetenzzentren bilden: Die Weltmarktführerdichte ist enorm hoch.

Vier Erfolgsregionen des Mittelstands

Typisch für den Mittelstand sind seine regionalen Erfolgsgebiete. Vier von ihnen werden hier beispielhaft beschrieben.

Gebündelte Kompetenz im Schwarzwald

Der Schwarzwald hat sich als Kompetenzzentrum für Feinmechanik und Mechatronik etabliert. Die hier ansässigen Unternehmen verzeichnen stetig wachsende Umsätze, die Konjunktur entwickelte sich in den letzten Jahren weiter positiv. Man ist zufrieden im Badischen und im Württembergischen und schaut zuversichtlich in die Zukunft.

Über 1000 Firmen (mit fast 200000 Arbeitsplätzen) des industriellen Mittelstands sind Mitglied im wvib, dem Wirtschaftsverband Industrieller Unternehmen Baden e.V., der »Schwarzwald AG«. Dahinter verbirgt sich ein vermutlich einmaliger freiwilliger Zusammenschluss von industriellen Unternehmen, die sich durch Erfahrungsaustausch (»Erfa-Gruppen«) und ein sehr breites Vermittlungs- und Beratungsangebot wechselseitig unterstützen – jenseits von Konkurrenz und Wettbewerb.

Tuttlingen: Wiege der Medizintechnik

Ein weiteres Kompetenzzentrum ist Tuttlingen. Die kleine Stadt im Süden Baden-Württembergs, die nach einem Brand 1803 im klassizistischen Stil wiederaufgebaut wurde, ist ein eher beschaulicher Ort mit etwa 34000 Einwohnern. Nach Stuttgart in der einen und Zürich in der anderen Richtung fährt man von hier etwa eine Autostunde. 13000 Pendler gibt es in Tuttlingen, und mit insgesamt 22000 Arbeitsplätzen und einer sehr niedrigen Arbeitslosenquote von unter 4 Prozent hat man hier nahezu Vollbeschäftigung.

Tuttlingen gilt als Wiege der Medizintechnik: Hier arbeiten in weit über 400 Unternehmen rund 8000 Beschäftigte daran, in Europas größtem Medizintechnikcluster die Innovation im Bereich chirurgische Instrumente und modernste Implantat-Technologien voranzutreiben. Hunderte ebenfalls in diesen Segmenten spezialisierte Zulieferer und Dienstleister arbeiten den Unternehmen in der ganzen Region zu. Um für genügend Fachkräftenachwuchs zu sorgen, gründete man vor Ort den Hochschulcampus Tuttlingen als Standort der Hochschule Furtwangen. In Tuttlingen unterrichten etwa 15 Professoren 650 Studierende in der Medizintechnik, Mechatronik, Werkstofftechnik und in der Fertigungstechnik. Damit die Studierenden nach ihrem Bachelor- oder Masterabschluss auch in der Region bleiben, bemüht sich Tuttlingen auch an anderer Stelle um Standortattraktivität und bietet Festivals und viel Kultur. Und so kommt es, dass eine ansonsten eher etwas abgelegene Stadt den Titel »Weltzentrum der Medizintechnik« trägt.

Hohenloher Weltmarktführer

Auch im Nordosten Baden-Württembergs, wo an den Hängen des Jagsttales und des Kochertales Wein angebaut wird, findet sich mit der Hohenloher Verpackungstechnik ein solches Kompetenzzentrum und eine ebenso hohe Beschäftigungsrate wie in Tuttlingen.

Zahlreiche Firmen sind dort angesiedelt. Besonders bemerkenswert ist die hohe Zahl der Hohenloher Unternehmen, die auf dem Weltmarkt führend sind. Hier finden sich besonders viele jener Hidden Champions und Hidden Followers, die meisterliche Produkte im Verborgenen entwickeln und damit großen wirtschaftlichen Erfolg haben. Mit großem Erfolg tüfteln die Hohenloher an Spezialmaschinen, mit denen medizinische Produkte, Lebensmittel oder Dinge des täglichen Lebens abgefüllt und verpackt werden. Die Innovationskraft der Hohenloher ist auf der ganzen Welt gefragt. Die Exportraten liegen teilweise bei über 80 Prozent.

In diesen familiengeführten, mittelständischen Unternehmen finden wir sie wieder, die starke Orientierung an Werten und das langfristige Denken, das sich mit großer Flexibilität verbindet.

Bei den Wettbewerbsvorteilen der Hohenloher Weltmarktführer steht die Produktqualität ganz oben. Die Unternehmen sehen sich eher in einem Leistungswettbewerb statt in einem Preiskrieg. Ganz oben auf der Werteskala dieser hoch erfolgreichen Unternehmen steht die langfristige Sicherung des Unternehmens.

Nürnberger Hidden Champions

Zahlreiche Weltmarktführer findet man aber beispielsweise auch in der Metropolregion Nürnberg. Dazu zählen Unternehmen der Schreibtechnik und zahlreiche Zulieferer für die Automobilindustrie. In den Autos fast aller großen Hersteller sind Spezialteile aus der Metropolregion verbaut. Ventil- und Kolbenfedern, Hightech-Kunststoffprodukte wie Handschuhkästen und Kofferraumverkleidungen, Autofenster- und Türsysteme, Außenspiegel und Kabel. Dazu kommen im Maschinenbau Produkte wie Elektromotoren, Leistungselektronik und Gelddruckmaschinen.

Doch auch aus dem Alltag von Menschen in aller Welt sind Produkte aus der Metropolregion nicht mehr wegzudenken: Parfümflakons, Eye- und Lipliner, Laminatfußböden, Porzellan etc.

Tatsächlich ist unter den Weltmarktführern der Wettbewerb im nächsten Dorf am schärfsten. Das ist hart und fordernd, doch schlussendlich stärkt es alle Beteiligten – und im Ergebnis stehen in fast jedem Dorf eine oder zwei Fabriken. Zum anderen fördert die regionale geballte Kompetenz die Vernetzung der Unternehmen mit der wissenschaftlichen Forschung, mit den Instituten und den Wirtschaftsverbänden.

Drei Werkzeuge, die in Strategieprozessen wichtig sind

An dieser Stelle werden folgende, für Strategieprozesse wichtige Werkzeuge beschrieben: das Strategie-Grundmodell, die Wachstumsmatrix und die Szenariotechnik.

Das Strategie-Grundmodell

Das Grundmodell ist eine einfache und schlüssige Systematik, um die Strategie des Unternehmens zu entwickeln.

In den meisten Fällen sind die Teilnehmer der Strategieklausuren die Mitglieder des Führungsteams. Bei Unternehmen mit internationalen Einheiten sollten auch deren Leiter dabei sein.

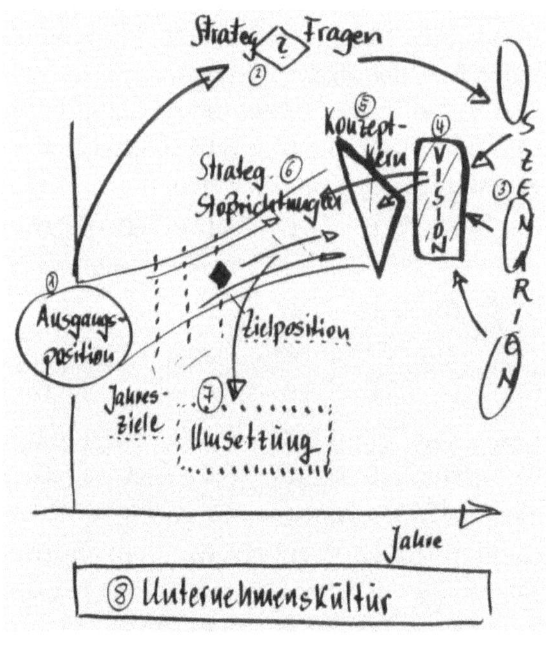

Das Strategie-Grundmodell

In folgenden Schritten wird vorgegangen:

1 Zunächst wird analysiert, wo das Unternehmen heute steht: im Markt, gegenüber den Wettbewerbern sowie in den relevanten Technologien. Dann folgt die interne Analyse: Was kann das Unternehmen besonders gut (Fähigkeitenanalyse)? Wo liegen die Schwächen? Wie sieht die finanzielle Situation aus? In *einem* Bild wird danach die Gesamtlage des Unternehmens »plastisch« festgehalten.
2 Aus dieser Analyse lassen sich die wichtigen Fragen über die Zukunft des Unternehmens ableiten.
3 Danach wird die Zukunft betrachtet. Zum künftigen (z. B. zehn Jahre) Spiel des Marktes/Wettbewerbs und zum künftigen Zustand der Technologien werden Zukunftsbilder erstellt: Szenarien.
4 Auf Basis der Szenarien, der Analyse und der strategischen Fragen wird dann *eine* Vision, das sinnstiftende Zukunftsbild des Unternehmens, erarbeitet. Nun wissen alle Führungskräfte, wohin die langfristige Reise gehen soll.
5 Im Konzeptkern werden alle übergeordneten Strategiegedanken (Segmentierung des Marktes, Denkänderungen, künftige Wettbewerbsvorteile, künftiges Markenprofil etc.) festgehalten.
6 Mit den strategischen Stoßrichtungen (z. B. für den Markt, für die Produkte/Innovationen, für die Prozesse, die Führung etc.) wird der Handlungsrahmen (der »Strategie-Korridor«) abgesteckt, um in diesem Korridor das Unternehmen Stück für Stück vom heutigen Zustand in Richtung Vision voranzubringen. Insgesamt entstehen so etwa 30–50 Strategien, die jede Führungskraft verinnerlichen wird: das Strategiengeflecht.
7 Die Strategieebene wird verlassen. Aus dem Strategiengeflecht werden die richtigen Projekte abgeleitet, um das Unternehmen in die Umsetzung zu bringen. Hierzu sind die Werkzeuge des Projektmanagements einzusetzen. Ein klarer

strategischer Meilenstein in drei oder fünf Jahren, die Zielposition und klare Jahresziele im Korridor sind notwendig, um die Kräfte in der Umsetzung zu fokussieren.

Jährlich wird die Strategie einem Check unterworfen, um zu sehen, ob die strategischen Gedanken weiterhin gelten und ob ihre Umsetzung vorangeht.

Das Grundmodell ist damit durchgängig: von den »Wolken« der Szenarien bis hin zur Umsetzung ins Tagesgeschäft. Es umfasst die harten (Produkte, Methoden etc.) und weichen (Führung, Werte, Marke etc.) Strategien und ist deshalb ganzheitlich.

Die Begriffe sind einfach und praxisgerecht. Das Modell kann bei großen Mittelständlern genauso eingesetzt werden wie bei kleinen Unternehmen.

Die Wachstumsmatrix

Die Wachstumsmatrix (W-Matrix) gibt dem Wachstum eines Unternehmens einen klaren methodischen Rahmen.

Der Begriff des Spiels aus dem Sport hilft dabei. Jedes Spiel (Marktsegment) hat seine eigenen Regeln, Gesetze und seine eigene Fortentwicklung. Die gedankliche Grundlinie der W-Matrix sind die folgenden Fragen von A bis E:

A In welchen Spielen spielen wir mit?

Oft ist die Definition der Spiele das Schwierigste. Der Markt ist kein »Brei«, sondern besteht aus unterschiedlichen Teilmärkten, die man erkennen muss. Welche Kriterien der Unterteilung des Gesamtmarktes sind die besten: Die Regionen? Die Produkte? Die Anwendungsfelder? Die Qualitätsstufen?

Mit gutem Marktverständnis und viel Intuition schält man die wichtigsten Teilungskriterien heraus, für einen Hersteller von Befestigungselementen für Balkone, Laubengänge und Attiken sind dies z.B. die Länder (die Regeln der Bau-Spiele sind je nach Land sehr unterschiedlich) und die Anwendungsfelder: Elemente für Balkone aus Beton, aus Stahl, für Laubengänge, für Attiken.

Eine Matrix wird aufgespannt und die (in diesem Fall 5 Fokusländer x 4 Anwendungsfelder = 20) Marktsegmente = Spiele werden fixiert. Damit wird die W-Matrix aufgespannt, in diesem Fall also nach den Kriterien Länder und Anwendungsfelder.

B Sind unsere heutigen Spiele attraktiv, und wie gut spielen wir darin mit?

In diese Matrix werden nun die Analysen über den Markt und die eigene Position im Segment eingetragen. Wie auf einem Schachbrett werden hier all die wichtigen Aussagen zum Markt und zum Unternehmen aufgenommen.

Für jedes Spiel = Marktsegment wird analysiert: Wächst das Segment? Warum? Wie groß ist der Markt? Wer sind die Kunden? Wie geht es diesen Kunden? Wie ist die Wettbewerberintensität? Wie sieht das Preisniveau aus? Welche Rolle spielen technologische Entwicklungen? Wie ist das Geschäftsgebaren in diesem Spiel? Dabei kann das Muster eines Segments mit wenigen (sechs bis zwölf) klaren Aussagen beschrieben werden. Meist sind die Teilnehmer solcher Analyserunden überrascht, wie viel sie vom Markt verstehen.

Und für jedes Spiel gilt es, selbstkritisch zu erkennen, wo man selbst steht. Ist das Angebot der Produkte und Dienstleistungen marktgerecht oder veraltet? Ist das Angebot breit genug? Ist es tief genug? Wie ist die Qualität des Angebots? Wie sehen die Antwortzeiten aus? Gibt es einen Kundennutzen durch das Angebot? Wie sieht die Beratungsleistung aus? Wie hoch ist die Betreuungsstärke? Diesen und weiteren Fragen muss man sich stellen.

Nach dieser »Knochenarbeit« der Analyse wird die heutige

Lage insgesamt interpretiert. Wo liegt man vorne? Wo werden Chancen gesehen? Wo bestehen Risiken? Was sagt das Muster aller Segmente in ihrem Zusammenspiel aus?

C Wie sehen die Spiele übermorgen aus? In welchen Spielen wollen wir übermorgen welche Position mit welcher Strategie erreichen?

Im dritten Schritt geht es in die Zukunft. Szenarien über die Segmente sind zu erarbeiten. Wie sehen die Segmente in Markt, Wettbewerb und Technik in zehn Jahren aus? Auch hier gilt, dass mit wenigen, also etwa sechs bis zwölf Aussagen ein künftiges Muster/Szenario beschrieben werden kann. Diese Szenarien sind vor allem in ihrer Gesamtheit der Schlüssel für die künftige Gesamtausrichtung des Unternehmens.

Nach der Außenbetrachtung wird überlegt, wie man das Unternehmen positioniert. Welche Ziele werden auf den Marktsegmenten gesetzt? Alles wird im Blick auf *alle* Segmente betrachtet (Gesamtsicht). Zu jeder Zielsetzung wird eine Segmentstrategie erarbeitet: Welches ist der Handlungsrahmen, um von der heutigen Position im Segment in Richtung der künftigen Position zu kommen?

D Gesamtsicht: Sind die Ziele und Strategien in den Segmenten insgesamt machbar? Ist das Ziele- und Strategienbündel realistisch?

Die Gesamtbetrachtung aller Ziele und Strategien in den Segmenten folgt. Ist das alles machbar? Meist wird zu viel angefasst. Das Ziele- und Strategienbündel wird durchgeknetet, so lange, bis eine realisierbare, fordernde, aber machbare W-Matrix steht.

E Die W-Matrix steht. Welche Konsequenzen hat das auf das Unternehmen insgesamt?

Was heißt das nun für die anderen Prozesse im Unternehmen? Die W-Matrix ist eine große Vorgabe für den Innovationsprozess: Sollen neue Segmente angegangen werden? Welche Produkte braucht es dafür? Ergeben sich aus den heutigen Innovationen Chancen in den Segmenten? Welche Neuerungen versorgen welche Segmente?

Die Segmentstrategien ergeben insgesamt die Prioritäten für die Arbeit des Vertriebs im Markt. Es ist klar, wo angegriffen werden soll.

Wenn die Methode der W-Matrix eingeübt ist, können auch Umsatz- und Ergebnis-Planzahlen den Segmenten zugeordnet werden. Damit entstehen die Eckwerte der Mittelfristplanung.

Dies sind nur drei Wirkungen der W-Matrix. Die Erfahrung zeigt, dass sie einen umfassenden Einfluss auf viele Prozesse im Unternehmen hat.

Die Szenariotechnik

Ein Szenario beschreibt den künftigen Zustand eines Objekts, Themas oder Systems. Es beschreibt die Welt da draußen, nicht den künftigen Zustand des Unternehmens. Dies macht die Vision. Szenarien können ein Marktsegment, ein Land, eine Technologie, eine Wettbewerberlandschaft etc. zum Thema haben. Im Folgenden wird beschrieben, wie sie erstellt werden können und wer sie erstellen sollte.

Wie erstellt man es?

1 Zunächst muss überlegt werden, welches Thema sich lohnt, um darüber ein Szenario zu erstellen. Das Thema muss klar sein.

2 Dann gilt es, den Zeithorizont zu fixieren. In der Strategiearbeit ist es sinnvoll, über den Planungszeitraum hinauszugehen, also statt vier bis fünf Jahre einen Zeitraum von acht bis zehn Jahren zu nehmen. Dies hängt auch von den Produktzykluszeiten in der jeweiligen Branche ab.
3 In einem Brainstorming werden alle Gedanken zu dem Thema an der Pinnwand festgehalten; keine Kritik, sondern Eindenken in einen künftigen Zustand.
4 Die Faktoren werden strukturiert, und sechs bis zwölf davon werden als »Gerüstfaktoren« herausgeschält. Dies sind die wichtigsten Faktoren im Thema, im System, auf die es morgen ankommt.
5 Im nächsten Schritt werden diese Faktoren vernetzt. Welcher Faktor wirkt auf welchen – und wirkt er fördernd oder hemmend? Es geht um ihr künftiges Zusammenspiel. Wo sind Faktoren, die eher Quellen sind oder eher als Senken zu erkennen sind? Welche Faktoren treiben das ganze Spiel? Damit soll das hinter dem Thema wirkende Faktorenmuster erkannt werden.
6 Auf Basis dieses Netzes werden auf einer weiteren Pinnwand Thesen im Präsens des Zukunftsjahres (Zeithorizont) aufgestellt. Diese sechs bis zwölf Thesen müssen natürlich widerspruchsfrei zueinander passen. Ein das ganze Szenario charakterisierender und prägnanter Titel wird beschrieben.
7 Eventuell ist ein einziges Szenario zu wenig. Man hat das Gefühl, dass das Thema/System noch durch ein zweites gegensätzliches Szenario beschrieben werden muss. Dann wird auf Basis des Faktorennetzes ein weiteres Szenario erstellt.
8 Das Szenario (oder die Szenarien) wird (oder werden) in Bilder umgesetzt. Die Kraft der Bilder wird genutzt.
9 Störgrößen für die Szenarien werden gesucht. Welche externen, plötzlich auftretenden Störgrößen können auf das Szenario einwirken?

Wer erstellt die Szenarien?

Natürlich können wir die Zukunft nicht voraussehen, aber wir können uns in sie hineindenken, Szenarien formulieren und durch deren Verfolgung über die Monate und Jahre ein immer besseres und schärferes Bild vom betrachteten System gewinnen.

Wenn in Strategieprozessen Markt-, Wettbewerbs- oder Technologieszenarien erstellt werden, ist es immer wieder erstaunlich, welch latentes Wissen bei den Teilnehmern vorhanden ist und wie klar sie künftige Themen- oder Systemzustände beschreiben können. Hier gilt das Paradigma der entfernten Klarheit: Die Absatzzahlen der nächsten Wochen sind unklar, aber die langfristigen Wirkzusammenhänge im Wettbewerb sind relativ klar.

Solche Szenarien sind in drei bis fünf Stunden zu erstellen und haben größere Wirkungskraft auf die Teilnehmer als umfangreiche und sehr teure Marktstudien, in denen die Befragungen von Halbwissenden chartmaximal wiedergegeben werden. Zudem begrenzen sich solche Datensammlungen meist auf die Analyse von Themen und etwas Trendzukunft, das eigentlich Wichtige aber, die Szenarien, fehlt oft.

Diese Szenarien müssen die Geschäftsführungen mit ihren Führungsteams deshalb selbst erstellen. Sie müssen *ihre* künftigen Themen und Systeme tief durchschauen. *Selbst*. Zukunft kann nicht delegiert werden.

»Die Zukunft ist auch nicht das, was sie mal war.«
Jürgen von Manger

Glossar

AF	Anwendungsfeld, auch verwendete Begriffe hierfür: Marktsegment, Geschäftsfeld
B2B	*Business to Business*: Geschäftsbeziehungen zwischen Unternehmen
B2C	*Business to Consumer*: Geschäftsbeziehungen zwischen Unternehmen und Verbrauchern
BD	*Business Development*, Geschäftsentwicklung: Aufgabe ist es, Märkte und ihre Bedarfe vorauszusehen, um damit neue Geschäftsmöglichkeiten zu ergründen.
BIP	Bruttoinlandsprodukt
BtC	*Beyond the Consumer*: Über den Kunden hinausdenken; im Kunden des Kunden denken und dessen Bedarf von übermorgen voraussehen
cf	*Cashflow*: Differenz zwischen Einzahlungen und Auszahlungen in einer betrachteten Periode. Grobe Abschätzung: cf ≈ Ebit + Abschreibungen
CEO	*Chief Executive Officer*: Vorstandsvorsitzender einer AG, bezeichnet manchmal auch den Vorsitzenden der Geschäftsführung einer GmbH
CFO	*Chief Financial Officer*, kaufmännischer Geschäftsführer
COO	*Chief Operating Officer*
Con	Controlling
DACH	Deutschland + Austria (Österreich) + Schweiz
DB	Deckungsbeitrag: Beitrag eines Geschäftsbereichs, eines Kunden, eines Anwendungsfelds, eines Auftrags zur Deckung der fixen Kosten.
Ebene	Die Lieferpyramide wird mit Ebenen beschrieben: Oberste Ebene, z. B. der Kfz-Hersteller – Ebene-1-Zulieferer, z. B. Sitzhersteller

	— Ebene-2-Zulieferer, z. B. Antriebsherst. für Sitzverstellungen
	—— Ebene-3-Zulieferer, z. B. Getriebehersteller für Antriebe
	——— Ebene-4-Zulieferer, z. B. Zahnradhersteller für Getriebe
Ek	Einkauf
EKQ	Eigenkapitalquote: Anteil des Eigenkapitals an der Bilanzsumme
EBIT	*Earnings before Interest and Taxes*, Ergebnis vor Zinsen und Steuern
EBT	*Earnings before Taxes*, Ergebnis vor Steuern, entspricht dem deutschen Gewinn vor Steuern
ERP	*Enterprise Resource Planning*; das Rückgrat der Unternehmenssoftware
GF	Geschäftsführer
GL	Geschäftsleitung
HC	*Hidden Champions*: heimliche Weltmarktführer
HF	*Hidden Followers*: potentielle Weltmarktführer
HR	*Human Resources*, Personalwesen
IoT	*Internet of Things*, Internet der Dinge
IT	Informationstechnik
Mmt	Management
OEM	*Original Equipment Manufacturer*, Hersteller eines Geräts mit der Gesamtverantwortung für das Gerät, das Produkt
Stakeholder	Alle, die mit dem Unternehmen in Verbindung sind: Mitarbeiter, Lieferanten, Banken, Dienstleister etc.
W-Matrix	Wachstumsmatrix
WMF	Weltmarktführer
ww	weltweit

Bildnachweis

Heiner Kübler: 16 (eigene Darstellung nach: Finanzen und Steuern – Umsatzsteuerstatistik (Voranmeldungen) 2013, Fachserie 14 Reihe 8.1, Statistisches Bundesamt, Wiesbaden 2015), 36, 49, 58, 75, 83, 96, 105, 117, 137, 146, 165, 219, 221, 222, 232, 270

Hermann Simon: 19

Carl Gisbert Siebel: 199